计算机类技能型理实一体化新形态系列

C语言程序设计

（微课版）

主　编　吴绍根

清华大学出版社
北京

内 容 简 介

本书全面介绍了C语言程序设计的基本知识以及部分高级知识，内容全面，可读性行好，在介绍C语言程序设计知识的同时，也介绍了软件工程领域的相关工程化实践。本书对C语言知识内容做了详细介绍，共包括14章，具体内容为C语言概述、数据类型和数据运算、条件控制及程序分支、循环结构程序设计、字符数组和字符串、函数基础、函数进阶、指针基础、指针进阶、结构体、文件操作、位操作和地址空间对齐、AI辅助编程。在每章的结尾，通过一个综合案例强化本章内容，同时安排一个综合课后练习，帮助读者加深对知识的理解、掌握和使用。

本书既可作为计算机类相关专业的教材使用，也可作为计算机编程爱好者学习C语言编程的参考资料。

图书在版编目(CIP)数据

C语言程序设计：微课版/吴绍根主编. -- 北京：清华大学出版社，2025.8.
(计算机类技能型理实一体化新形态系列). -- ISBN 978-7-302-69805-0

Ⅰ. TP312.8

中国国家版本馆 CIP 数据核字第 2025L6V920 号

责任编辑：张龙卿
封面设计：李代书　钟明哲
责任校对：刘　静
责任印制：丛怀宇

出版发行：清华大学出版社
　　　　网　　　址：https://www.tup.com.cn,https://www.wqxuetang.com
　　　　地　　　址：北京清华大学学研大厦 A 座　　　　邮　　　编：100084
　　　　社 总 机：010-83470000　　　　邮　　　购：010-62786544
　　　　投稿与读者服务：010-62776969,c0-service@tup.tsinghua.edu.cn
　　　　质量反馈：010-62772015,zhiliang@tup.tsinghua.edu.cn
　　　　课件下载：https://www.tup.com.cn,010-83470410
印 装 者：天津安泰印刷有限公司
经　　销：全国新华书店
开　　本：185mm×260mm　　　　印　　张：17.25　　　　字　　数：414 千字
版　　次：2025 年 9 月第 1 版　　　　印　　次：2025 年 9 月第 1 次印刷
定　　价：49.80 元

产品编号：111915-01

前　言

　　本书是编者精心编写的介绍 C 语言程序设计基础知识、基本方法及部分进阶应用的教材,融合了编者多年 C/C++ 工程实践和教学领域经验。编者希望读者能够通过本书学会并掌握 C 语言相关知识,并将 C 语言应用于工程实践中,或者为后续的软件工程技术学习奠定较好的基础。

　　C 语言是一门优秀的程序设计语言,从它被设计和发布以来,创造了若干个奇迹:知名的计算机操作系统是使用 C 语言设计和编码的;需要实时控制和实时响应的智能设备是使用 C 语言设计和编码的;现代的很多程序设计语言本身是使用 C 语言设计和编码的。C 语言亦是优雅而严谨的:其严谨的逻辑有助于培养良好的程序设计思维;它具有较好的可扩展性,而这种可扩展性只需要提供函数库即可完成;它是仅次于汇编语言的高效代码编译和生成能力,但是,其表达能力和可用性又大大高于汇编语言;基于 C 语言生成的机器代码具有极快的执行效率。学好 C 语言,可以为后续的类似 Java 语言、Python 语言甚至 SQL 语言等语言类课程的学习奠定较好的基础。

　　本书全面介绍了 C 语言程序设计的基础知识以及部分高级知识,在进行知识介绍的同时,在适当的章节,结合工程应用实践对知识的应用进行介绍。本书配套的微课,对重点、难点以及其他补充知识进行介绍,以期读者在学习和掌握 C 语言基础的同时,了解与 C 语言相关的其他知识。

　　本书按以下顺序进行内容组织和介绍。

　　第 1 章介绍了 C 语言的简单历史、安装 C 语言开发环境、C 语言程序的结构,详细介绍了信息输出语句的使用,以期为后续的知识介绍打好基础。本书使用企业级工程化工具 CLion 作为 C 语言程序开发工具。

　　第 2 章介绍了 C 语言基本的数据类型,包括常用的 int 类型、float 类型、double 类型;引入了变量的概念并详细介绍其使用方法;介绍 C 语言的算术运算以及常用的数学函数的使用。

　　第 3 章详细介绍了 C 语言单分支 if 语句、双分支 if 语句、多分支 if 语句以及 switch 语句,同时对分支语句的嵌套做了介绍。通过本章的学习,读者可以通过分支语句控制程序的流程走向。

　　第 4 章详细介绍了 while 循环、do...while 循环和 for 循环的使用,同时对循环语句的嵌套使用以及集合循环语句使用的 break、continue 语句的使用用也做了详细介绍。

第5章介绍了需要数组的场景以及如何定义和使用数组,为了使读者更容易理解和掌握数组的使用,从内存结构上对数组在内存中的组织进行了详细介绍。对二维数组以及高维数组的使用做了介绍。

第6章介绍了字符数组和字符串的使用。本质上,字符数据只是数组的一种形式,但是考虑到字符数组的特殊性及其与字符串的关系,本书专门用一章内容介绍字符数组和字符串。

第7章介绍函数的基本内容,包括定义函数、调用函数以及函数声明,也介绍了函数的嵌套调用和函数的递归调用的概念和应用。

第8章介绍了函数相关的高级知识,包括变量的作用域、程序工程、程序调试以及基本预编译指令的使用等。

第9章介绍了指针的基本应用,包括定义指针、指针的本质、指针与数组的关系及其应用等。

第10章对指针的高级应用进行介绍,包括二级指针、指针与函数的关系以及函数指针、动态内存分配等,同时对带参数的 main()函数做了详细介绍。作为关键内容,本章对指针使用中的常见错误进行了介绍,以便有效规避类似错误的发生。

第11章对结构体的定义、使用进行了详细介绍,内容涉及结构体的各方面,包括结构体作为函数参数、结构体作为函数返回值、结构体与动态内存分配等。本章还介绍了联合体 union 以及枚举类型 enum 的定义和使用。

第12章详细介绍了文件操作的内容,包括打开文件、读写文件、关闭文件等内容。为了使文件的操作和理解更为直观,本章结合文件操作函数和文件操作工具,将文件操作的抽象概念转化为直观的观察,使读者能够更好地掌握文件的使用。

第13章介绍的位操作和地址空间对齐是很容易被忽视但又是很重要的内容。如果不能仔细控制地址空间对齐方式,使用 C 语言编写需要进行异构系统之间信息交换的程序时,很容易因为地址空间对齐导致信息错误。

第14章介绍 AI 辅助编程。AI 的应用已经深入各行各业,因此,作为程序员,也需要掌握 AI 辅助编程工具的使用。本章对 AI 辅助编程的基本步骤和方法做了介绍。

将本书作为高校计算机相关专业的教材使用时,建议授课课时安排在 72 课时。当然,各高校也可根据自身情况适当调整。

虽然编者对 C 语言知识内容进行认真选取和组织,但是由于编者水平有限,表述不当之处,请批评指正。本书配有 PPT 讲义、书本源代码、习题答案等电子资源,读者可从清华大学出版社官网下载。

编　者
2025 年 2 月

目　录

第1章　C语言概述 ··· 1

1.1　C语言简介 ·· 1

1.2　建立C语言程序开发环境 ······················· 2

    1.2.1　下载并安装CLion集成环境 ············· 2

    1.2.2　配置和验证安装 ·························· 2

1.3　C语言程序基本结构 ··························· 5

1.4　程序运行乱码解决方法 ······················· 6

1.5　基本输出 ·· 7

    1.5.1　type类型控制符 ·························· 8

    1.5.2　flags标志控制符 ························· 10

    1.5.3　width常用数据显示宽度控制 ············· 11

    1.5.4　".precision"数据显示精度控制 ··········· 11

    1.5.5　length控制符 ·························· 11

    1.5.6　转义符 ······························ 12

1.6　算法及其描述 ······························ 13

    1.6.1　使用自然语言描述算法 ·················· 13

    1.6.2　使用流程图描述算法 ···················· 13

1.7　案例：微笑的自己 ····························· 15

1.8　课后练习：绘制图形并计算面积 ················· 16

第2章　数据类型和数据运算 ······················· 17

2.1　数据类型 ·· 17

2.2　变量 ·· 18

    2.2.1　变量定义及其本质 ······················ 19

    2.2.2　变量赋值 ····························· 20

2.3　数据输入 ·· 21

    2.3.1　格式说明符 ··························· 22

    2.3.2　数据输入注意事项 ······················ 23

2.4　数据运算 ·· 24

    2.4.1　基本算术运算 ·························· 25

    2.4.2　强制类型转换 ·························· 25

2.4.3　自增和自减运算 ···················· 26

2.4.4　复合运算符 ························· 27

2.4.5　表达式和运算符的优先级 ·············· 27

2.5　常用数学函数 ····························· 28

2.6　案例：验证 $\sin^2(x) + \cos^2(x)$ 等于 1 ········· 28

2.7　课后练习：三角形面积和周长 ················· 29

第 3 章　条件控制及程序分支 ······················ 30

3.1　单分支 if 语句 ···························· 30

3.2　关系运算和逻辑运算 ······················· 31

3.2.1　关系运算与关系运算符 ················ 31

3.2.2　逻辑运算与逻辑运算符 ················ 32

3.3　双分支 if 语句 ···························· 33

3.4　多分支 if 语句 ···························· 34

3.5　if 语句的嵌套 ····························· 36

3.6　条件表达式和表达式书写注意事项 ·············· 37

3.6.1　条件表达式 ······················· 37

3.6.2　表达式书写注意事项 ················· 38

3.7　switch 语句 ····························· 39

3.8　案例：求一元二次方程的根 ··················· 41

3.9　课后练习：判断一个年份是否是闰年 ············· 42

第 4 章　循环结构程序设计 ······················· 43

4.1　while 循环 ······························ 43

4.1.1　while 循环入门 ···················· 43

4.1.2　while 循环详解 ···················· 44

4.1.3　while 循环使用举例 ················· 44

4.2　do...while 循环 ·························· 46

4.3　for 循环 ······························· 47

4.4　3 种循环语句的等价性 ······················ 49

4.4.1　3 种循环语句等价性举例：巴塞尔问题 ······ 49

4.4.2　宏常量与 const 关键字的使用 ··········· 51

4.5　循环结构中的 break 语句和 continue 语句 ········ 52

4.5.1　break 语句和 continue 语句使用举例 ······ 52

4.5.2　随机数发生器 ····················· 53

4.6　循环的嵌套 ····························· 54

4.7　案例：猜数游戏 ·························· 55

4.8　课后练习：求最大公约数和最小公倍数 ·········· 57

第 5 章　数组 ··· 58

5.1　一维数组 ·· 58

5.1.1　定义数组 ··· 58

5.1.2　访问数组元素 ·· 58

5.1.3　数组的初始化 ·· 60

5.1.4　sizeof 关键字的使用 ··· 60

5.1.5　一维数组在内存中的存储方式 ·· 61

5.1.6　一维数组应用举例 ·· 62

5.2　二维数组 ·· 64

5.2.1　二维数组的定义和初始化 ··· 64

5.2.2　二维数组的访问 ··· 65

5.2.3　三维及高维数组的定义和访问 ·· 65

5.2.4　二维数组在内存中的存储方式 ·· 66

5.2.5　二维数组应用举例 ·· 67

5.3　案例：计算学生课程成绩 ··· 69

5.4　课后练习：排序二维数组 ··· 71

第 6 章　字符数组和字符串 ·· 72

6.1　字符类型 ·· 72

6.1.1　字符及其编码 ·· 72

6.1.2　字符类型变量 ·· 73

6.1.3　字符数据的输入和输出 ·· 73

6.2　字符数组 ·· 74

6.2.1　char 类型数组的定义和初始化 ·· 75

6.2.2　字符数组的简单应用 ·· 75

6.3　字符串 ··· 77

6.3.1　字符串常量 ··· 77

6.3.2　字符数组和字符串 ·· 78

6.3.3　字符串的输入和输出 ·· 79

6.4　字符数组和字符串应用举例 ·· 81

6.5　常用字符串处理函数和字符型二维数组 ·· 83

6.5.1　常用的字符串处理函数 ·· 83

6.5.2　字符类型二维数组 ·· 84

6.5.3　字符串函数及字符二维数组的应用举例 ·· 84

6.6　案例：电子字典 ··· 87

6.7　课后练习：逆转字符矩阵 ··· 89

第 7 章　函数基础 ·· 90

7.1　函数的分类及其意义 ································· 90
　7.1.1　C 语言标准库函数 ························· 90
　7.1.2　自定义函数 ····························· 91
　7.1.3　函数是程序模块化和分工协作的基础 ········· 92
7.2　定义函数 ··· 92
　7.2.1　一个简单的自定义函数 ··················· 92
　7.2.2　定义函数的一般形式 ····················· 93
　7.2.3　定义函数举例 ··························· 93
7.3　调用函数 ··· 95
　7.3.1　调用自定义函数举例 ····················· 95
　7.3.2　函数调用的一般形式及其应用 ············· 96
　7.3.3　函数的形参和实参 ······················ 97
　7.3.4　函数声明 ····························· 100
　7.3.5　文件包含 ♯include 预处理命令的本质 ······· 102
7.4　函数的嵌套调用和递归调用 ······················ 103
　7.4.1　函数的嵌套调用 ······················· 103
　7.4.2　函数的递归调用 ······················· 104
7.5　数组作为函数参数 ······························ 105
　7.5.1　数组元素作为函数参数 ·················· 105
　7.5.2　数组名作为函数参数 ···················· 107
　7.5.3　二维数组名作为函数参数 ················ 110
7.6　案例:检查回文数字 ···························· 114
7.7　课后练习:求斐波那契数列任一项的值 ············· 116

第 8 章　函数进阶 ··· 117

8.1　变量的作用域和变量的存储类型 ·················· 117
　8.1.1　变量的作用域 ························· 117
　8.1.2　变量的存储类型 ······················· 121
8.2　C 语言预处理命令 ······························ 123
　8.2.1　♯define 预处理命令 ····················· 123
　8.2.2　♯undef 预处理命令 ····················· 125
　8.2.3　♯ifndef…♯endif 预处理命令 ·············· 125
8.3　程序工程管理和 extern 关键字及其使用 ············ 126
　8.3.1　程序工程管理 ························· 126
　8.3.2　extern 关键字及其使用 ················· 127
8.4　程序调试 ······································· 129
8.5　案例:图书信息管理系统 ························· 132

8.6　课后练习：学生信息管理系统 ································· 136

第 9 章　指针基础 ·· **137**

9.1　存储器和存储器地址 ······································· 137

9.2　指针变量入门 ·· 138

9.2.1　定义指针变量 ·· 138

9.2.2　取地址运算符 & 及其使用 ····················· 139

9.2.3　取内容运算符 * 及其使用 ······················ 139

9.2.4　指针的形象理解 ····································· 140

9.3　指针与一维数组 ··· 141

9.3.1　指针与一维数组基础 ······························ 141

9.3.2　使用指针操作一维数组举例 ···················· 143

9.4　指针与二维数组 ··· 146

9.4.1　指针与二维数组基础 ······························ 146

9.4.2　二维数组地址的等价性 ··························· 148

9.5　指针与字符数组和字符串 ··································· 150

9.5.1　指向字符变量的指针 ······························ 150

9.5.2　指向字符数组元素的指针 ······················· 150

9.5.3　指向字符串常量的指针 ··························· 151

9.6　案例：二维数组排序 ··· 153

9.7　课后练习：字符串逆转 ······································ 154

第 10 章　指针进阶 ··· **155**

10.1　指针数组和二级指针 ······································· 155

10.1.1　指针数组 ··· 155

10.1.2　二级指针 ··· 158

10.2　指针与函数 ·· 160

10.2.1　指针作为函数参数 ································· 160

10.2.2　指针作为函数返回值及 nullptr 空指针的使用 ···· 165

10.2.3　函数指针变量及其应用 ··························· 167

10.3　动态内存分配 ··· 169

10.3.1　动态内存分配入门 ································· 169

10.3.2　动态内存申请及释放库函数 ···················· 171

10.3.3　动态内存申请应用举例 ··························· 172

10.4　带参数的 main() 函数 ······································ 173

10.4.1　在命令行终端执行程序 ··························· 173

10.4.2　带参数的 main() 函数的参数含义及其使用 ··· 174

10.4.3　生成没有调试信息的可执行文件并交付用户使用 ···· 176

10.5　指针使用中常见错误 ·· 177

10.5.1 错误一：使用未初始化的指针 ·············· 178

10.5.2 错误二：返回局部变量的地址作为指针 ·············· 179

10.5.3 错误三：没有释放动态申请的内存空间 ·············· 180

10.6 案例：自制运算器 ·············· 180

10.7 课后练习：小字符串连接成大字符串 ·············· 183

第 11 章 结构体 ·············· **184**

11.1 结构体入门 ·············· 184

11.2 结构体类型定义和使用详解 ·············· 186

11.2.1 结构体类型定义 ·············· 186

11.2.2 定义和使用结构体变量 ·············· 187

11.2.3 结构体类型的嵌套及其使用 ·············· 188

11.3 结构体与数组 ·············· 189

11.4 结构体与指针 ·············· 190

11.4.1 结构体指针的基本使用 ·············· 190

11.4.2 结构体与动态内存分配 ·············· 191

11.5 结构体与函数 ·············· 193

11.5.1 结构体作为函数参数 ·············· 193

11.5.2 结构体作为函数的返回值 ·············· 194

11.6 联合体 union ·············· 195

11.7 枚举类型 ·············· 198

11.8 使用 typedef 自定义类型名称 ·············· 200

11.9 案例：基于链表的图书信息管理系统 ·············· 202

11.10 课后练习：完善图书信息管理系统 ·············· 210

第 12 章 文件操作 ·············· **211**

12.1 文件操作概述 ·············· 211

12.2 文件读/写入门 ·············· 212

12.2.1 将数据写入文件中 ·············· 212

12.2.2 从文件中读取数据 ·············· 213

12.3 文件读/写的一般过程及其关键函数 ·············· 214

12.3.1 打开文件：fopen() ·············· 214

12.3.2 写数据到文件中：fwrite()、fprintf()、fputs()、fputc() ·············· 216

12.3.3 从文件中读取数据：fread()、fscanf()、fgets()、fgetc() ·············· 217

12.3.4 关闭文件：fclose() ·············· 219

12.3.5 文件操作错误码及其处理方式 ·············· 219

12.4 以文本模式或二进制模式打开文件 ·············· 220

12.4.1 以二进制（十六进制）模式观察文件的原始内容 ·············· 220

12.4.2 以文本模式或二进制打开文件的总结 ·············· 222

12.5　文件读/写位置定位 ……………………………………………………… 224

12.5.1　移动读/写位置指针到文件开始处：rewind() ………………… 224

12.5.2　设定读/写位置指针到指定位置：fseek() …………………… 225

12.5.3　获取读/写位置指针的当前位置：ftell() …………………… 228

12.6　读/写结构化数据 ………………………………………………………… 229

12.6.1　读/写单个结构化数据 ………………………………………… 229

12.6.2　读/写结构体数组数据 ………………………………………… 230

12.7　案例：保存图书信息到文件 ……………………………………………… 232

12.8　课后练习：个人财务管理系统 …………………………………………… 239

第13章　位操作和地址空间对齐 ……………………………………………… 241

13.1　位操作 ……………………………………………………………………… 241

13.1.1　位逻辑运算 ……………………………………………………… 241

13.1.2　移位运算 ………………………………………………………… 242

13.1.3　位操作应用举例 ………………………………………………… 242

13.2　位段 ………………………………………………………………………… 246

13.2.1　定义和访问位段 ………………………………………………… 246

13.2.2　位段使用举例 …………………………………………………… 247

13.2.3　定义位段注意事项 ……………………………………………… 248

13.3　地址空间对齐 ……………………………………………………………… 248

13.3.1　地址空间对齐的基本概念 ……………………………………… 249

13.3.2　修改地址空间对齐方式 ………………………………………… 250

13.3.3　地址空间对齐应用 ……………………………………………… 251

13.4　案例：基于位段的数制转换 ……………………………………………… 252

13.5　课后练习：绚丽跑马灯 …………………………………………………… 254

第14章　AI 辅助编程 …………………………………………………………… 255

14.1　AI 辅助编程初探 …………………………………………………………… 255

14.2　使用 AI 辅助编程插件 …………………………………………………… 258

14.2.1　安装 AI 辅助编程插件 …………………………………………… 259

14.2.2　AI 辅助编程功能介绍 …………………………………………… 260

14.3　正确使用 AI 辅助编程 …………………………………………………… 261

参考文献 …………………………………………………………………………… 262

第 1 章　C 语言概述

C 语言是一门表达能力强并且逻辑严谨的计算机程序设计语言,使用 C 语言编写的程序,程序的运行效率非常高。正因如此,一些常见的软件系统,例如,操作系统、数据库管理系统、文字处理系统、杀毒软件、无人机飞行控制系统、工业生产自动化系统等都是使用 C 语言编写的。C 语言特别适合用于编写对运行效率和实时性要求都较高的应用场景的软件系统开发。同时,作为一门逻辑严谨的程序设计语言,学习 C 语言程序设计对建立良好、严谨、细致的程序思维非常有帮助。

1.1　C 语言简介

要介绍 C 语言,首先需要回顾一下计算机语言的发展历程。

在计算机出现之初,人们为了控制计算机执行指定任务,只能使用机器语言编写计算机程序。机器语言程序是一串由 0 和 1 构成的机器指令集合。那个年代,只有计算机科学家才能编写计算机程序。为了改变这种状况,计算机科学家设计了"汇编语言",一种比机器语言稍微高级一点的计算机语言。汇编语言使用称为"汇编指令"的命令代替由 0、1 构成的机器指令。通过汇编语言,使得一些计算机专业人士也可以编写计算机程序。为了进一步便于人们编写计算机程序,计算机科学家丹尼斯·里奇在 1972 年发明并设计了 C 语言。

C 语言是一门很好的语言,C 语言的出现和广泛使用,使得计算机专业人士可以快速地进行软件系统的开发。到目前为止,C 语言仍然是一门应用极其广泛的语言。C 语言之所以受到人们的喜爱和广泛应用,主要有如下特点。

(1) 表达能力强。C 语言作为高级语言的优秀代表和先驱,具有极强的表达能力,也就是说,使用 C 语言几乎可以表达任何复杂的计算逻辑。

(2) 逻辑严谨。C 语言的逻辑非常严谨,对于程序设计中语言上的错误,C 语言编译器都会进行检查并给出提示,进而提高了程序员的工作效率。

(3) 运行高效。使用 C 语言编写的程序是最接近机器语言的程序并且直接在计算机的 CPU 上运行,因此,用 C 语言编写的程序运行效率非常高。

(4) 可移植性强。使用 C 语言编写的程序可以方便地在不同的操作系统之间进行移植,例如,Linux 操作系统上使用 C 语言编写的程序要移植到 Windows 操作系统上运行,一般来说,只需在 Windows 操作系统下编译一下即可。

(5) 面向高级程序员。C 语言充分满足设计系统软件的需求,程序员使用 C 语言可以控制计算机硬件,也可以直接操作内存数据,甚至操作内存数据中的 bit 位。C 语言是开发系统软件、智能装备控制系统的理想语言。

（6）有助于程序员建立良好的程序思维。C 语言逻辑严谨,在使用 C 语言编写程序的过程中,不允许程序员出现丝毫马虎和错误,因此,非常有利于程序员形成严谨的程序思维逻辑,也非常有利于之后学习其他的程序设计语言。

1.2　建立 C 语言程序开发环境

　　C 语言是高级语言,为了使计算机能够理解并执行 C 语言程序,需要将 C 语言程序翻译为机器语言程序。这种可以把 C 语言程序翻译为机器语言程序的工具称为"C 语言编译器"。同时,还需要一款将 C 语言程序录入计算机中的工具,这样的工具称为"编辑器"。为了方便编辑和编译 C 语言程序,一些工具将编辑器和编译器整合在一起,这样的工具称为集成开发环境,简称 IDE。典型的 C 语言 IDE 有 Visual Studio、Dev C++、Code∷Blocks、VS Code、CLion 等。不管使用哪款工具,开发 C 语言程序的逻辑和过程都是一样的。本书以跨平台的企业级开发工具 CLion 作为 IDE 工具。

1.2.1　下载并安装 CLion 集成环境

　　在搜索引擎中搜索 Download CLion,即可搜索到 CLion 工具的下载页面。进入 CLion 下载页面,如图 1-1 所示。

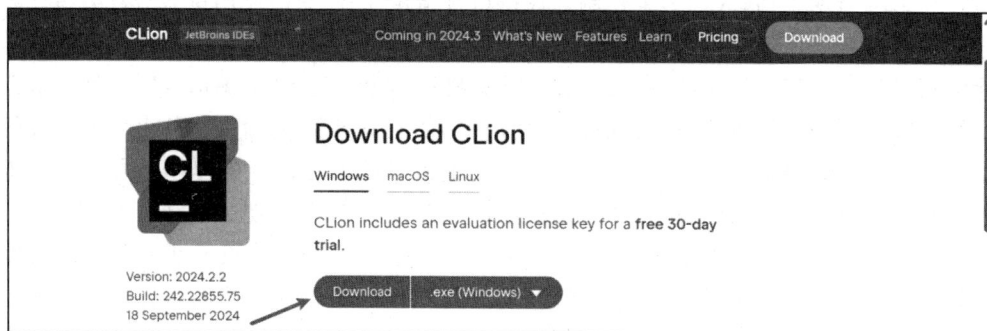

图 1-1　CLion 下载页面

下载完成后,运行这个安装程序,按照安装过程提示即可完成 CLion 工具的安装。

1.2.2　配置和验证安装

　　双击桌面上的 CLion 图标,启动 CLion。在"语言和地区"选择界面建议选择 English,然后继续按照提示运行直到进入激活码界面。在使用方式界面选择 Start Free 30-Day Trial 可试用 CLion。试用期后,可以根据需要激活,也可以根据需要使用其他的 C 语言 IDE。启动后的 CLion 界面如图 1-2 所示。在该界面中单击"＋"可新建一个 C 语言程序工程,如图 1-3 所示(图中箭头和数字表示操作顺序,余同)。

　　新建了一个名称为 ch01-01 的 C 语言程序工程,并且把这个工程所涉及的所有文件放置在 C:/Wu/ws/ch01-01 的目录下,同时,该程序工程使用了 C23 标准。单击 Create 按钮,

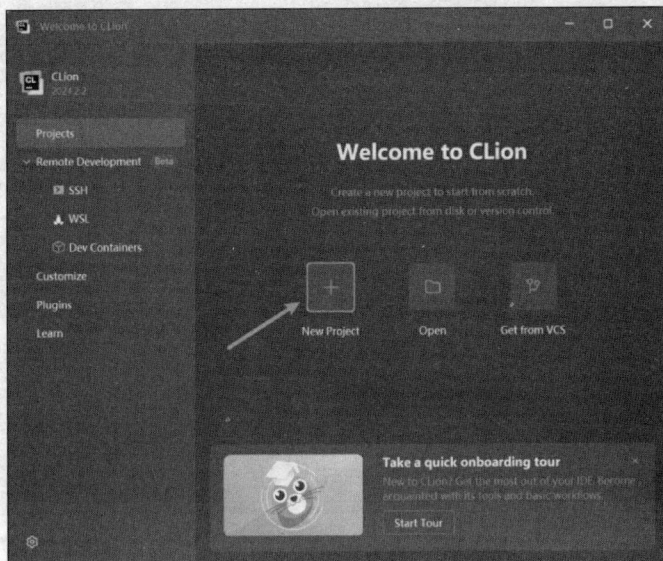

图 1-2　启动后 CLion 的界面

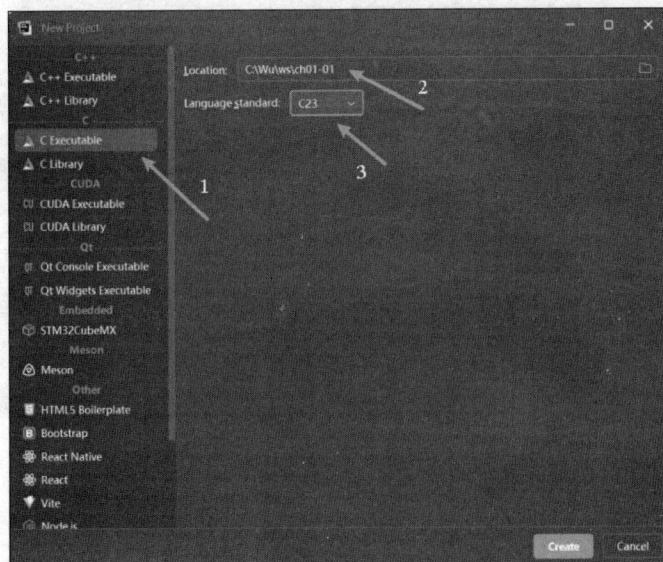

图 1-3　新建 C 语言程序工程

创建程序工程,在出现的 Open Project Wizard 界面中单击 OK 按钮,即可进入程序工程开发主界面,如图 1-4 所示。

可以根据需要调整或者关闭右边的窗格,调整左右窗格的宽度,也可以根据个人喜好修改主界面的背景色、字体和文字大小。在主界面中选择 File→Settings 命令,在弹出的对话框中选择 Appearance & Behavior→Appearance,可以修改背景色和文字大小,如图 1-5 所示。

在创建一个 C 语言程序工程时,CLion 已经创建了一个称为"Hello,World!"的简单程序。运行这个程序,将在计算机显示器上显示"Hello,World!"。为了验证这一点,同时也

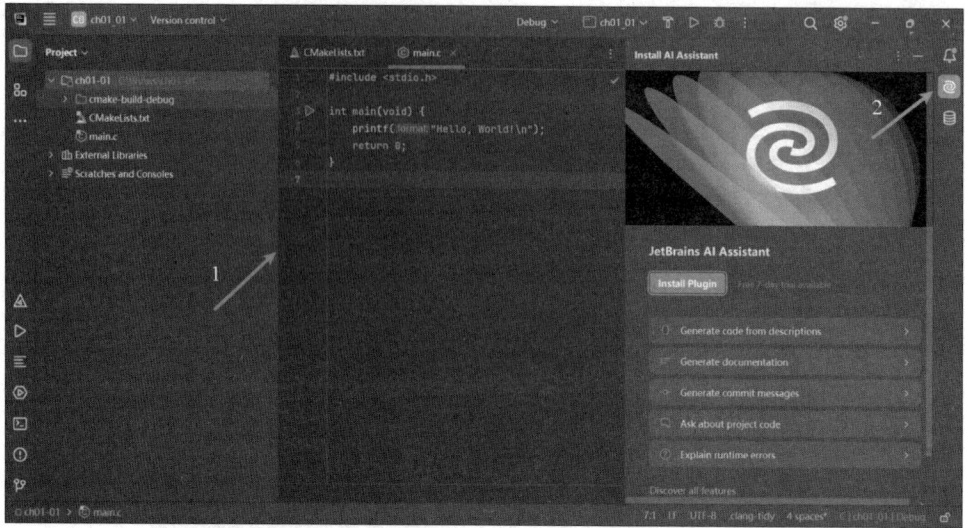

图 1-4　CLion 程序工程开发主界面

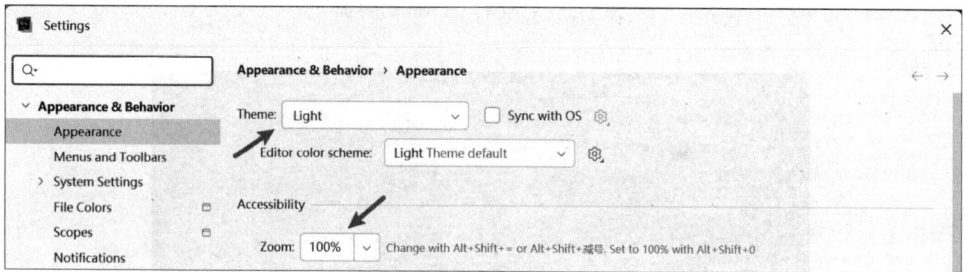

图 1-5　修改界面背景色和文字大小

为了验证安装的正确性，单击主界面工具栏右上方的三角形按钮，即可运行这个程序，如图 1-6 所示。

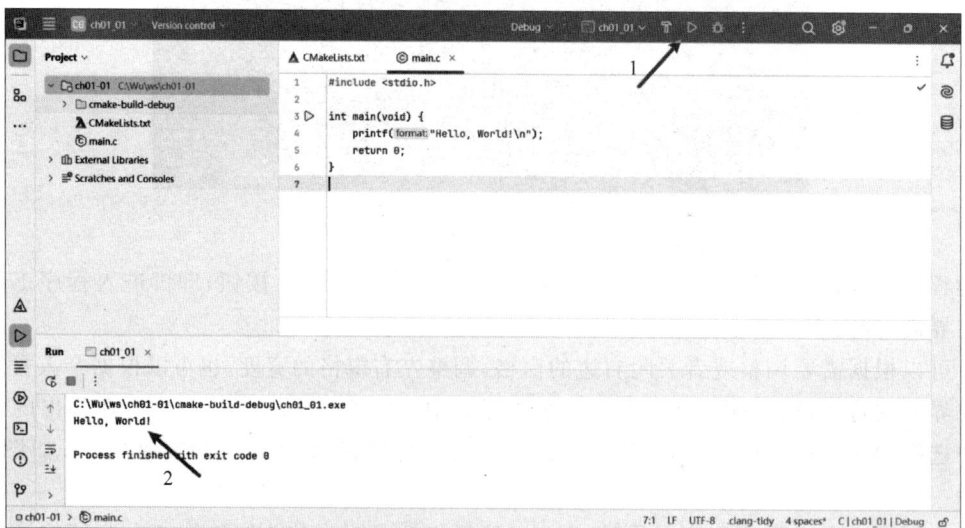

图 1-6　运行"Hello，World!"程序

在计算机显示器上显示了"Hello，World!"文字。至此，已经安装并已经验证了 C 语言开发环境的正确性。

下载、安装并配置 CLion 开发环境

1.3　C 语言程序基本结构

如前所述，在创建 C 语言程序工程时，CLion 会创建了一个最简单的 C 语言程序，人们亲切地称呼这个程序为"Hello，World!"程序。这个程序虽然简单，但是却具备了 C 语言程序的基本结构，任何复杂 C 语言程序都是从这里开始的。先看看"Hello，World!"程序：

```
#include <stdio.h>

int main(void) {
    printf("Hello, World! \n");
    return 0;
}
```

第 1 行："#include <stdio.h>"是一条称为"包含"的预处理语句。这条语句的作用是将尖括号里指定的文件包含到程序代码中来。关于 #include 预处理语句的使用，在后续章节会再做详细介绍。

第 2 行：没有任何语句，称为空行。在 C 语言程序中，为了增加程序的可读性，会在适当的地方留出空行以便于程序员阅读代码。

第 3 行："int main(void) {"是 C 语言程序的 main() 函数，也称为主函数，它是程序运行的入口。所谓运行入口，是指当计算机执行这个程序时，将一条语句接着一条语句地执行 main() 函数语句体中的语句。所谓语句体，就是由一对花括号包围的一组语句。任何可运行的 C 语言程序必须有且仅有一个 main() 函数。在 main() 函数前面的 int 表示当这个程序运行结束时，会给这个程序的启动者返回一个整数值（int 是 integer 的缩写）。main(void) 中的 void 表示这个 C 语言的 main() 函数没有参数，当 main() 函数没有参数时，void 是可以省略的。第三行最后的开花括号"{"和第六行闭花括号"}"是成对出现的，表示 main 函数的语句体。

第四行："printf("Hello，World! \n");"语句将调用 C 语言的 printf() 函数在显示器上显示"Hello，World!"文字。C 语言程序中的每条语句必须以英文分号";"结束。关于 printf() 函数的使用将在 1.5 节介绍。

第五行："return 0;"语句返回整数 0 给这个程序的启动者。因为第三行中的 main() 函数的前面是一个 int，它要求当这个程序运行结束时，应该返回一个整数值给程序的启动者。当从 CLion 中单击 Run 按钮运行 C 语言程序时，程序的启动者就是 CLion。

第六行："}"这个闭花括号与第三行末尾的开花括号"{"形成一对,这对花括号中的语句就是 main()函数的语句体。

运行这个程序,计算机会先找到 main()函数,然后一条语句接着一条语句执行 main()函数中的语句,也就是 main()后面的一对花括号所包围住的语句序列：

```
{
    printf("Hello, World! \n");
    return 0;
}
```

当执行语句体中的第一条语句,也就是"printf("Hello,World! \n");"语句时,将在计算机显示器显示"Hello,World!"文字,然后执行"return 0;"语句,将整数 0 返回给启动者并结束程序运行。现在,修改这个程序为如下代码：

```
#include <stdio.h>

int main(void) {
    printf("Hello, World! \n");
    printf("你好，未来的软件工程师！\n");
    return 0;
}
```

运行这个程序,将在计算机显示器上显示两行文字：

```
Hello, World!
你好，未来的软件工程师！
```

然后结束运行,并返回整数 0 给启动者。

1.4　程序运行乱码解决方法

在 Windows 操作系统环境下,由于操作系统使用的字符编码与 CLion 默认编码可以不同,从而导致在显示中文时出现乱码。

如果程序运行结果显示了乱码,特别是在显示中文信息时出现了乱码,可以通过修改 CLion 的相关配置来解决这个问题。具体方法：在 CLion 主界面中双击 Shift 键,显示如图 1-7 所示的窗口。

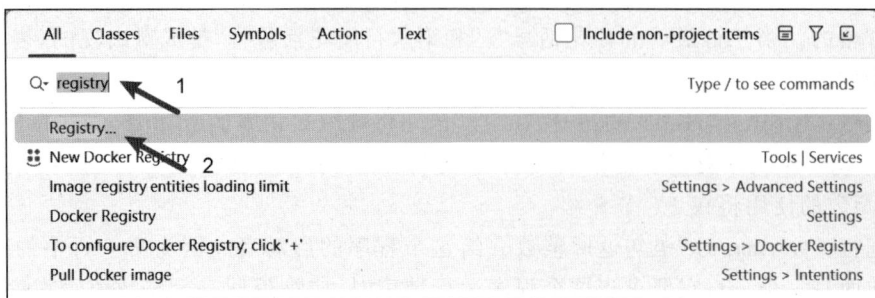

图 1-7　双击 Shift 键后显示的窗口

在图 1-7 的输入栏中输入 registry,然后选择 Registry...列表选项,此时将显示如图 1-8 所示的 CLion 配置界面。

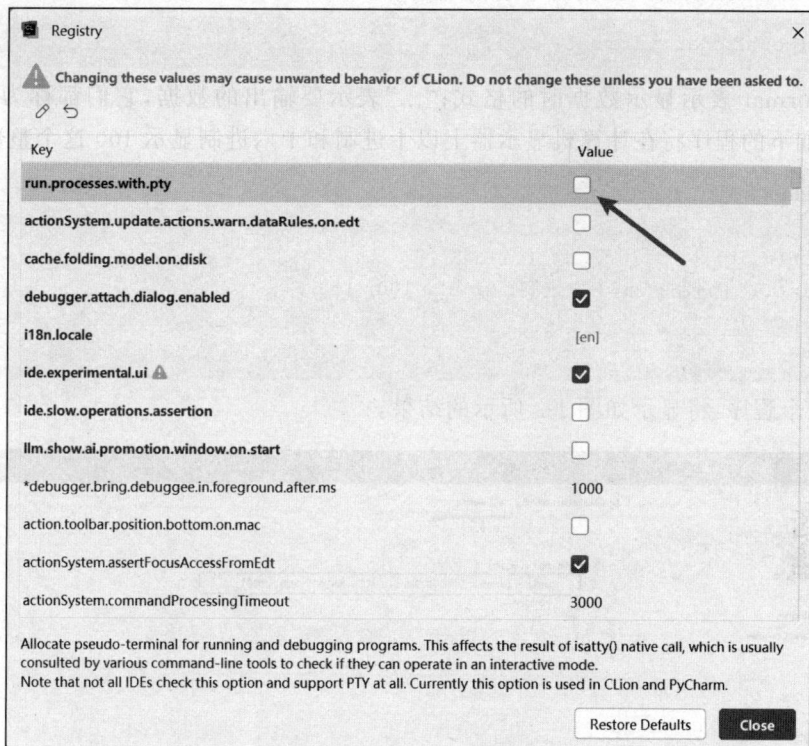

图 1-8 CLion 的配置界面

默认情况下,run.processes.with.pty 选项会被选中。为了正确显示中文,需要取消选中这个选项。

出现中文乱码的解决方法

1.5 基 本 输 出

在深入介绍 C 语言知识之前,先介绍一下如何在 C 语言程序中显示数据,以便为后续的学习奠定基础。C 语言使用 printf()完成基本的信息输出。printf()是 C 语言标准库函数,用于将格式化后的数据输出到标准输出中,所谓标准输出,一般就是指计算机显示器。要使用 printf()函数,需要先使用 ♯include 语句包含<stdio.h>头文件,也就是在程序代码中需要先使用如下语句包含 stdio.h 文件:

```
#include <stdio.h>
```

使用 printf() 函数输出数据的一般格式如下：

```
printf(const char * format, ...);
```

其中，format 表示显示数据时的格式；"..."表示要输出的数据，它们都称为函数的参数。例如，如下的程序将在计算机显示器上以十进制和十六进制显示 100 这个整数：

```
#include <stdio.h>

int main(void) {
    printf("十进制: %d,十六进制: %x\n", 100, 100);
    return 0;
}
```

运行这个程序，将显示如图 1-9 所示的结果。

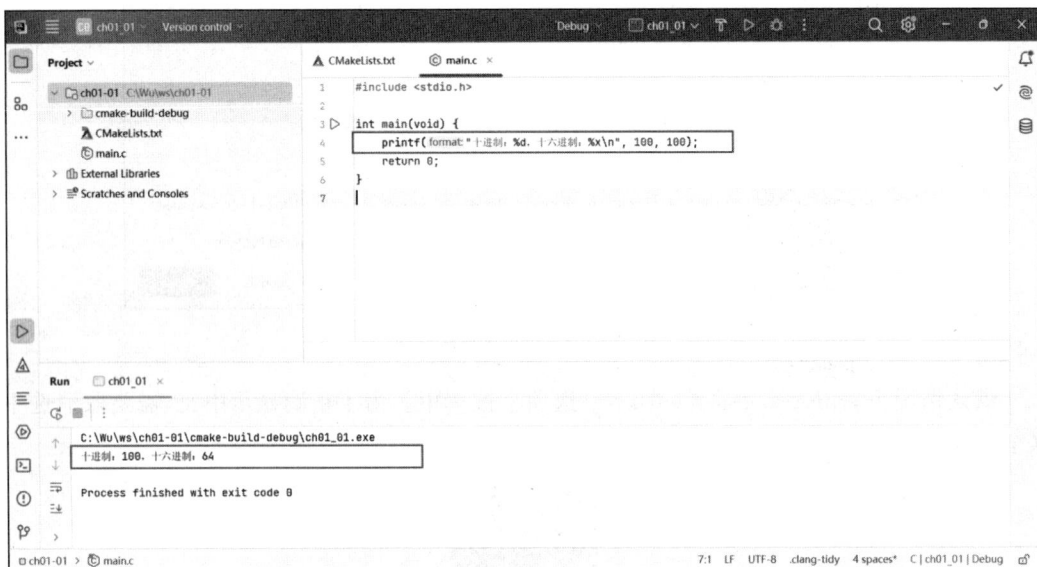

图 1-9   以十进制和十六进制显示整数 100 的值

printf() 函数中的 format 参数用于控制要显示数据的格式，包含了要被写入到标准输出的文本个数和格式要求。format 参数的一般格式如下：

```
%[flags][width][.precision][length]type
```

其中，用中括号括住的格式内容是可选的，也就是可有可无。下面对格式化参数中的符号进行解释说明。

1.5.1   type 类型控制符

type 类型控制符是必须要给出的格式化符号，它用于控制要显示的数据的类型。常用的 type 类型控制符及其含义如表 1-1 所示。

表 1-1　常用的 type 类型控制符及其含义

序号	控制符	含　义
1	d 或者 i	以十进制形式输出整数
2	o	以八进制形式输出无符号整数
3	x 或者 X	以十六进制形式输出无符号整数。小写的 x 控制符使用数字 0～9 和小写字符 a～f 表示十六进制符号，大写的 X 控制符使用数字 0～9 和大写字符 A～F 表示十六进制符号
4	u	以十进制形式输出无符号整数
5	f	以小数形式输出单、双精度实数
6	e 或者 E	以指数形式输出单、双精度实数。小写的 e 控制符以小写的 e 表示底，大写的 E 控制符以大写的 E 表示底
7	c	输出单个字符
8	s	输出字符串

例如，下面的程序以十进制、八进制、十六进制显示整数 200 到标准输出，同时，以双精度浮点和指数形式显示 123.4 这个实数到标准输出：

```c
# include < stdio.h>

int main(void) {
    printf("十进制：%d,八进制：%o,十六进制：%x\n", 200, 200, 200);
    printf("%f,%E\n", 123.4, 123.4, 123.4);
    return 0;
}
```

运行这个程序，将显示如下结果：

```
十进制：200,八进制：310,十六进制：c8
123.400000,1.234000E+02
```

应注意，printf() 函数中类型控制符的个数一定要等于格式化串后面的数据参数个数。例如，上例第一个 printf() 函数中，因为在格式化串中有 3 个类型的控制符，所以，在格式化串的后面一定有 3 个要输出的数据；又如在第二个 printf() 函数中，因为在格式化串中有两个类型控制符，所以，在格式化串的后面一定有两个要输出的数据。

类型控制符有时也称为"占位符"，其作用就是为 printf() 函数格式化串后要显示的数据参数占位。例如：

```c
printf("十进制：%d,八进制：%o,十六进制：%x\n", 200, 200, 200);
```

可以用如图 1-10 所示的方式形象地说明类型控制符与要显示的数据之间的对应关系。

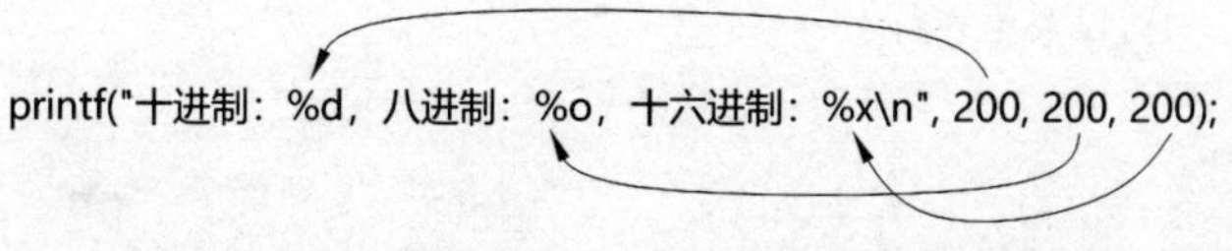

图 1-10　类型控制符与要显示的数据之间的对应关系

从图 1-10 可以看格式化串中的类型控制符的个数，以及类型严格控制数据参数的个数和显示方式。

1.5.2 flags 标志控制符

flags 标志控制符控制输出的样式。常用的 flags 标志控制符及其含义如表 1-2 所示。

表 1-2 常用的 flags 标志控制符及其含义

序号	控制符	含　义
1	－	结果为左对齐,右边填空格。默认是结果右对齐,左边填空格
2	＋	输出符号(正号或负号)
3	0	输出的前面补上 0,直到占满指定列宽为止
4	＃	type 是 o、x、X 时,增加前缀 0、0x、0X;type 是 e、E、f 时,一定要使用小数点

例如,下面的程序输出整数 100、－200 这两个整数的正负号,当用十六进制输出整数 200 时,显示十六进制的整数符号 0x:

```
#include <stdio.h>

int main(void) {
    printf("%+d %+d\n", 100, -200);        //输出正负号
    printf("%x %#x\n", 100, 200);          //输出 0x
    return 0;
}
```

运行这个程序,显示如下结果:

```
+100 -200
64 0xc8
```

注意上例代码第 4 行和第 5 行的语句,在每行的末尾都有一段以双斜线开始的一句描述性的句子,这些以双斜线开始的描述性的句子称为“程序注释”。程序注释是为了便于程序员阅读而添加的描述性句子,编译程序在将程序编译为代码时会自动删除掉这些句子,因此,程序注释不影响程序的运行过程。双斜线注释的有效范围是从双斜线开始到一行的末尾。

除了可以使用双斜线为程序添加注释外,还可以使用“/ * ”和“ * /”为程序添加多段注释。例如,下面的代码为程序添加了多行注释:

```
#include <stdio.h>

/*
    在这里,可以为程序增加多行注释。
    还可以再增加一行,以及更多行
*/
int main(void) {
    printf("%+d %+d\n", 100, -200);        //输出正负号
    printf("%x %#x\n", 100, 200);          //输出 0x
    return 0;
}
```

运行这个程序,显示与上例一致的结果。

1.5.3　width 常用数据显示宽度控制

使用 width 可以控制数据显示的最小宽度,这里的 width 是一个十进制整数值。若实际位数多于指定的宽度,则按实际位数输出;若实际位数少于定义的宽度,则补以空格或 0。例如,下面的程序以指定的宽度显示一个整数和一个字符串。所谓字符串,就是一个用英文双引号引起来的文字。

```
#include <stdio.h>

int main(void) {
    printf("%10d %2d\n", 2000, 3000);
    printf("%10s %30s\n", "How do you do ?", "I am fine, and you ?");
    return 0;
}
```

运行这个程序,显示如下结果:

```
      2000 3000
How do you do ?            I am fine, and you ?
```

1.5.4　".precision"数据显示精度控制

精度格式符以"."开头,后跟十进制整数。当格式化串中的 type 为 d、i、o、u、x、X 之一时,precision 表示输出的最小的数字个数,不足补前导零,超过不截断;当格式化串中的 type 为 e、E、f 之一时,precision 表示小数点后数值位数,默认为六位,不足时后面补 0,超过则截断;当格式化串为 s 时,precision 表示最大可输出字符数,不足正常输出,超过则截断。如果没有指定 precision 的值,则默认为 0。例如,下面的代码以指定的精度显示一个实数数据:

```
#include <stdio.h>

int main(void) {
    printf("%.2d\n", 2000);
    printf("%20.3f\n", 12345.6);
    return 0;
}
```

运行这个程序,显示如下结果:

```
2000
           12345.600
```

1.5.5　length 控制符

使用 length 控制符,可以采用不同的方式对要显示的数据进行解释和处理。length 常用控制符及其含义如表 1-3 所示。

11

表 1-3　length 常用控制符及其含义

序号	控制符	含　义
1	h	修饰整数类型。当格式化串的 type 为 i、d、o、u、x 和 X 时，表示以短整数形式显示数据
2	l	修饰整型类型或者浮点类型。当格式化串的 type 为 i、d、o、u 或者 f 时，表示以长整数形式显示数据；当格式化串的 type 为 f 时，表示显示 double 类型的数据

提示：这里不针对 length 控制符进行举例，因为会涉及还没有介绍的数据类型及其表示范围的概念。

1.5.6　转义符

C 语言中的转义字符是一种特殊的字符序列，用于表示一些无法直接在键盘上输入的特殊字符，如换行符、制表符等。通过转义字符，可以在字符串中插入特殊的控制字符或者其他特殊字符。例如，在之前的例子中使用到的"\n"就是一个转义符，当把它用到 printf() 函数的格式化串中时，表示输出一个回车换行符。表 1-4 列出了 C 语言中常用的转义符及其功能。

表 1-4　常用的转义符及其功能

序号	转义符	含　义
1	\n	回车换行，相当于在键盘上按下了 Enter 键。此处"回车"的含义是指光标回到当前行的开始处，"换行"的含义是指光标跳转到当前列位置的下一行
2	\t	水平制表符，也就是光标前进指定的空格，一般是 4 个空格或者 8 个空格
3	\"	显示英文的双引号。由于在 C 语言中双引号用于标识字符串，因此，当需要显示一个英文双引号时，需要使用这个转义符
4	\\	显示反斜线。由于在 C 语言中反斜线用于转义符，因此，当需要显示一个反斜线时，需要使用这个转义符

下面举一个例子说明表 1-4 中转义符的使用。

```
#include <stdio.h>

int main(void) {
    printf("Hello\tWorld\n");        //显示 Hello 文字后，显示 4 个空格后再显示 World
printf("\\\n");                      //显示反斜线"\"后再回车换行
//显示"我说"文字后再显示一个双引号，接着显示"你好"文字后又显示一个双引号
    printf("我说\"你好\"\n");
    return 0;
}
```

运行该程序，将显示如下的运行结果：

```
Hello    World
\
我说"你好"
```

1.6　算法及其描述

计算机是用来解决计算问题的。在可以用计算机程序求解某个问题之前,需要先研究/设计解决问题的方法。描述如何使用计算机程序解决某个具体问题的方法称为"算法"。例如,为了编写一个求解任意一元二次方程根的程序,在可以编写程序之前,需要研究/设计求解一元二次方程根的方法:中学数学已经告知了求解任意一元二次方程根的方法。

研究/设计了求解问题的方法后,需要使用恰当的方式将方法描述出来。有多种描述算法的方法,较常用的描述算法的方式包括:采用自然语言方式描述算法;使用流程图方式描述算法。下面对这两种方式做简单介绍。

1.6.1　使用自然语言描述算法

使用自然语言描述算法,顾名思义,就是使用语言文字描述算法。有时,人们把采用自然语言描述的算法称为"伪代码"。自然语言采用分步的方式描述算法。下面以求解一元二次方程根为例,介绍如何使用自然语言描述算法。

算法名称:求解一元二次方程根。

输入参数:一元二次方程的 3 个系数,即 a、b、c。

输出结果:两个一元二次方程的根,$r1$、$r2$。

算法步骤:具体如下。

第 1 步:从键盘上输入一元二次方程的 3 个系数,即 a、b、c。

第 2 步:计算 Δ 的值,即 $\Delta = b^2 - 4ac$。

第 3 步:判断 Δ 的值。

① 如果 Δ 大于 0,则一元二次方程有两个不同的根。

$r1 = (-b + \sqrt{\Delta})/(2a)$;$r2 = (-b - \sqrt{\Delta})/(2a)$,输出 $r1$ 和 $r2$ 后结束。

② 如果 Δ 等于 0,则一元二次方程有两个相同的根。

$r1 = r2 = (-b)/(2a)$,输出 $r1$ 和 $r2$ 并结束。

③ 如果 Δ 小于 0,则一元二次方程没有实根。

输出"一元二次方程没有实根"并结束。

第 4 步:程序结束。

在使用自然语言描述算法时,算法描述中的每一步都必须是计算机可计算的,也就是可以通过计算机程序语句实现的。如果任何一步不能用计算机程序语句实现,则算法是没有意义的。

1.6.2　使用流程图描述算法

一种直观的图形化描述算法的方式是使用流程图。流程图是表示程序算法、工作流程的一种框图表示方式,它以不同类型的图形框代表不同种类的操作步骤,各个步骤之间使用箭头连接以表示操作的先后顺序。流程图在程序分析设计及工程操控中都有广泛应用。常用的流程图符号及其含义如表 1-5 所示。

表 1-5　常用的流程图符号及其含义

序号	形　状	名　称	含　义
1		开始/结束	用来表示程序的开始或结束，通常会在框内标上"开始"或"结束"相关字眼以明确其含义
2	→	顺序连接	用来表达步骤的顺序，用一条带箭头的线由一个符号连接到另一个符号
3		输入/输出	以平行四边形来标示数据输入或输出的过程，即填入数据或显示工作结果的步骤
4		程序处理	以长方形来代表一系列程序去改变程序的量值、形式等
5		条件判断	以一个菱形标示一个条件判断，表示根据情况决定下一步的程序走向，通常以"是/否"或"真/假"值决定程序的下一步走向
6		子流程	用一个有两条左右垂直线矩形引用一个已在其他地方定义了的流程图，在矩形框中填写被引用流程图的名称
7	○	流程连接点	用一个含有字母的小圆圈来连接目标流程，目标画于同一页上
8		程序注释	用来补充某步骤的说明信息以便于理解，可用一个虚线来连接一个半闭合的长方形至需要注释的符号上

下面仍然以求解一元二次方程的根为例，说明如何使用流程图描述算法。求解一元二次方程根的流程图如图 1-11 所示。

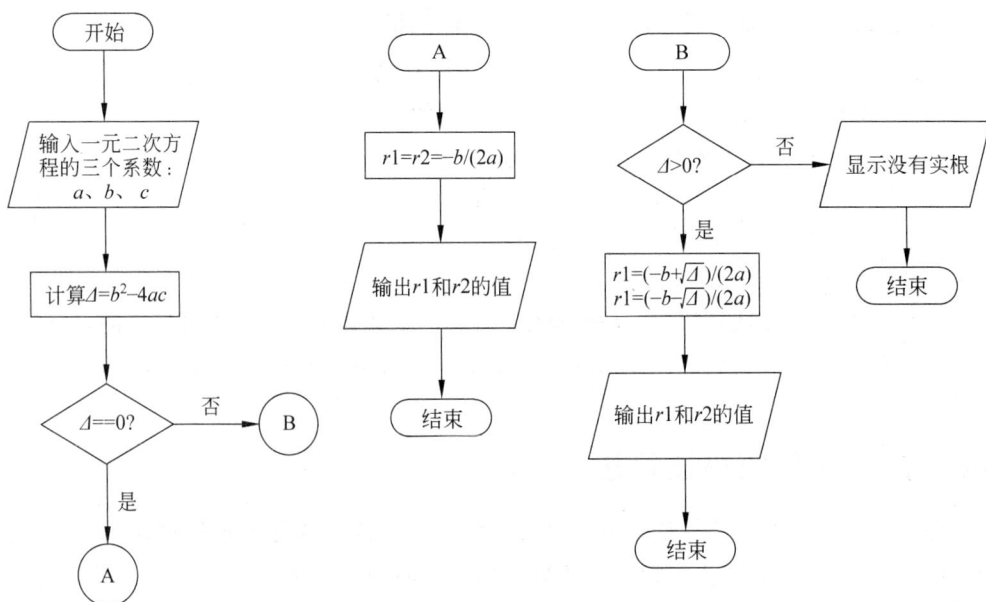

图 1-11　求解一元二次方程根的流程图

不论是使用自然语言(伪代码)来描述算法还是使用流程图来描述算法,从本质上它们具有相同的描述能力。

1.7 案例:微笑的自己

在一些卡通画面中,经常使用一些简单的符号表示一张笑脸。本例使用星号"＊"表示一个点,通过星号组合绘制一张微笑的脸。

1. 案例目标

如图 1-12 所示,这是一张手绘的微笑的脸。使用星号表示一个点,在计算机上绘制这张笑脸。

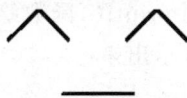

图 1-12 微笑的脸

然后在这张微笑的脸的下面显示自己的名字、年龄和爱好。

2. 案例分析

为了绘制微笑的脸,需要将图 1-10 中的线段离散化为一个个的点(也就是星号),然后采用 printf()函数显示这些星号,进而从视觉上组合成微笑的脸。离散化后的笑脸如图 1-13 所示。

图 1-13 离散化后的笑脸

3. 案例实施

在 CLion 中新建一个名称为 ch01-02 的 C 语言程序工程,并在 main.c 程序中录入以下程序代码:

```c
#include <stdio.h>

int main(void) {
    printf("     *           * \n");
    printf("   *     *       *     * \n");
    printf(" *           *   *             * \n");
    printf("\n");
    printf("\n");
    printf("     *   *   *   *   *   * \n");

    printf("我的名字叫张三,我今年%d 岁.我喜欢打篮球。\n", 20);
    return 0;
}
```

运行程序,显示如下结果:

```
        *       *
    *   *   *       *
    *       *   *       *



    *   *   *   *   *
```

我的名字叫张三,我今年 20 岁,我喜欢打篮球。

1.8　课后练习：绘制图形并计算面积

以一个星号"＊"代表一个点,使用 printf() 函数绘制一个上底为 12、下底为 20、高为 8 的梯形,然后计算这个梯形的面积并显示出来。

第2章 数据类型和数据运算

计算机程序本质上就是对输入数据进行处理,并将处理结果按要求的方式提供给程序使用者。本章介绍如何在 C 语言程序中对常见的基本数据进行处理。

2.1 数 据 类 型

现实生活中,人们使用的数据类型包括整数数据、实数数据、字符数据、逻辑数据等,例如,100、32767 是整数数据,123.4、2.0×10^3 是实数数据,'A'、'中'等是字符数据,true、false 是逻辑数据等。C 语言能够对这些常见的基本数据类型进行处理。

在数据可以被程序处理之前,需要首先将它们存储到计算机内存中,也就是计算机的 RAM 中(random access memory,随机访问存储器)。RAM 是以字节(Byte)为基本单元的可以存储数据的电子器件,1 字节包含 8 位(bit),每位只能存储二进制数字 0 或者 1。RAM 存储器的结构,如图 2-1 所示。

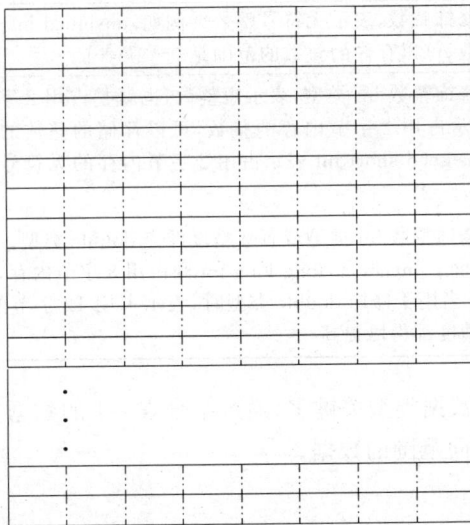

图 2-1　RAM 存储器的结构

在图 2-1 中,一行表示 1 字节,每字节由 8 位构成,在图中以一个小格表示,每位只能存储二进制的一个 0 或者 1。

为了存储不同类型的数据,可以将多个连续的字节合并使用。例如,为了存储不同范围及大小的整数数据,可以使用 1 字节保存一个整数,也可以使用 2 字节保存一个整数,还可以使用 4 字节保存一个整数,更有甚者可以使用 8 字节保存一个整数。并且对于整数而言,还可以是有符号整数和无符号整数(也就是自然数,正整数和 0);对于实数类型,在 C 语言中可以使用 4 字节进行存储,也可以使用 8 字节进行存储:使用 4 字节存储的实数称为单精度浮点数,使用 8 字节存储的实数称为双精度浮点数。对于字符类型,C 语言使用 1 字节的整数类型数据存储字符的 ASCII 编码。对于逻辑类型,C 语言使用整数表示逻辑类型的值,其中,数值 0 表示 false,也就是逻辑"假";非 0 表示 true,也就是逻辑"真"。

C 语言定义了专门的符号来表示不同的数据类型,这些符号称为"关键字"。C 语言的关键字、基本数据类型名称、占用内存字节数及数据范围如表 2-1 所示。

表 2-1　C 语言基本数据类型

序号	关键字	名　　称	占用内存字节数	数 据 范 围
1	char	单字节整数	1	$-2^7 \sim 2^7-1$
2	int	整数	4	$-2^{31} \sim 2^{31}-1$
3	float	单精度浮点	4	$-3.4 \times 10^{38} \sim 3.4 \times 10^{38}$,精确到 6 位小数
4	double	双精度浮点	8	$-1.7 \times 10^{308} \sim 1.7 \times 10^{308}$,精确到 15 位小数

为了适应不同的类型需求,C 语言还定义了几个类型修饰符用于描述数据类型占用的内存字节数以及是否是无符号数。这些关键字的名称及其作用如表 2-2 所示。

表 2-2　C 语言类型修饰符及作用

序号	类型修饰符	作　　用
1	signed	用于修饰整数类型,包括 char 类型和 int 类型,表示有符号整数。例如,signed int 表示有符号 4 字节整数,等价于 int
2	unsigned	用于修饰整数,表示无符号整数。例如,unsigned int 表示占用 4 字节内存的无符号整数,可以存储的整数的范围是 $0 \sim 2^{32}-1$
3	short	用于修饰整数 int 类型,表示短整数,也就是占用 2 字节内存的整数。例如,short int 表示占用 2 字节内存的整数,可以存储的整数的范围是 $-2^{15} \sim 2^{15}-1$;再比如,unsigned short int 表示占用 2 字节内存的无符号整数,可以存储的整数的范围是 $0 \sim 2^{16}-1$
4	long	用于修饰整数 int 类型或者双精度浮点 double 类型。当用于修饰 int 类型时,long int 等价于 int,但是,long long int 则占用 8 字节内存,long long int 也等价于 long long。当用于修饰 double 类型时,表示占用 12 字节的浮点数,进而,使得表示范围和精度都得以提高

C 语言定义了灵活的数据类型关键字,通过结合表 2-1 的数据类型和表 2-2 的类型修饰符,可以定义不同类型、不同范围的数据。

2.2　变　　量

如前所述,在程序可以对数据进行处理之前,需要将待处理的数据存储到计算机内存中。"变量"是存储待处理数据的最佳手段。变量不仅用于存储待处理的原始数据,还用于存储最终的处理结果。

2.2.1　变量定义及其本质

在 C 语言程序定义变量的方式非常简单。例如,下面的语句定义了一个名称为 age 的可以存储整数值的变量:

```
int age;
```

C 语言定义变量的一般格式如下:

```
数据类型 变量名;
```

其中的数据类型就是 2.1 节定义的所有可用数据类型,变量名可以是任何合法的描述符。C 语言中,合法的变量名要求如下。

(1) 不能使用 C 语言的关键字作为变量名。例如,2.1 节介绍的数据类型关键字,表示函数运行结束的 return 等,后续还会介绍更多的 C 语言关键字。

(2) 任何以字母或者下划线开头的符号。

(3) 大写字母与小写字母是不同的。例如,Count 和 count 是两个不同的变量名。一般而言,C 语言的变量名建议以小写字母开头。

(4) 变量的命名最好与保存的数据的含义相符。例如,定义的 age 变量用于保存一个人的年龄;定义的 count 变量用于保存一个计数等。

当定义相同类型的变量时,可以使用英文逗号将定义的多个变量分开。例如,下面的语句统一定义 3 个单精度浮点变量:

```
float salary, tax, income;
```

本质上,定义一个变量就是"告诉"计算机从其内存的空闲存储空间中分配指定数的字节,并命名这些字节为指定的变量名称。例如,使用如下语句定义一个名称为 age 的整数类型变量,其本质如图 2-2 所示。

```
int age;
```

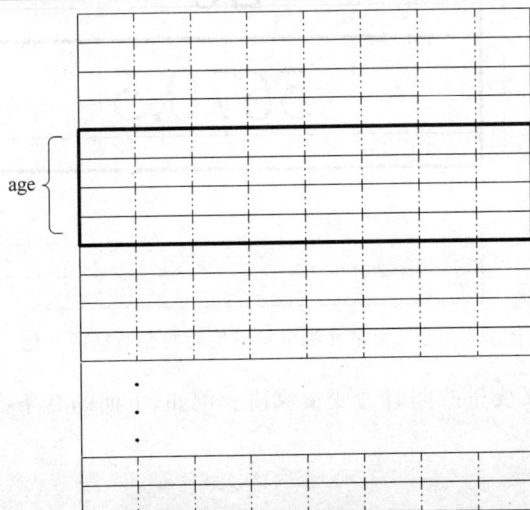

图 2-2　变量定义的本质

19

从图 2-2 可以看出, 由于 int 数据类型表示需要 4 字节存储有符号的整数, 因此, 计算机会为 int 类型的 age 变量分配 4 字节的空闲内存存储空间。类似地, 对于其他类型的变量定义, 也将按照数据类型的含义进行相应内存分配并为所分配的内存命名。

2.2.2 变量赋值

一旦定义了变量, 就可以使用赋值语句为变量赋值。例如, 下面的语句在定义变量 age 和 salary 后再为它们赋值。

```
int age;
float salary;
age = 20;
salary = 5670.5f;
```

其中的 "age = 20; salary = 5670.5f" 就是赋值语句, 它们的作用分别是将数值 20 放置到变量 age 中及将数值 5670.5 放置到变量 salary 中。C 语言中, 赋值语句的一般格式如下:

```
变量 = 值;
```

注意: 其中的变量必须是已经定义的变量, 也就是, 在 C 语言中, 变量必须先定义后使用, 并且在赋值之后的分号必须是英文分号。

本质上, 计算机在执行这几条语句后, 计算机内存及其中的数据将发生如图 2-3 所示的变化: 将整数 20 和单精度浮点数 5670.5 分别放置到变量 age 和变量 salary 对应的内存字节中。

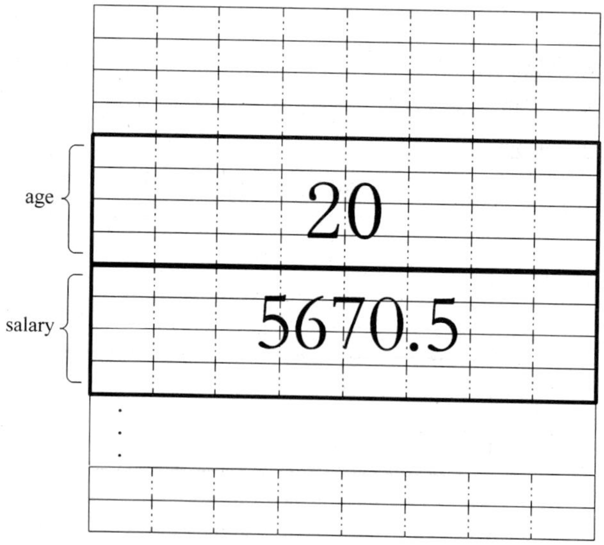

图 2-3 定义变量并给变量赋值后内存数据的变化

当然, 也可以在定义变量的同时为变量赋值。例如, 下面的 2 条语句完成与上面的 4 条语句相同的功能:

```
int age = 20;
float salary = 5670.5f;
```

这里有一个疑问：为什么在 salary 变量赋值时，在常量 5670.5 的尾部加上了字母 f 呢？这里的字母 f 是 float 的意思。通过在浮点数的尾部加上字母 f，明确地告诉计算机采用 4 字节的单精度浮点方式对常量浮点数进行编码；因为在默认方式下，计算机采用 8 字节的双精度浮点形式对常量浮点数据进行编码。试想，如果在常量浮点数 5670.5 后面没有加上字母 f，那么，计算机将采用 8 字节的双精度浮点形式对 5670.5 进行编码，而 salary 变量只有 4 个字节的存储空间，是存不下用 8 字节编码的 5670.5 这个浮点数的，此时，开发工具一定会报警。例如，在 CLion 中将显示如图 2-4 所示的警告信息。

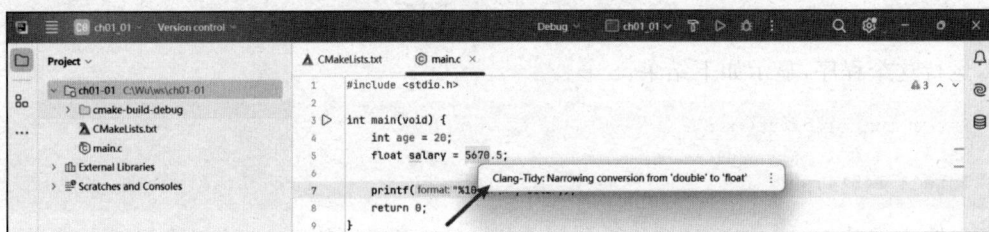

图 2-4　没有正确使用 f 后缀时的警告信息

变量及其本质

2.3　数 据 输 入

将数据从键盘输入到程序的变量中是程序接收待处理数据的典型方式。C 语言标准函数库定义了 scanf() 函数来接收输入数据。要使用 scanf() 函数，需要首先在程序头部使用 #include 语句包含 <stdio.h> 头文件，也就是说，在程序代码中需要首先使用如下语句包含 stdio.h 文件：

```
#include <stdio.h>
```

使用 sacnf() 函数接收数据的一般格式如下：

```
scanf(const char * format, ...);
```

其中，format 是格式说明符，它表示要输入的数据的类型；"..."表示用于接收输入数据的变量。它们都称为函数的参数。

作为 scanf() 函数的使用入门，下面举一个例子说明如何输入数据到变量中。这个例子首先提示用户输入一个整数和一个浮点数，然后显示这两个数的乘积。代码如下：

```
#include <stdio.h>

int main(void) {
    int items;
```

```
    float weight;

    printf("Enter number of items:");
    scanf("%d", &items);
    printf("Enter weight per item:");
    scanf("%f", &weight);

    printf("Total: %.2f\n", items * weight);

    return 0;
}
```

运行这个程序，显示如下结果：

```
Enter number of items:12
Enter weight per item:1234.5
Total: 14814.00
```

在输入整数 12 后，按下计算机上的回车键，才会真正将整数 12 输入变量 items 中。类似地，在输入浮点数 1234.5 后，也需要按下回车键，才会将数据输入变量 weight 中。

2.3.1 格式说明符

在 scanf() 函数的格式说明符中，除了可以使用代表整数的"%d"和代表浮点数的"%f"外，还有其他类似的格式说明符。scanf() 常用的格式说明符及其含义如表 2-3 所示。

表 2-3 scanf() 常用的格式说明符及其含义

序号	格式说明符	含　义
1	%d	从键盘读入一个十进制整数。例如，123、−432 等
2	%f	从键盘读入一个单精度浮点数。所输入的浮点数可以包含了一个小数点、一个可选的前置符号＋或－、一个可选的后置字符 e 或 E，以及 e、E 之后的一个十进制数字。例如，123.4、−23.5、12.3e2 等
3	%x	从键盘读入一个十六进制整数。例如，12A5 等
4	%c	从键盘读入一个字符，例如，字母'a'、'A'、'0'等。在 C 语言中，使用英文单引号包围的符号表示一个字符
5	%s	从键盘读入一个字符串

为了读入 long long 类型的长整数，或者 double 类型的双精度浮点数，scanf() 定义了格式修饰符。格式修饰符及其含义如表 2-4 所示。

表 2-4　格式修饰符及其含义

序号	格式修饰符	含　义
1	l	可以修饰%d 或者%f。当要读入一个 long Long int 类型的整数时，需要使用%lld 格式说明符；当要读入一个 double 类型的双精度浮点数时，使用%lf 格式说明符
2	h	可以修饰%d，表示要读入一个 2 字节的短整数

在 scanf() 的格式说明符中，将多个格式说明符组合起来可以一次读取多个数据。例如，下面的例子一次读入多个不同类型的整数。

```
#include <stdio.h>

int main(void) {
    short int a;
    int b;
    long int c;
    long long int d;
    int x;
    float y;
    double z;

    printf("请输入一个 2 字节短整数、一个 4 字节整数、另一个 4 字节整数、");
    printf("一个 8 字节整数、一个十六进制整数、一个单精度浮点、一个双精度浮点\n");
    printf("各个数据之间用空格隔开。\n");
    printf("请输入: ");
    scanf("%hd%d%ld%lld%x%f%lf", &a, &b, &c, &d, &x, &y, &z);

    printf("输出结果: %hd, %d, %ld, %lld, %x, %f, %lf\n", a, b, c, d, x, y, z);

    return 0;
}
```

运行这个程序,显示如下结果:

请输入一个 2 字节短整数、一个 4 字节整数、另一个 4 字节整数、一个 8 字节整数、一个十六进制整数、一个单精度浮点、一个双精度浮点
各个数据之间用空格隔开。
请输入: 123 1234 12345 123456 12F 123.4 123456789.0001
输出结果: 123, 1234, 12345, 123456, 12f, 123.400002, 123456789.000100

在使用 scanf()函数一行读取多个数据时,输入的数据之前默认需要使用空格将数据分开,也可以使用计算机上的 Tab 键将数据分开。仔细观察运行结果,可以注意到运行结果中出现了一个奇怪的现象:在输入单精度浮点数时,输入的是 123.4,但是在显示结果中却显示了 123.400002。之所以出现这种结果,是因为计算机不能对某些浮点数进行无误差的存储编码,因此出现了数据误差。

2.3.2　数据输入注意事项

在编写通过 scanf()读取程序数据的代码时,经常由于使用不当而读取不到数据或者读取了错误的数据。以下对使用 scanf()函数读取程序数据的常见问题进行说明。

(1) 在接收数据的变量前面必须加上"&"。在接收输入数据的变量前面必须加上"&",这个符号的作用是"取变量地址"。关于变量的地址及其使用将在后续章节介绍。这是容易犯的错误。例如,下面的代码将输入的数据保存到变量 count 中:

```
int count;
scanf("%d", &count);        //千万不要忘记"&"符号
```

(2) 接收输入数据的变量个数必须与格式说明符的个数相等。在格式说明符中的格式符的个数必须与后面变量的个数相等。

(3) 在格式说明符中不要包含"\n"。

(4) 不建议在格式说明符中包含除格式符以外的字符。如果在格式说明符中包含了除

格式说明符以外的字符，则在输入数据时，必须严格按照格式字样进行输入，也就是，对于出现在格式说明符中的非格式符，在输入中必须原封不动地进行输入。例如：

```
int count;
float salary;
scanf("a=%d,b=%f", &a, &b);
```

由于在格式说明符中包含了"a="""，","和"b="，因此，在输入数据时也必须输入这些符号。假如要输入的数据是 100 和 12.5，那么，在键盘上必须输入：a＝100，b＝12.5。

（5）在使用 scanf()接收输入数据的前面加上 printf()函数，显示一个数据说明。在使用 scanf()函数接收数据的语句前面加上一个 printf()函数，对要输入的数据及其格式做一个说明，可以有效减少输入错误数据的概率。例如：

```
int count;
float salary;
printf("请输入总人数：");
scanf("%d", &count);
printf("请输入每人应发酬金：", &salary);
sacnf("%f", &salary);
printf("应发酬金总数如下：%f\n", count * salary);
```

在每条输入数据语句的前面加上了 printf()语句对输入进行提示，可以增强用户使用软件的体验。

（6）在显示信息语句与输入数据语句交叉使用时，由于处理和解决中文乱码的原因，可能会显示信息延迟甚至不能正确显示信息，此时，需要在 main()函数的第一行添加 setbuf(stdout,NULL)语句，具体如下：

```
int main() {
    setbuf(stdout, NULL);
    //更多其他语句
}
```

即可解决信息显示延迟的问题。

显示信息延迟现象及其解决办法

2.4 数 据 运 算

现代计算机可以从事非常复杂的工作，然而，计算机进行的所有工作归根结底都是以计算为基础的，最常用的计算无非就是加、减、乘、除和取余数运算。

2.4.1　基本算术运算

　　C 语言的基本算术运算与数学中的算术运算是一致的，就是加、减、乘、除和取余数运算，其符号分别是＋、－、*、/、%。注意，C 语言中的乘号与数学中的乘号是不同的，C 语言使用星号"*"代表乘；还有，C 语言使用百分号"%"表示取余数。

　　C 语言的基本算术运算都是二元运算，也就是参与运算的操作数都是两个。如果参与运算的两个操作数具有相同的数据类型，则运算结果数据的数据类型与原操作数的数据类型相同；否则，如果参与运算的两个操作数的数据类型不同，则运算结果数据的数据类型与操作数中具有较大表示范围的操作数的数据类型相同。例如：

```
int a = 100;
int b = 30;
float c = 1234.5f;
int e;
short int f;
double h;
e = a + b;                 //正确
f = a + c;                 //警告：因为 a 是 4 字节的整数，而 f 只是 2 字节的短整数
h = 2 * (a + b) + c;       //正确
```

　　在上例中，因为 a 和 b 都是 int 类型，因此，将 a+b 的结果赋值给 int 类型的 e 变量是完全正确的；但是，由于 a 是 4 字节整数类型，c 是 4 字节 float 类型，因此，加法的运算结果是 float 类型。将 float 类型的数据赋值到 short int 类型的 f 时，编译器会报警。在已知没有数据溢出的前提下，可以使用如下的"强制类型转换"解决这个报警问题：

```
f = (short int)((float)a + c);
```

　　这条语句的作用如下：首先将 int 类型的变量 a 强制类型转换为 float 类型，再与变量 c 的值相加，将相加的结果值进行强制类型转换为 short int 类型，最后将结果赋值给 short int 类型的 f 变量。

　　还需注意，两个整数相除时，结果还是整数，因此，9/6 的结果是 1。取余数运算只能对于整数进行，例如，9%6 的结果是 3。

2.4.2　强制类型转换

　　强制类型转换是在编写 C 语言程序时经常会使用的一种操作。所谓强制类型转换，是指当运算中出现不兼容的操作数而出现报警时，或者在某些特殊的情况下需要将某个类型的数据转换强制转换为其他类型的数据时，经常需要使用的一种数据操作。强制类型转换的一般形式如下：

```
目标变量 = (目标变量数据类型)(表达式);
```

　　其中的"表达式"是指用数学运算符将变量或者表达式连接起来的并且可以进行求值的数学式子。下面是一些强制类型转换的例子：

```
int count;
count = (int)(123.4 * 2 + 40);
```

```
long long int b;
b = (long long int)count; //没有必要用这种声明,因为用 count 保存的数据完全可以用 b 保存
double salary = 1234.5;
int mod = salary;
```

注意其中的语句"b ＝ (long long int)count;"不需要进行强制类型转换。正如注释所说明的,能够用 count 保存的数据值完全可以使用变量 b 保存。从这里可以看出,强制类型转换主要用于将表示大数据范围的数据类型值向表示小数据范围的数据类型值转换。

2.4.3　自增和自减运算

C 语言提供了两个特殊的称为自增和自减的运算符：＋＋、－－。顾名思义,自增运算就是对变量加 1 以后,再将结果保存到原变量中；自减运算就是对变量减 1 以后,再将结果保存到原变量中。自增和自减运算是单目运算符,也就是说,它们是只针对一个变量的运算。＋＋、－－运算符可以放在变量的前面,也可以放在变量的后面。例如：

```
int age;
age = 20;
age++;
++age;
double tax = 100.5;
tax--;
--tax;
```

执行这几条语句后,age 的值是 22,tax 的值是 98.5。在这个例子中,＋＋、－－运算符放在变量的前面或者后面是没有区别的。再看下面的例子,在这个例子中,＋＋、－－运算符放在变量的前面或者后面是有区别的：

```
#include <stdio.h>

int main(void) {
    int age = 20;
    int nextYearAge;
    nextYearAge = ++age;
    printf("age=%d, nextYearAge=%d\n", age, nextYearAge);
    int count;
    count = 100;
    int next = count--;
    printf("count=%d, next=%d\n", count, next);

    return 0;
}
```

运行这个程序,显示如下结果：

```
age=21, nextYearAge=21
count=99, next=100
```

这说明,当把自增/自减运算符放在变量的前面时,先对变量执行自增/自减操作,然后再执行其他操作;当把自增/自减运算符放在变量的后面时,先执行其他操作后,再对变量执行自增/自减操作。

2.4.4　复合运算符

C语言将算术运算符与赋值运算符结合起来定义了几个复合运算符: + = 、− = 、* = 和/ = 。如果将运算符使用字符 op 代替,那么,这几个复合运算符的含义如下:

```
A op = B;
```

等价于

```
A = A op (B);
```

例如,如果已经定义了整型变量 age,那么,如下语句:

```
age += 10;
```

等价于

```
age = age + 1;
```

如下语句:

```
age *= 2 + 1;
```

等价于

```
age = age * (2 + 1);
```

2.4.5　表达式和运算符的优先级

通过运算符将常量、变量连接起来并可以求取一个结果的算式称为表达式。由于表达式中可能包含复杂的运算符,运算符的优先级是表达式求值的关键因素。C语言的运算符的优先级与数学的运算符的优先级是一致的,也就是说,乘法、除法、求余数的优先级高于加法和减法的优先级。自增和自减运算符的优先级又高于乘法、除法、求余数的优先级。在后续的章节中,还要介绍许多 C 语言定义的运算符。要记住运算符的优先级是一件很难的事情。为了便于程序的阅读和未来的维护,建议使用圆括号明确表达式运算的优先级:在 C 语言表达式中,圆括号具有最高的优先级。例如,假设 age 和 count 都是已经定义了的整型变量,并且 age=20 及 count=10。则下面的表达式:

```
++age * 2 + --count * 3 - count--/2
```

在没有使用圆括号的情况下,程序员阅读这段代码可能会比较吃力。如果对这个表达式加上适当的圆括号,则阅读起来会轻松许多:

```
(++age) * 2 + (--count) * 3 - (count--)/2
```

因此,圆括号不仅可以改变运算的优先级,还可以增加程序的可读性。

2.5　常用数学函数

C语言定义了如表 2-5 所示的常用数学函数，通过使用这些数学函数，可以完成一些复杂的科学计算。在程序中使用这些数学函数，需要使用如下语句包含 math.h 头文件：

```
#include <math.h>
```

表 2-5　C 语言定义的常用数学函数

序号	函数原型	功能
1	double cos(double x)	计算并返回弧度角 x 的余弦值
2	double sin(double x)	计算并返回弧度角 x 的正弦值
3	double exp(double x)	计算并返回 e 的 x 次幂的值
4	double log(doublex)	计算并返回 x 的自然对数(基数为 e 的对数)
5	double log10(double x)	计算并返回 x 的常用对数(基数为 10 的对数)
6	double pow(double x, double y)	计算并返回 x 的 y 次幂
7	double sqrt(double x)	计算并返回 x 的平方根
8	double ceil(double x)	计算并返回大于或等于 x 的最小的整数值
9	double fabs(double x)	计算并返回 x 的绝对值
10	doublefloor(double x)	计算并返回小于或等于 x 的最大的整数值

例如，下面的程序提示用户输入一个数，然后显示这个数的余弦值、基数为 e 的对数值和算术平方根的值：

```
#include <stdio.h>
#include <math.h>

int main(void) {
    double x;

    printf("Input:");
    scanf("%lf", &x);
    printf("%lf, %lf, %lf\n", cos(x), log(x), sqrt(x));

    return 0;
}
```

运行这个程序，在提示输入处输入 123.4，显示如下结果：

```
Input:123.4
-0.638779, 4.815431, 11.108555
```

2.6　案例：验证 $\sin^2(x)+\cos^2(x)$ 等于 1

从中学数学了解到，对任意的实数 x，$\sin^2(x)+\cos^2(x)$ 总是等于 1。使用编写一个 C 语言程序，验证这个等式的有效性。

1. 案例目标

编写一个简单的 C 语言程序,提示用户从键盘输入任意一个实数,程序将用户输入的实数保存到变量 x 中,然后计算 $\sin^2(x) + \cos^2(x)$,观察计算结果是否等于 1。

2. 案例分析

为了计算 $\sin^2(x) + \cos^2(x)$,需要运用表 2-5 所示的 C 语言定义的常用数学函数表中的 sin(x) 函数和 cos(x) 函数。一种显而易见的计算 $\sin^2(x) + \cos^2(x)$ 的方式如下:

$$\sin(x) * \sin(x) + \cos(x) * \cos(x)$$

在这个表达式里,调用了两次 sin(x) 函数和两次 cos(x) 函数;计算一个实数的正弦值和余弦值是非常耗时间和资源的过程,因此,应该尽量少地调用。可以这样来减少对 sin(x) 和 cos(x) 函数调用的次数:将 six(x) 函数的计算结果保存到某个变量,比如 sx 中,然后再计算 sx * sx;类似地,将 cos(x) 函数的计算结果保存到变量 cx 中,然后再计算 cx * cx。采用这种方式,可以提高程序的运行效率。

3. 案例实施

基于以上的分析,验证 $\sin^2(x) + \cos^2(x)$ 是否等于 1 的完整代码如下。在代码中,为了尽量减少精度损失,使用双精度 double 类型变量保存程序数据。

```c
#include <stdio.h>
#include <math.h>

int main(void) {
    double x, sx, cx, y;

    printf("请输入任意一个实数:");
    scanf("%lf", &x);
    sx = sin(x);
    cx = cos(x);
    y = sx * sx + cx * cx;
    printf("计算结果如下: %lf\n", y);

    return 0;
}
```

运行这个程序,输入 1234.5,显示如下结果:

```
请输入任意一个实数: 1234.5
计算结果如下: 1.000000
```

2.7　课后练习:三角形面积和周长

输入任意一个三角形的三条边的长度,然后计算并显示以此三个输入值为三条边的长度的三角形的面积和周长。

29

第 3 章　条件控制及程序分支

程序在运行过程中可能需要根据不同的情况执行不同的代码,这种根据不同条件执行不同代码的程序结构称为分支结构。C 语言的分支结构语句包括 if 语句和 switch 语句。

3.1　单分支 if 语句

单分支 if 语句的一般形式如下:

```
if (表达式)
    语句块;
```

单分支 if 语句的执行过程如下:如果表达式的值不为 0,则执行语句块中的语句,然后执行 if 语句之后的其他语句,否则,直接执行 if 语句之后的其他语句。如果表达式为非 0 值时,要执行多条语句,则需要使用花括号"{ }"将要执行的代码包围起来。其中的"表达式"一般是关系表达式、逻辑表达式,也可以是普通的数值表达式:表达式为非 0 值时表示真,为 0 值时表示假。

看一个简单的例子。这个例子首先提示用户输入一个整数,然后判断这个数是否为偶数,若是则显示"偶数",否则显示"奇数"。

```c
#include <stdio.h>

int main(void) {
    int number;
    int remainder;

    printf("请输入一个整数: ");
    scanf("%d", &number);
    remainder = number % 2;
    if (remainder == 0) {
        printf("你输入的数是偶数\n",);
        return 0;
    }
    printf("你输入的数是奇数\n");

    return 0;
}
```

这个程序通过如下 if 语句如下:

```
if (remainder == 0) {
    printf("你输入的数是偶数\n", number);
    return 0;
}
```

判断余数 remainder 是否为 0，如果是，则显示“你输入的数是偶数”并结束运行；否则，显示“你输入的数是奇数”并结束运行。注意其中的条件：

```
remainder == 0
```

为了判断两个数是否相等，需要使用符号“＝＝”，也就是使用两个等号来判断两个数是否相等。符号“＝＝”称为关系表达式。运行这个程序，输入 123，将显示如下的运行结果：

```
请输入一个整数：123
你输入的数是奇数
```

3.2　关系运算和逻辑运算

if 语句中决定程序走向的是其中的表达式，关系运算和逻辑运算是表达式的重要形式。本节对关系运算和逻辑运算进行详细介绍。

关系运算，顾名思义，就是判断两个数之间的关系，例如，两个数之间的等于关系、大于关系、小于关系等。C 语言除了定义上例中的等于关系“＝＝”外，还定义常用的其他关系运算及其运算符。逻辑运算是对逻辑值进行类似“或者”“并且”等方式的运算。

3.2.1　关系运算与关系运算符

与日常生活中遇到的判断两个数之间的关系类似，C 语言提供了判断两个数之间关系的运算符。C 语言的关系运算符及其含义如表 3-1 所示。

表 3-1　C 语言的关系运算符及其含义

序号	关系运算符	作　　用
1	＝＝	等于：判断两个数是否相等，如果相等则结果为 1，否则结果为 0
2	!=	不等于：判断两个数是否不相等，如果不相等则结果为 1，否则结果为 0
3	>=	大于或等于：判断左操作数是否大于或等于右操作数，如果是则结果为 1，否则结果为 0
4	<=	小于或等于：判断左操作数是否小于或等于右操作数，如果是则结果为 1，否则结果为 0
5	>	大于：判断左操作数是否大于右操作数，如果是则结果为 1，否则结果为 0
6	<	小于：判断左操作数是否小于右操作数，如果是则结果为 1，否则结果为 0

需要强调的是，C 语言没有定义逻辑类型，也就是没有类似 true、false 之类的逻辑值及其数据类型。在 C 语言中，非 0 值就是“真”，0 值就是“假”。例如，下面的例子将根据关系

运算符的运算结果显示数值 1 或者数值 0。

```
#include <stdio.h>

int main(void) {
    int a, b, c;
    a = 1;
    b = 2;

    c = (a < b);            //可以不使用圆括号
    printf("%d\n", c);
    c = (a >= b);           //可以不使用圆括号
    printf("%d\n", c);

    return 0;
}
```

运行这个程序，显示如下结果：

```
1
0
```

从这个例子可以看出，C 语言的关系运算符的返回值的规律：1 代表条件为真，0 代表条件为假。在本例中，在赋值运算和关系运算中，使用了圆括号以更加明确的方式给出了运算符优先级以便于阅读。

3.2.2 逻辑运算与逻辑运算符

假设已经定义了 3 个整数类型的变量 a、b、c，如果需要变量检查 b 是否大于 a，同时小于变量 c，不能使用表达式"a<b<c"，因为 C 语言中的表达式"a<b<c"与数学上的不等式"$a<b<c$"具有完全不同的含义。C 语言中，表达式：

$$a<b<c \quad 等价于 \quad (a<b)<c$$

例如，如果 a=5，b=4，c=3，那么表达式 a<b<c 的值是 1，也就是"真"，这显然与数学中的"$a<b<c$"的含义是相反的。在 C 语言中，为了检查 b 是否大于 a，同时小于变量 c，正确的做法如下：

$$(a<b) \&\&(b<c)$$

其中的"&&"运算符就是逻辑运算符，它的含义是"并且"。C 语言中的逻辑运算及其含义如表 3-2 所示。

表 3-2　C 语言中的逻辑运算及其含义

序号	逻辑运算符	作　　用
1	&&	逻辑与：如果两个操作数都非 0，则结果值为 1，否则结果值为 0
2	||	逻辑或：如果两个操作数中有任意一个非 0，则结果值为 1，否则结果值为 0
3	!	逻辑非：如果操作数非 0，则结果值为 0，否则结果值为 1

看下面这个例子。在这个例子中，分别给 3 个整数变量 a、b、c 赋值后，再进行关系运算或者逻辑运算，最后显示求值的结果：

```
#include <stdio.h>

int main(void) {
    int a, b, c, d;

    a = 10; b = 5; c = 3;
    d = a && b;
    printf("%d\n", d);        //显示 1
    printf("%d\n", ! c);      //显示 0
    d = (a<0) || (b>0);
    printf("%d\n", d);        //显示 1
    printf("%d\n", ! 0);      //显示 1

    return 0;
}
```

运行这个程序,显示如下结果:

```
1
0
1
1
```

3.3　双分支 if 语句

双分支 if 语句用于控制当条件成立时执行一组语句,而当条件不成立时执行另外一组语句。双分支 if 语句的一般形式如下:

```
if (表达式)
    语句块 1;
else
    语句块 2;
```

也就是说,当"表达式"为非 0 值时执行"语句块 1",当表达式为 0 值时则执行"语句块 2"。

下面来看一个简单例子。这个例子提示用户输入一个整数,如果输入的数为 100～200,则显示 Great,否则显示 Wrong:

```
#include <stdio.h>

int main(void) {
    int a;

    printf("Enter a number:");
    scanf("%d", &a);
    if ((a>=100) && (a<=200))
        printf("Great\n");
    else
        printf("Wrong\n");

    return 0;
}
```

运行这个程序，并输入 150，则显示如下的运行结果：

```
Enter a number:150
Great
```

再来看一个例子。这个例子将用户输入的 double 类型的值作为自变量，计算如下函数的值，并显示计算结果。

$$y = \begin{cases} \sin(x) + \cos(2x) & (x \leqslant 0) \\ \sqrt{200 + 30/(x+10)} & (x > 0) \end{cases}$$

这是一个典型的分段数学函数，双分支 if 语句是实现这个分段函数的很好工具。实现这个数学函数功能的代码如下：

```c
int main(void) {
    double x, y;

    printf("Enter x:");
    scanf("%lf", &x);
    if (x<=0)
        y = sin(x) + cos(2 * x);
    else
        y = sqrt(200+30/(x+10));
    printf("%lf\n", y);

    return 0;
}
```

运行这个程序并输入−10，显示如下结果：

```
Enter x:-10
0.952103
```

3.4　多分支 if 语句

有时需要根据多个差别不大的条件控制程序的走向，这种情况下可以使用多分支 if 语句。多分支 if 语句的一般形式如下：

```
if (表达式 1)
    语句块 1;
else if (表达式 2)
    语句块 2;
else if (表达式 3)
    语句块 3
...
else if (表达式 n)
    语句块 n;
else
    语句块 n+1;
```

多分支 if 语句的执行过程如下：先计算表达式 1 的值,如果表达式 1 非 0,则执行语句块 1,然后执行多分支 if 语句之后的其他程序语句;如果表达式 1 为 0,则再计算表达式 2 的值,如果表达式 2 非 0,则执行语句块 2,然后执行多分支 if 语句之后的其他程序语句;如果表达式 2 为 0,则再计算表达式 3 的值;以此类推,直到计算表达式 n 的值。如果表达式 n 非 0,则执行语句块 n,然后执行多分支 if 语句之后的其他程序语句;如果表达式 n 为 0,则执行语句块 $n+1$,然后执行多分支 if 语句之后的其他程序语句。

多分支 if 语句最后的 else 子句是可选的,也就是,当多分支 if 语句的所有表达式都是 0 值时,直接执行多分支 if 语句之后的其他程序语句。

下面来看一个例子。这个例子实现如下的数学函数功能：该函数有两个自变量 x 和 y,根据用户输入的 x、y 的值计算 z 的值：

$$z = \begin{cases} x^2 + y^x & (x > 0 \text{ 并且 } y > 0) \\ 0 & (x = 0 \text{ 并且 } y = 0) \\ \sin(x) + \cos(x) & (x < 0 \text{ 并且 } y < 0) \\ -1 & (\text{其他}) \end{cases}$$

由于涉及要判断 x 和 y 的值,并且根据不同条件采用不同的公式计算,因此,可以使用多分支 if 语句实现这个程序：

```c
#include <stdio.h>
#include <math.h>

int main(void) {
    double x, y, z;

    printf("Enter x, y:");
    scanf("%lf%lf", &x, &y);
    if ((x>0) && (y>0)) {
        z = x * x + pow(y, x);
    }
    else if ((x==0) && (y==0)) {
        z = 0;
    }
    else if ((x<0) && (y<0)) {
        z = sin(x) + cos(y);
    }
    else {
        z = -1;
    }
    printf("%lf\n", z);

    return 0;
}
```

在这个中,虽然每个条件的语句块中都只有一条语句,但是都使用了花括号"{ }"将代码块包围了起来,并且每个条件都独占一行,同时,对于每个表达式,均使用圆括号明确了表达式计算的优先顺序,这是一种良好的代码书写和编辑方式,这种方式非常便于以后阅读和维护代码。运行这个程序,并输入 3 和 4,程序运行结果如下：

```
Enter x, y:3 4
73.000000
```

多分支 if 语句使用举例

3.5　if 语句的嵌套

所谓 if 语句的嵌套，是指在 if 语句的语句块中又包含了 if 语句。下面的代码片段就是一段典型的嵌套的 if 语句：

```
if (表达式 1) {
    语句 1;
    if (表达式 2) {
        语句 2;
        语句 3;
    }
    else {
        语句 4;
        语句 5;
    }
}
语句 6;
```

在这段代码片段中，首先计算表达式 1 的值，如果表达式 1 非 0，在执行语句 1 之后，再计算表达式 2 的值；如果表达式 2 非 0，则执行语句 2、语句 3；如果表达式 2 为 0，则执行语句 4、语句 5；如果表达式 1 为 0，则直接执行 if 语句后的代码，也就是语句 6。

下面来看一个例子。这个程序接收用户输入的一个整数，然后判断这个数是否能够被 3 整除，如果能被 3 整除，再判断能否被 5 整除。完整的程序代码如下：

```
#include <stdio.h>

int main(void) {
    int number;

    printf("Enter a number:");
    scanf("%d", &number);
    if (number % 3 == 0) {
        printf("能被 3 整除\n");
        if (number % 5 == 0) {
            printf("能被 5 整除\n");
```

```
        }
        else {
            printf("不能被 5 整除\n");
        }
    }
    else {
        printf("不能被 3 整除\n");
    }

    return 0;
}
```

运行这个程序,输入整数 15,显示如下结果:

```
Enter a number:15
能被 3 整除
能被 5 整除
```

3.6　条件表达式和表达式书写注意事项

　　C 语言的条件表达式是一个可以快速求取表达式值的算式。由于表达式在 C 语言程序设计中有重要地位,并且在编程过程中经常会出现一些典型错误,本节对表达式的书写注意事项做一下总结。

3.6.1　条件表达式

　　C 语言提供了由符号"?"和":"组成的称为条件表达式的算式,它也是 C 语言唯一的一个三元运算符,也就是需要 3 个操作数的运算符。条件表达式的一般形式如下:

表达式 1? 表达式 2 : 表达式 3

　　条件表达式的求值过程如下:当表达式 1 的值非 0,则返回表达式 2 的值作为条件表达式的求值结果,否则,返回表达式 3 的值作为条件表达式的求值结果。

　　下面来看一个简单例子。这个例子接收从键盘输入的两个浮点数,然后显示这两个数的较大者。完整的程序代码如下:

```
#include <stdio.h>

int main(void) {
    float a, b, c;

    printf("Please enter two numbers:");
    scanf("%f%f", &a, &b);
    c = a>b? a:b;
    printf("The result is %0.2f\n", c);

    return 0;
}
```

这个程序等价于下面这个使用 if 语句求取较大值的程序：

```c
#include <stdio.h>

int main(void) {
    float a, b, c;

    printf("Please enter two numbers:");
    scanf("%f%f", &a, &b);
    if (a>b)
        c = a;
    else
        c = b;
    printf("The result is %0.2f\n", c);

    return 0;
}
```

运行这个程序,输入 123.4 和 567.1,显示如下结果：

```
Please enter two numbers:123.4 567.1
The result is 567.10
```

3.6.2 表达式书写注意事项

C 语言的表达式是一个广泛的概念,包括算术表达式、关系表达式、逻辑表达式。其中,算术表达式是使用算术运算符将变量、常量、表达式连接起来的算式,算式的求值结果可以是任何数;关系表达式是使用关系运算符将变量、常量、表达式连接起来的算式,关系表达式的求值结果只能为 1 或者 0;逻辑表达式是使用逻辑运算符将变量、常量、表达式连接起来的算式,逻辑表达式的求值结果只能为 1 或者 0。

例如,如果已经定义了整数变量 a、b、c、d,它们的值分别如下：$a=10$,$b=2$,$c=9$,$d=5$,那么,以下都是合法的表达式：$a*2+b/3-sqrt(c)$、$(a>2)+(c==1)$、$c\&\&(d!=a)$,它们的值分别如下：17,1,1。

在书写和编辑表达式时,经常由于疏漏使一些程序发生错误。下面对书写表达式时的常见典型错误进行总结归纳如下。

(1) 算术表达式中的乘号是" $*$ ",而不是" $\times$ ",并且在书写时不能省略。例如,数学算式 $3a$,在 C 语言中应该书写为 $3*a$。

(2) 整数相除的结果仍然是整数。例如,数学中 $9\div5$ 的结果是 1.8,但是,在 C 语言中,$9/5$ 的结果是 1。如果要使 C 语言的 $9/5$ 与数学算式具有相同的结果,在 C 语言中必须写成 $9.0/5$。

(3) 在表达式中包含数学函数时,一定要将参数写在圆括号中,如 $2+sin(3)$,并且要注意三角函数的参数必须是弧度。

(4) 在书写除法运算时,如果分子、分母都是表达式,要注意加上圆括号以明确运算的含义。例如,对于数学算式 $\frac{2a+b}{(a+1)*b}$,在 C 语言中,正确的书写方式如下：$(2*a+b)/$

［（a＋1）＊b］。

（5）书写表达式时不要依托运算符的优先级而是使用圆括号明确算式的计算顺序，因为大多数人都记不住运算符的优先级。

注意：在 C 语言的表达式中只能使用圆括号。

3.7　switch 语句

switch 语句用于判断一个整数表达式的值，并根据表达式的值执行对应的 case 中的语句。switch 语句的形式如下：

```
switch(整数表达式) {
    case 整数值 1:
        语句 11;
        语句 12;
        ...
        break;

    case 整数值 2:
        语句 21;
        语句 22;
        ...
        break;
        ...
    case 整数值 n:
        语句 n1;
        语句 n2;
        ...
        break;
    default:
        语句 01;
        语句 02;
        ...
}
```

switch 语句的执行过程如下：首先计算 switch 表达式的值，然后判断表达式的值是否等于第一个 case 子句的整数值 1，如果相等，则执行语句 11、语句 12……最后执行 break 语句结束 switch；如果表达式的值不等于整数值 1，则判断表达式的值是否等于整数值 2，如果相等，则执行语句 21、语句 22……最后执行 break 语句结束 switch；如果表达式的值不等于整数值 2，则判断表达式的值是否等于整数值 3；以此类推，如果表达式不等于整数值 1、整数值 2……整数值 n 中的任何一个值，则执行 default 子句中的语句 01、语句 02……最后结束 switch 语句。

case 子句中的 break 语句是可选的。break 语句的作用是结束 switch 语句的运行，使程序继续执行 switch 之后的其他语句，也就是说，当执行 switch 的 case 子句或者 default 子句中的语句时，遇到 break 语句后则结束 switch 语句，使程序继续执行 switch 语句之后的语句。例如,如果取消第一个 case 子句中的 break 语句,则当表达式的值等于整数值 1 时,将执行语句 11、语句 12……直到碰到 break 语句结束 switch 的语句。

default 子句是可选的。当 switch 中的表达式不等于整数值 1、整数值 2……整数值 n 中的任一个值时,如果存在 default 子句,则执行 default 子句中的语句;如果没有 default 子句,则直接结束 switch 语句的运行。

下面来看一个应用 switch 语句的例子。这个程序要求输入学生的考试成绩,当成绩大于或等于 90 分时为 A,当小于 90 分但是大于或等于 80 分时为 B,当小于 80 分但是大于或等于 70 分时为 C,当小于 70 分但是大于或等于 60 分时为 D,否则为 E。

因为成绩可以包含小数,所以应该使用 float 类型的变量保存成绩,并且成绩的合理范围应该在 0~100,因此,应该对输入的成绩进行判定,确保用户输入了正确的成绩。由于只需要对成绩分级,所以可以首先将成绩强制转换为整数,然后用成绩除以 10 的商即可确定级别。完整的程序代码如下:

```c
#include <stdio.h>

int main(void) {
    float score;
    int sc;

    printf("Enter your score:");
    scanf("%f", &score);
    if ((score > 100) || (score < 0)) {
        printf("成绩不能小于 0 或大于 100\n");
        return 1;
    }

    sc = (int)score;
    switch(sc/10) {
        case 10:
        case 9:
            printf("Gread A\n");
            break;
        case 8:
            printf("Gread B\n");
            break;
        case 7:
            printf("Gread C\n");
            break;
        case 6:
            printf("Gread D\n");
            break;
        default:
            printf("Gread E\n");
    }

    return 0;
}
```

运行这个程序并输入 85,程序运行结果如下：

```
Enter your score:85
Gread B
```

3.8　案例：求一元二次方程的根

在中学阶段,大家学习了什么是一元二次方程和如何求解一元二次方程的根。现在编写一个 C 语言程序,求解任意一元二次方程的根,包括实根和虚根。

1. 案例目标

一元二次方程是形如 $ax^2+bx+c=0$ 的方程,其中 a、b、c 为任意实数并且 $a\neq0$。编写一个 C 语言程序,从键盘接收一元二次方程的系数,然后求解并显示方程的根,包括实根和虚根。

2. 案例分析

在中学阶段已经学习过求解任意一元二次方程根的方法：先计算 $\Delta=b2-4ac$,然后根据 Δ 是否等于 0、大于 0、小于 0,分别求解方程的根。

3. 案例实施

程序首先从键盘接收一元二次方程的 3 个系数 a、b、c,必须确保 a 不等于 0,然后计算 Δ,并根据 Δ 的值计算不同类型的根。完整的程序代码如下：

```c
#include <stdio.h>
#include <math.h>

int main() {
    double a, b, c, delta, realPart, imaginaryPart;
    printf("请输入一元二次方程的系数 a, b, c:");
    scanf("%lf%lf%lf", &a, &b, &c);
    if (a == 0) {
        printf("一元二次方程的系数 a 不能为 0\n");
        return 1;
    }

    delta = b * b - 4 * a * c;

    if (delta > 0) {
        //两个不相等的实数根
        realPart = (-b + sqrt(delta)) / (2 * a);
        imaginaryPart = 0;
        printf("方程有两个不相等的实数根：x1 = %.2f, x2 = %.2f\n",
            realPart, (-b - sqrt(delta)) / (2 * a));
    } else if (delta == 0) {
        //两个相等的实数根
        realPart = -b / (2 * a);
        imaginaryPart = 0;
        printf("方程有两个相等的实数根：x1 = x2 = %.2f\n", realPart);
```

```
    } else {
        //两个共轭复数根
        realPart = -b / (2 * a);
        imaginaryPart = sqrt(-delta) / (2 * a);
        printf("方程有两个共轭复数根：x1 = %.2f+%.2fi, x2 = %.2f-%.2fi\n",
            realPart, imaginaryPart, realPart, imaginaryPart);
    }

    return 0;
}
```

运行这个程序，输入"100 12 9"，显示如下结果：

```
请输入一元二次方程的系数 a, b, c:100 12 9
方程有两个共轭复数根：x1 = -0.06+0.29i, x2 = -0.06-0.29i
```

3.9 课后练习：判断一个年份是否是闰年

编写一个 C 语言程序，输入任意一个年份，然后判断所输入的年份是否是闰年。

提示：闰年的判断的标准是能被 4 整除但不能被 100 整除，或能被 400 整除的年份。

第4章 循环结构程序设计

程序有时需要不断重复地执行一些语句,例如,不断地从键盘接收用户输入的整数,然后计算所输入的整数是否是素数,并根据计算结果告知用户是否为素数。C 语言提供了称为循环结构程序设计的语句,允许程序在一定的条件下不断地执行一些语句。C 语言中常用的循环结构语句包括 while 循环、do while 循环和 for 循环。

4.1 while 循环

while 是较为常用的循环语句,在详细介绍 while 语句的使用之前,先看一个简单的例子,对 while 循环有一个初步的了解。

4.1.1 while 循环入门

假设要编写一个计算从整数 1 的平方到整数 n 的平方的和的程序,这里的 n 是用户从键盘输入的整数,也就是计算如下公式结果:$sum = \sum_{i=1}^{n} i^2$,n 为任意正整数。

为了计算从 1 的平方到 n 的平方的和,一个简单且直观的方法就是先把 0 保存到结果变量 sum 中,然后逐个地将 1^2、2^2、3^2、$\cdots$、n^2 加到 sum 中。显然,程序需要不断地执行将某个数的平方加到 sum 变量中的语句。这可以使用循环语句解决。使用 while 循环编写完成的程序代码如下:

```c
#include <stdio.h>

int main(void) {
    int n;

    printf("Enter a number:");
    scanf("%d", &n);
    if (n < 0) {
        printf("Invalid Input");
        return 1;
    }

    int i = 1;
    long long int sum = 0;
    while (i <= n) {
        sum = sum + i * i;
```

```
        i++;
    }
    printf("sum: %lld\n", sum);

    return 0;
}
```

这个程序提示用户输入一个整数，如果输入的整数小于 0，则认为输入的数据不合法并直接退出程序；否则，初始化 sum 变量为 0，并初始化循环计数器 i 为 1，然后在 while 循环中首先判断 i 是否小于或等于 n，如果是，则将 i 的平方加到 sum 中后将计数器 i 加 1；再判断 i 是否小于或等于 n，如果是，将 i 的平方加到 sum 后将计数器 i 加 1，如此循环；直到 i 小于或等于 n 不成立，则调用 printf() 函数显示 sum 变量的值，也就是从 1 的平方到 n 的平方的和。这个程序使用了 while 循环语句，使程序在 i 小于或等于 n 时，不断地将 i 平方加到 sum 中。如果输入 n 为 1000，程序运行结果如下：

```
Enter a number:1000
sum: 333833500
```

4.1.2 while 循环详解

要较好地理解上面这个程序，需要对 while 语句有一个全面的认识。while 语句的一般形式如下：

```
while(表达式) {
    语句块；
}
```

while 语句的执行过程如下：首先判断表达式的值，如果表达式的值不等于 0，则执行 while 的语句块，然后判断表达式的值是否为 0；如果表达式的值不为 0，则再次执行 while 的语句块；如此循环，如果表达式的值为 0，则结束 while 语句的执行，并执行 while 语句之后的其他语句。

如果 while 语句的语句块中只有一条语句，则包围 while 语句的语句块的花括号是可以省略的。

while 语句中的表达式可以是算术表达式，也可以是关系表达式或逻辑表达式：只要表达式的值不为 0，程序将循环执行 while 语句块。这就是 while 循环的本质。

4.1.3 while 循环使用举例

为了加强对 while 循环语句的理解并掌握 while 循环语句的使用，下面举两个例子介绍 while 语句在编程中的具体应用。

【例 4-1】 从键盘读取整数并回显，直到用户输入 0 结束。

这个例子从键盘读取用户输入的整数并显示在屏幕上，用户输入整数 0 将结束程序运行。完整的程序代码如下：

```
#include <stdio.h>

int main() {
```

```
    int number;

    printf("请输入一个整数(输入 0 结束): ");
    scanf("%d", &number);
    while (number != 0) {
        printf("你输入的数字如下: %d\n", number);
        printf("请输入一个整数(输入 0 结束): ");
        scanf("%d", &number);
    }

    return 0;
}
```

运行这个程序,并在提示输入数据时输入一个整数,显示如下结果:

```
请输入一个整数(输入 0 结束): 100
你输入的数字如下: 100
请输入一个整数(输入 0 结束): 2
你输入的数字如下: 2
请输入一个整数(输入 0 结束): 30000
你输入的数字如下: 30000
请输入一个整数(输入 0 结束): 0
```

【例 4-2】　求出三位数整数中所有的水仙花数。

所谓水仙花数,是指如果一个数的各个数位上的数字的立方和等于该数,那么这个数就是水仙花数。例如,因为 $1^3 + 5^3 + 3^3 = 153$,所以,153 就是一个水仙花数。

分析:为了求出三位数中的所有水仙花数,可以从 100 开始到 999,针对每个数,取出这个数的各个数位上的数字,然后计算各个数字的立方和是否等于原数,如果相等,则这个数就是水仙花数,否则就不是。使用 while 循环对从 100 开始到 999 为止的三位数进行循环,然后在 while 循环的语句块中计算各个三位数是否满足水仙花数的条件。完整的程序代码如下:

```
#include <stdio.h>

int main(void) {
    int i, a, b, c;

    i = 100;
    while(i<=999) {
        a = i/100;              //取百位数上的数字
        b = (i%100)/10;         //取十位数上的数字
        c = (i%100)%10;         //取个位数上的数字
        if (a * a * a + b * b * b + c * c * c == i) {
            printf("水仙花数: %d\n", i);
        }
        i++;
    }

    return 0;
}
```

在这个程序中，变量 i 称为循环变量：它从 100 循环到 999。程序针对每个 i，取出各个数位上的数字，并计算是否满足水仙花数的条件，如果满足则显示这个数。运行这个程序，显示如下结果：

```
水仙花数: 153
水仙花数: 370
水仙花数: 371
水仙花数: 407
```

4.2 do...while 循环

do...while 循环语句也是 C 语言的一种常用的循环结构语句，do...while 循环的一般形式如下：

```
do {
    语句块;
} while(表达式);
```

do...while 循环语句执行的过程如下：首先执行语句块中的语句，然后检查表达式的值是否为 0，如果不为 0，则再次执行语句块中的语句；然后检查表达式的值是否为 0，如果不为 0，则再次执行语句块中的语句；如此循环，直到某次执行语句块中的语句后表达式的值为 0，这时将结束执行 do...while 语句，而继续执行 do...while 之后的其他语句。

【例 4-3】 对于任意合法的正整数的 n，计算从 $\cos(1)$ 到 $\cos(n)$ 的和。

分析：由于 n 是任意合法的正整数，因此，可以考虑从键盘输入 n。为了计算 $\cos(1)$ 到 $\cos(n)$ 的和，可以使用 do...while 循环：先初始化用于存储结果的 sum 变量为 0，并初始化循环变量 i 为 1，然后在 do...while 循环中将 $\cos(i)$ 的值加到 sum 变量中，再判断 i 是否小于或等于 n，如果是则继续将 $\cos(i)$ 的值加到 sum 中，否则结束 do...while 循环并显示计算结果。完整的程序代码如下：

```c
#include <stdio.h>
#include <math.h>

int main(void) {
    double sum = 0;
    int i, n;

    printf("Enter number of n:");
    scanf("%d", &n);
    if (n<1) {
        printf("Invalid Input");
        return 1;
    }

    i=1;
    sum = 0;
```

```
    do {
        sum = sum + cos(i);
        i++;
    }while (i<=n);
    printf("The sum is %f\n", sum);

    return 0;
}
```

由于程序中需要使用到数学函数 cos( )，所以在程序的开始部分包含头文件 math.h。运行这个程序，输入 1000，显示如下结果：

```
Enter number of n:1000
The sum is 0.537986
```

以上这个程序也可以使用 while 循环完成。相比较于 do...while 循环，一些程序员可能更喜欢使用以下的 while 循环程序。

```
#include <stdio.h>
#include <math.h>

int main(void) {
    double sum = 0;
    int i, n;

    printf("Enter number of n:");
    scanf("%d", &n);
    if (n<1) {
        printf("Invalid Input");
        return 1;
    }

    i=1;
    sum = 0;
    while(i<=n) {
        sum = sum + cos(i);
         i++;
    }
    printf("The sum is %f\n", sum);

    return 0;
}
```

4.3 for 循环

如果程序循环的次数是可以事先预知的，则 for 循环是完成这类任务的较好选择。for 循环语句的一般形式如下：

```
for(语句1;表达式;语句2) {
    语句块;
}
```

for 循环语句的执行过程如下：首先执行语句 1，然后判断表达式的值是否不为 0，如果不为 0，则执行语句块中的语句，之后再执行语句 2；其次判断表达式的值是否为 0，如果不为 0，则执行语句块中的语句，之后再执行语句 2；如此循环，直到某次执行语句块中的语句和语句 2 后，表达式的值为 0，此时将结束执行 for 循环语句，继续执行 for 之后的其他语句。

关于 for 循环有以下几点注意事项：①如果 for 循环的语句块中只有一条语句，则包围语句的花括号可以省略；②for 循环中的语句 1、表达式、语句 2 都是可选的，也就是可有可无的，但是，其中的两个英文分号";"是不能省略的；③如果 for 循环中的表达式被省略，也就是空缺，则表示"永真"，也就是表达式的值永远为 1。

【例 4-4】 计算 1 到 100 的总和。

这个例子展示了如何使用 for 循环来计算从 1 到 100 所有整数的总和。程序首先初始化变量 sum 来存储总和，并在每次循环中将当前的 i 值加到 sum 上。最后，程序输出了从 1 加到 100 的结果。完整的程序代码如下：

```c
#include <stdio.h>

int main() {
    int i, sum = 0;

    for (i = 1; i <= 100; i++) {
        sum += i;          //相当于 sum = sum + i;
    }
    printf("The sum of 1 to 100 is: %d\n", sum);

    return 0;
}
```

这个程序的运行过程如下：首先定义了变量 i 和 sum，并初始化 sum 为 0。在 for 循环中初始化 i 为 0，判断 i 是否小于或等于 100，由于此时 i 为 1，是小于或等于 100 的，因此，将执行 sum += i 语句，将 i 的值加到 sum 中；然后执行 i++ 语句，此时 i 的值为 2，然后判断 i 是否小于或等于 100，由于此时 i 为 2，是小于或等于 100 的，因此，将再次执行 sum += i 语句；之后再执行 i++ 语句，如此循环，直到执行 i++ 语句后 i 的值为 101，由于 101 大于 100，因此，条件不成立，将结束 for 循环的执行，继续执行 for 循环之后的 printf() 语句显示总和。运行这个程序，显示如下结果：

```
The sum of 1 to 100 is: 5050
```

【例 4-5】 显示任意个数项的斐波那契数列。

斐波那契数列是这样的数列：第 1 项和第 2 项都为 1，从第 3 项开始，每一个数项都是它的前两个数项之和。可以使用 for 循环显示指定数项的斐波那契数列。完整的程序代码如下：

```
#include <stdio.h>

int main() {
    int n, t1 = 1, t2 = 1, nextTerm = 0;

    printf("Enter the number of terms: ");
    scanf("%d", &n);

    printf("Fibonacci Series: %d, %d, ", t1, t2); //打印前两项
    for (int i = 3; i <= n; ++i) {
        nextTerm = t1 + t2;
        printf("%d, ", nextTerm);
        t1 = t2;
        t2 = nextTerm;
    }

    return 0;
}
```

运行这个程序,输入 10,显示如下结果:

```
Enter the number of terms:10
Fibonacci Series: 1, 1, 2, 3, 5, 8, 13, 21, 34, 55,
```

4.4　3 种循环语句的等价性

本质上,C 语言提供的 3 种循环语句都是等价的,也就是说,使用一种循环语句实现的功能可以通过其他两种循环语句实现。比如,使用 while 循环语句实现的功能可以通过 do...while 循环语句或者 for 循环语句实现。

4.4.1　3 种循环语句等价性举例:巴塞尔问题

下面举例说明 while 循环语句、do...while 循环语句、for 循环语句的等价性。本例使用 3 种循环语句编写程序,用于验证巴塞尔问题。

所谓巴塞尔问题,就是要求出所有自然数的平方的倒数和是多少。这个问题最先由皮耶特罗在 1644 年提出。现在有多个对这个问题的解答方法,但在当时这个问题刚刚被提出的时候却难倒了许多数学家,直到欧拉的出现才第一次解决了这个问题,所以这个问题就以欧拉的故乡瑞士的巴塞尔命名。现在已经从数学上证明:

$$\lim_{n \to \infty}\left(\frac{1}{1^2} + \frac{1}{2^2} + \frac{1}{3^2} + \cdots + \frac{1}{n^2}\right) = \frac{\pi^2}{6}$$

【例 4-6】　编写一个程序,验证巴塞尔问题,要求误差小于 0.00001。

分析:求解这个问题的关键是要知道 n 是多少,那么如何知道这个 n 是多少呢?题目要求误差要小于 0.00001,可从这里入手计算 n。假设:

$$s_n = \frac{1}{1^2} + \frac{1}{2^2} + \frac{1}{3^2} + \cdots + \frac{1}{n^2}$$

那么,

$$s_{n+1} = \frac{1}{1^2} + \frac{1}{2^2} + \frac{1}{3^2} + \cdots + \frac{1}{n^2} + \frac{1}{(n+1)^2}$$

两者误差要小于 0.00001，也就是 $s_{n+1} - s_n < 0.00001$。而 $s_{n+1} - s_n = 1/(n+1)^2$，由此可以确定 n 的值，则 $1/(n+1)^2$ 的值要小于 0.00001 就是循环终止的条件。

首先，使用 while 循环实现这个程序，完整的程序代码如下：

```
#include <stdio.h>

int main(void) {
    double sum = 0;

    int n = 1;
    double delta = 1.0/(n * n);
    while (delta > 0.00001) {
        sum = sum + delta;
        n++;
        delta = 1.0/(n * n);
    }
    printf("sum = %lf, π^2/6=%lf\n", sum, (3.14 * 3.14)/6);

    return 0;
}
```

为了尽量少损失精度，程序使用了 double 类型的变量存储"和"数。运行这个程序，显示如下结果：

```
sum = 1.641775, π^2/6=1.643267
```

其次，现在使用 do...while 循环实现这个程序，完整的程序代码如下，从程序代码可以看出，与使用 while 循环的程序非常类似：

```
#include <stdio.h>

int main(void) {
    double sum = 0;

    int n = 0;
    double delta = 0;
    do {
        sum += delta;
        n++;
        delta = 1.0/(n * n);
    } while (delta > 0.00001);
    printf("sum = %lf, π^2/6=%lf\n", sum, (3.14 * 3.14)/6);

    return 0;
}
```

最后，使用 for 循环编写验证巴塞尔问题的程序，与 while 以及 do...while 循环的代码非常类似。完整的程序代码如下：

```
#include <stdio.h>

int main(void) {
```

```
    double sum = 0;

    double delta = 1.0/(1 * 1);
    for(int n=2; delta>0.00001; n++) {
        sum = sum + delta;
        delta = 1.0/(n * n);
    }
    printf("sum = %lf, π^2/6=%lf\n", sum, (3.14 * 3.14)/6);

    return 0;
}
```

　　一般而言,在编程实践中当循环次数难以预先确定时,可以考虑优先使用 while 循环;而当循环次数可以预先确定时,则优先考虑使用 for 循环。

4.4.2　宏常量与 const 关键字的使用

　　在编程实践中经常需要使用一些具有特定含义的常量,例如,圆周率 π 及其他一些在多个地方都需要使用的某个常量。针对这样的场景,可以使用 C 语言提供的宏常量。宏常量定义的一般形式如下:

```
#define 宏常量名 值
```

　　其中的宏常量名可以是任何合法的标识符,一般采用大写形式命名宏常量名,值是任何合法的表达式。例如,下面定义了两个宏常量:

```
#define PI 3.14
#define RATE 0.017
```

　　一旦定义了宏常量,可以在程序代码中与使用变量一样的方式使用所定义的宏常量:C 语言编译器在编译代码之前,会把程序中所有的宏常量替换为宏常量所对应的值。例如,使用宏常量,修改 4.4.1 小节使用 while 循环验证巴塞尔问题的程序代码如下:

```
#include <stdio.h>

#define PI 3.14
#define ERROR 0.00001

int main(void) {
    double sum = 0;

    int n = 1;
    double delta = 1.0/(n * n);
    while (delta > ERROR) {
        sum = sum + delta;
        n++;
        delta = 1.0/(n * n);
    }
    printf("sum = %lf, π^2/6=%lf\n", sum, (PI * PI)/6);

    return 0;
}
```

这个程序中定义了 PI 和 ERROR 两个宏常量,分别表示圆周率和误差,然后在程序代码中需要使用圆周率和误差的地方全部使用宏常量,从而可以增加程序的可读性和后期的可维护性。例如,如果需要修改误差为 0.00000000001,那么只需修改 ERROR 的宏常量的定义即可,代码如下:

```
#define ERROR 0.00000000001
```

而不需要在代码中寻找表示误差的那个常量数值。

在 C 语言中,可以使用关键字 const 对变量定义进行修饰,用以规定所修饰的变量在定义时需要被初始化,并且变量一旦被初始化就不可以被修改。例如:

```
const float pi = 3.1415926f;        //使用 const 修饰的变量,在定义时对其初始化
printf("pi = %f\n", pi);
pi = 2.34f;                         //错误,因为使用 const 修饰的变量的值不可修改
```

因为变量 pi 被 const 修饰,因此,一旦定义和初始化后,不能再次对其赋值。

与预编译指令 #define 相比,const 有以下优点:可以进行类型检查,保护被修饰的变量防止意外修改,并且编译器通常不为普通 const 常量分配存储空间,而是将它们保存在符号表中,从而提高效率。

4.5　循环结构中的 break 语句和 continue 语句

在执行循环程序的过程中,有时需要根据某种情况提前退出循环或者直接进入下轮循环,为此,C 语言提供了 break 语句和 continue 语句用于满足这种需要。break 语句用在循环语句块中,用于提前结束循环程序的执行,也就是提前退出循环程序;continue 语句则使程序直接进入下一轮循环过程。break 语句的一般形式如下:

```
break;
```

continue 语句的一般形式如下:

```
continue;
```

前面介绍过,当 break 用在 switch case 中,可以结束 switch 语句的执行。这里,当 break 语句用于循环程序时,则提前结束循环程序的执行。

4.5.1　break 语句和 continue 语句使用举例

下面举例说明 break 语句和 continue 语句的使用。

【例 4-7】 从键盘输入一系列成绩,从所输入的成绩中找出最高的成绩进行显示。所输入的成绩不能大于 100 分并且不能小于 0,输入 −1 时结束。

分析:初始化最高成绩变量 max 为 −1,接收从键盘输入的成绩数据并保存到 score 变量中,再判断所输入的成绩是否为 −1,如果是则退出程序;否则再判断所输入的成绩是否在合理范围,如果不是,则提醒用户数据成绩有误。如果成绩在合理范围,则判断所输入的成绩是否大于 max,如果是则替换,并继续接收用户输入的成绩,如此循环。完整的程序代码

如下：

```
#include <stdio.h>

int main(void) {
    float max=-1, score=0;

    while(1) {
        printf("Please input your score:");
        scanf("%f", &score);
        if (score == -1) {
            break;
        }
        if ((score > 100) || (score < 0)) {
            printf("Invalid score\n");
            continue;
        }
        if(score > max) {
            max = score;
        }
    }
    printf("The max score is %f\n", max);

    return 0;
}
```

该程序中，首先定义两个变量 max 和 score，分别保存最高分和用户输入的成绩，然后使用 while(1) 不断执行循环语句块中的语句。这里，while 语句中的表达式为 1 表示"永真"：提示用户输入成绩，读取用户的输入并保存到 score 中，如果 score 为 -1，则使用 break 语句退出 while 循环，并显示最高成绩；否则，再判断 score 是否在合理的范围，也就是否大于 100 或者小于 0，如果是，则提示用户成绩不合理，并使用 continue 语句直接进入下一轮循环，也就是，直接执行语句 printf("Please input your score:") 提示用户输入成绩；如果 score 在合理范围内，则判断 score 是否大于 max，如是，则替换 max 中的值为新的成绩，程序进入下一轮循环。运行这个程序，按照提示输入成绩数据，显示如下结果：

```
Please input your score:89
Please input your score:98
Please input your score:-25
Invalid score
Please input your score:65
Please input your score:-1
The max score is 98.000000
```

4.5.2　随机数发生器

C 语言提供了一个非常有用的函数 rand()。rand() 函数可以生成从 1 到最大整数之间的一个随机整数。由于 rand() 函数是伪随机的，因此，为了生成具有更好随机性的整数，在使用 rand() 生成随机数之前，建议使用 srand() 函数设置随机数种子：srand() 需要一个整数值作为其参数，一般使用当前日期时间的计数值作为随机种子。要使用 rand() 函数和 srand() 函数，需要包括如下头文件：

```
#include <stdlib.h>
#include <time.h>
```

作为对循环中的 break、continue 语句的例子，也作为 rand() 函数及 srand() 函数的应用举例，下面的这段代码不断生成 180～200 的整数，如果生成的随机数能够被 5 整除，则显示出来，并进入下一轮循环；如果生成的随机数是 199，则退出循环，显示 Game Over 文字后结束程序运行。完整的程序代码如下：

```
#include <stdio.h>
#include <stdlib.h>
#include <time.h>

int main(void) {
    int rm;

    srand(time(0));
    while(1) {
        rm = rand() % 21 + 180;
        if (rm%5 == 0) {
            printf("%d\n", rm);
            continue;
        }
        if (rm == 199) break;
    }
    printf("Game Over\n");

    return 0;
}
```

运行这个程序，显示如下结果（每次运行的结果可能不同，这是因为每次生成的随机数可能是不同的）：

```
180
190
195
Game Over
```

4.6　循环的嵌套

在 while 循环、do...while 循环、for 循环中的语句块可以是任何合法的 C 语言语句，当然也可以是 while 循环语句、do...while 循环语句、for 循环语句，这样就形成了循环语句的嵌套。以 while 循环为例，循环语句嵌套的一般形式如下：

```
while(表达式) {
    ...;
    被嵌套的循环语句;
    ...;
}
```

其中,"..."可以是任何合法的 C 语言语句;被嵌套的循环语句可以是 while 循环语句、do...while 循环语句、for 循环语句。当然,被嵌套的循环语句还可以再次嵌套循环语句,从而构成多重嵌套的循环。

下面举一个显示九九乘法表的例子说明嵌套循环的使用。

【例 4-8】　由于九九乘法表要显示两个数字相乘及其乘积结果,因此,可以使用两个嵌套的循环,同时,由于每个循环的次数是事先可以确定的,因此,可以使用 for 循环。完整的程序代码如下:

```
#include <stdio.h>

int main(void) {
    int i, j;

    for(i=1; i<=9; i++) {
        for(j=1; j<=9; j++) {
            printf("%2d * %-2d=%2d  ", j, i, i * j);
        }
        printf("\n");
    }

    return 0;
}
```

运行这个程序,显示九九乘法表。留意一下这个程序的代码会发现,虽然在被嵌套的 for 循环中只有一条语句"printf("%2d * %-2d=%2d ", j, i, i * j);",但是仍然使用花括号将代码包围了起来:在嵌套的循环程序中,这样做可以有效改善程序的可读性。

4.7　案例:猜数游戏

猜数游戏是许多人小时候常玩的一个游戏。一个人手里拿着一个数字,请另外一个人猜,如果猜对了则得到奖励,如果猜错了可以提醒是猜大了还是猜小了,最多有三次机会。

1. 案例目标

编写一个猜数游戏,程序随机生成一个 1～100 的随机数,然后提示玩家输入一个 1～100 的整数。如果输入的整数等于程序生成的随机数,则玩家胜,否则程序提示用户输入的整数是过大还是过小。最多给玩家三次输入的机会。

2. 案例分析

可以使用随机数发生器 rand() 函数生成 1～100 的整数,并初始化计算器为 0,然后提

55

示用户输入 1～100 的整数，并判断输入的数是否等于程序生成的随机数，若相等，则提示玩家胜，否则将计数器加 1，并判断计数器是否大于 3。如不是，继续提示用户输入一个整数，否则提示玩家失败并结束程序。

3. 案例实施

根据案例分析的思路设计并测试程序，完整的程序代码如下：

```c
#include <stdio.h>
#include <stdlib.h>
#include <time.h>

int main(void) {
    int secret, user;
    int count = 0;

    srand(time(0));
    secret = rand() % 100 + 1;
    while (count < 3) {
        printf("Please enter a number:");
        scanf("%d", &user);
        if (user == secret) {
            printf("Win.\n");
            return 0;
        }
        else if (user > secret) {
            printf("Too high.\n");
        }
        else {
            printf("Too low.\n");
        }
        count++;
    }
    printf("Fail.\n");

    return 0;
}
```

运行这个程序，显示如下结果：

```
Please enter a number:50
Too low.
Please enter a number:75
Too low.
Please enter a number:87
Too low.
Fail.
```

4.8　课后练习：求最大公约数和最小公倍数

在数学中,最大公约数(greatest common divisor,GCD)是指两个或多个整数共有约数中最大的一个。例如,12 和 16 的最大公约数是 4。与之相对应的概念是最小公倍数(least common multiple,LCM),它是两个或多个整数公倍数中最小的一个。例如,4 和 6 的最小公倍数是 12。

编写一个程序,提示用户输入两个整数,然后计算它们的最大公约数和最小公倍数并显示出来。

第5章 数　　组

在编程实践中,有时需要存储同类型的多个甚至大批量的数据。例如,需要存储20个学生的数学考试成绩,在这种场景下,可以使用数组。数组是具有同类型的有序数据集合,是程序设计语言中最为常用也是最为高效的数据存储和处理技术。数组可以是一维的,可以是二维的,也可以是高维的。本章对数组的使用进行介绍。

5.1　一　维　数　组

考虑这样一个问题:编写一个程序,从键盘上输入20个学生的数学考试成绩,然后计算成绩的最高分、最低分、平均分和方差。

为了编写程序解决这个问题,首先要解决的就是如何存储20个学生的成绩。如果定义20个变量来存储20个学生的成绩,不仅不便于管理,编码的效率也不高。C语言提供了数组来解决这个问题。

5.1.1　定义数组

在可以使用数组之前,需要首先定义数组。例如,为了存储20个学生的数学成绩,可以定义如下的数组:

```
float score[20]
```

这条语句的作用如下:定义了一个名称为score的数组变量,其中有20个元素,每个元素的数据类型是float类型。在C语言中,定义数据的一般形式如下:

```
数组元素　数据类型　数组名[元素个数];
```

其中,数组名就是变量名,可以是任何合法的标识符;元素个数指明了数组所能存储的数据个数;数组元素数据类型指明了数组中元素的数据类型。例如,为了存储斐波那契数列的前50个数,可以定义如下的数组:

```
int fibonacci[50];
```

又例如,为了存储一个人一年12个月的收入,可以定义如下数组:

```
float salary[12];
```

5.1.2　访问数组元素

一旦定义了数组,就可以像使用普通变量一样访问数组元素。与访问普通变量不同的

是,在访问数组元素时,需要使用下标明确指定要访问的数组元素。访问数组元素的一般形式如下:

数组名[元素下标]

数组元素的下标从 0 开始到元素个数减 1。例如,如果定义了如下数组:

float salary[12];

则使用 salary[0]可以访问数据的第 0 个元素(为了与数组下标一致,本书数组元素序号都从 0 开始),salary[1]可以访问数组的第 1 个元素。以此类推,salary[11]访问数组的第 11 个元素,也是最后一个元素。需要注意的是,不要将访问数组元素时用的"[下标]"与定义数组时用的"[元素个数]"混淆。

下面完成本节开头部分预设的问题:编写一个程序,从键盘上输入 20 个学生的数学考试成绩,然后计算成绩的最高分、最低分、平均分和方差。

```c
#include <math.h>
#include <stdio.h>

int main(void) {
    float score[20], max, min, ave, variance = 0, sum = 0;
    int i = 0;

    max = -1; min = 200; sum = 0;
    while (i < 20) {
        printf("Enter the %d score:", i + 1);
        scanf("%f", &score[i]);
        if ((score[i] > 100) || (score[i] < 0)) {
            printf("Invalid score, re-input\n");
            continue;
        }
        sum = sum + score[i];
        if (score[i] > max) max = score[i];
        if (score[i] < min) min = score[i];
        i++;
    }
    ave = sum / i;
    for (i = 0; i < 20; i++) {
        variance = variance + (score[i] - ave) * (score[i] - ave);
    }
    float deviation = sqrt(variance / 20);
    printf("max=%0.2f, min=%0.2f, average=%0.2f, deviation=%0.2f\n",
        max, min, ave, deviation);

    return 0;
}
```

这个程序定义了一个 20 个元素的数组 score,用于存储学生的成绩;同时定义了 max、min、ave、variance 和 sum,分别存储最高成绩、最低成绩、平均成绩、方差和成绩总和。然后通过一个循环输入学生的成绩并计算最高成绩、最低成绩、成绩总和;之后再计算成绩方差和标准差;最后显示计算程序。运行这个程序,并输入成绩,显示如下结果。

```
Enter the 1 score:80
Enter the 2 score:90
Enter the 3 score:89
Enter the 4 score:87
Enter the 5 score:89
Enter the 6 score:87
Enter the 7 score:89
Enter the 8 score:87
Enter the 9 score:88
Enter the 10 score:65
Enter the 11 score:78
Enter the 12 score:90
Enter the 13 score:67
Enter the 14 score:78
Enter the 15 score:89
Enter the 16 score:76
Enter the 17 score:67
Enter the 18 score:68
Enter the 19 score:68
Enter the 20 score:90
max=90.00, min=65.00, average=81.10, deviation=9.18
```

5.1.3　数组的初始化

可以在定义数组时对数组元素进行初始化。如果在定义数组时没有对数组元素初始化,则数组元素中的值是随机的。例如,下面的例子:

```
float distance[10];
```

由于只定义了数组 distance,而没有对数组初始化,所以,distance 数据中的 10 个元素中的值都是随机的。再看下面的例子:

```
float distance[10] = {25.5f, 19.3f, 100.2f, 12, 50.5f, 15.0f, 180.0f, 2100.0f,
2500.0f, 100};
```

在定义数据 distance 的同时,对其 10 个元素都进行了初始化操作。这里,对 10 个元素都进行了初始化,也可以进行部分初始化:

```
float distance[10] = {25.5f, 19.3f,};
```

这里只对 distance 的前两个元素进行了初始化,但是,对于这种部分初始化,编译器将自动对其他明确初始化的元素初始化为 0。再看下面的例子:

```
float distance[ ] = {25.5f, 19.3f, 100.2f, 12, 50.5f, 15.0f, 180.0f, 2100.0f, 2500.
0f, 100};
```

这里,在定义数组时并没有给出数组元素个数,但是,对数组进行了初始化操作。在这种情况下,编译器会根据初始化中值的个数自动计算数组元素的个数。例如,在这个例子中,由于花括号中有 10 个值,所以,编译器会自动设定数组 distance 的元素个数为 10。

5.1.4　sizeof 关键字的使用

sizeof 关键字返回一个数据类型或者一个变量所需占用的内存字节数。例如,int 数据类型需要占用 4 字节，因此，sizeof(int)返回 4；再比如，double 数据类型需要占用 8 字节内存，因此，sizeof(double)返回 8。如果定义了如下变量：

```
double salary;
int count;
```

那么，sizeof(salary)返回 8，sizeof(count)返回 4。

在初始化数组时，不能将一个数组的元素整体赋值到另一个数组中。例如，如果已经采用如下方式定义和初始化了数组 distance，同时定义了数组 aNewDistance：

```
float distance[ ] =  {25.5f, 19.3f, 100.2f, 12, 50.5f, 15.0f, 180.0f, 2100.0f,
2500.0f, 100};
//sizeof 是关键字，可以用在数组长度中说明，所以以下语句是合法的
float aNewDistance[sizeof(distance) / sizeof(float)];
```

不可以使用如下语句将 distance 数组赋值到 aNewDistance 数组中：

```
aNewDistance = distance;          //错误
```

正确的做法如下：

```
int i;
for(i=0; i<sizeof(distance) / sizeof(float); i++) {
    aNewDistance[i] = distance[i];
}
```

5.1.5　一维数组在内存中的存储方式

与普通变量类似，当定义一个数组变量时，计算机在运行程序时会根据定义的数组元素的类型和元素个数为数组分配一块连续的空间。例如，假设定义了一个元素类型为 int 类型的个数为 4 的数组 age：

```
int age[4] = {20, 21, 18, 25};
```

那么，age 数组在内存中的存储方式如图 5-1 所示。

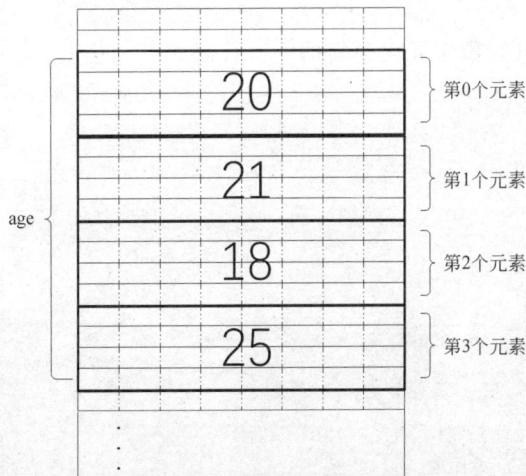

图 5-1　age 数组在内存中的存储方式

从图 5-1 中可以看出，因为 age 数组共有 4 个元素，元素类型为 int，而每个 int 类型需要占用 4 字节，所以，age 数组共需占用 4×4＝16(字节)。因此，计算机为 age 分配了 16 个连续的字节空间。最前面的 4 字节存储下标为 0 的元素值，紧接着的 4 字节存储下标为 1 的元素值，以此类推。本质上，数组变量 age 中存储的是数组内存空间的首地址。

5.1.6　一维数组应用举例

为了强化对数组的理解和应用，下面举几个例子说明数组的使用。

【例 5-1】　逆转一个数组的元素。所谓逆转，就是将数组的元素首尾交换位置，也就是，将数组的第 0 个元素与最后一个元素交换位置，第 1 个元素与倒数第 2 个元素交换位置，以此类推。

分析：由于是首尾交换位置，所以只需针对数组的前半部分依次与其对应的数组元素交换位置。考虑两种情况：其一，数组的长度为偶数，此时，数组的长度恰好能够被 2 整除，针对前半部分与其对应的后半部分交换位置即可；其二，数组长度为奇数，此时，数组的长度不能被 2 整除，而余下的恰好是数组中间的那个元素，这个元素是不需要交换位置的。综上所述，程序只需进行一次循环，从 0 到数组长度除以 2 进行元素位置交换即可。

为了交换两个变量的值，例如，如果要交换变量 a 和变量 b 的值，不可以简单地执行下面的语句：

```
int a = 10, b = 20;
a = b;
b = a;
```

因为当执行 a＝b 时，a 中的值已经被 b 的值覆盖了，因此，当执行 b＝a 时，并不能将 a 原有的值赋值到 b 中。正确的做法是通过临时变量：

```
int a = 10, b = 20;
int t;
t = a;
a = b;
b = t;
```

基于上面的分析，进行数组元素逆转的完整代码如下。这里，使用随机数发生器生成数组元素值：

```
#include <stdio.h>
#include <stdlib.h>
#include <time.h>

#define NUM 10

int main(void) {
    int array[NUM];

    srand(time(NULL));
    for (int i = 0; i < NUM; i++) {
        array[i] = rand() % 1000 + 1;
```

```
        printf("%5d", array[i]);
    }
    printf("\n");

    int middle = NUM / 2;
    for (int i = 0; i < middle; i++) {
        int t = array[i];
        array[i] = array[NUM-1-i];
        array[NUM-1-i] = t;
    }
    for (int i = 0; i < NUM; i++) {
        printf("%5d", array[i]);
    }

    return 0;
}
```

运行这个程序,显示如下结果。

```
686   894   164   804   665   326   764   813   570   459
459   570   813   764   326   665   804   164   894   686
```

【例 5-2】　对数组元素从小到大排序。将数据从无序状态变成有序状态是处理数据的基本要求,这也是一道典型的算法题。

分析:为了将数组的元素从小到大排序,可以考虑这样的方式——先将第 0 个元素与后面的元素逐个进行比较,如果大于后面的元素,则与之交换位置,经过这个过程,可以保证处于数组的第 0 个元素是数组中最小的元素值;然后针对数组的第 1 个元素进行类似的操作,经过这个过程,可以保证处于数组的第 1 个元素是数组中次小的元素值;以此类推,就可以将数组元素从小到大排序。这种方法称为冒泡法。

基于冒泡法,将数组元素从小到大排序的程序如下。这里使用随机数发生器生成数组的元素值:

```
#include <stdio.h>
#include <stdlib.h>
#include <time.h>

#define NUM 14

int main(void) {
    int array[NUM];

    srand(time(NULL));
    for (int i = 0; i < NUM; i++) {
        array[i] = rand() % 1000 + 1;
        printf("%5d", array[i]);
    }
    printf("\n");

    for(int i=0; i<NUM-1; i++) {
```

```
        for(int j=i+1; j<NUM; j++) {
            if(array[i] > array[j]) {
                int temp = array[i];
                array[i] = array[j];
                array[j] = temp;
            }
        }
    }
    for (int i = 0; i < NUM; i++) {
        printf("%5d", array[i]);
    }

    return 0;
}
```

运行这个程序,显示如下结果:

```
156  501  829  324  779  923  825  499  873  584  426  320  121  422
121  156  320  324  422  426  499  501  584  779  825  829  873  923
```

5.2　二　维　数　组

现在需要编写一个程序,要求输入一个班 30 个学生 4 门课程的成绩,然后求出每门课程的最高分、最低分和平均分。

可以定义一个具有 30 个元素的一维数组来保存 30 个学生的一门课程的成绩,因为总共有 4 门课程,因此,可以定义 4 个具有 30 个元素的一维数组来保存 4 门课程的成绩。显然这样处理有点麻烦,为此,C 语言设计了二维数组来处理这种情况。

5.2.1　二维数组的定义和初始化

为了保存 30 个学生 4 门课的成绩,可以定义一个二维数组来处理这种需求,代码如下:

```
float score[4][30];
```

这里,定义了名称为 score 的二维数组,它具有 4 行 30 列。定义二维数组的一般形式如下:

```
元素数据类型 数组名[行数][列数];
```

有时把二维数组的定义表示为如下形式:

```
元素数据类型 数组名[第 1 维的长度][第 2 维的长度];
```

两种方式表达的含义都是一样的,但是把二维数组表达为一张二维的表格更容易理解,因此,本书采用行和列来表达二维数组。

在定义二维数组的同时,可以对数组初始化。例如,下面的代码定义了一个 3 行 4 列的二维数组,并同时对其初始化:

```
int matrix[3][4] = {
    {10, 20, 30, 40},
    {11, 21, 31, 41},
    {51, 61, 71, 81}
};
```

从上面对二维数组的定义和初始化可以看出,二维数组看起来很像一张二维表格。当然,也可以使用下面的方式对二维数组初始化:

```
int matrix[3][4] = {10, 20, 30, 40, 11, 21, 31, 41, 51, 61, 71, 81};
```

与一维数组类似,如只定义而没有对数组元素进行初始化,则数组的元素值是随机的。也可以只对数组的部分元素初始化,例如:

```
int matrix[3][4] = {
    {10, 20, 30, 40},
    {11},
    {51, 61}
};
```

当只对数组的部分元素初始化时,对于未初始化的元素,编译器自动赋值这些元素为 0。

5.2.2　二维数组的访问

与一维数组的访问类似,C 语言也是使用下标访问二维数组的指定元素。访问二维数组元素的一般形式如下:

```
数组名[行号][列号]
```

其中,行号的范围是从 0 到行数减 1;列号的范围是从 0 到列数减 1。例如,如果已经定义并且初始化了数组:

```
int matrix[3][4] = {
    {10, 20, 30, 40},
    {11, 21, 31, 41},
    {51, 61, 71, 81}
};
```

那么,matrix[1][2]将访问到数组第 1 行第 2 列的数据(注意,如前所述,本书涉及数组的序号时,为了与下标一致,都是从 0 开始编号),也就是 31。

5.2.3　三维及高维数组的定义和访问

与定义二维数组类似,可以定义和初始化三维数组乃至更高维数组。例如,下面的语句定义了一个三维数组 data,并设置其下标为 0、0、0 的元素的值为 100:

```
int data[3][4][5];
data[0][0][0] = 100;
```

5.2.4 二维数组在内存中的存储方式

计算机在运行程序时,会为二维数组分配一片连续的内存空间来存储二维数组的数据。例如,对如下的一个二维数组:

```
int data[2][3] = {
    {10, 20, 30},
    {11, 21, 31}
};
```

由于这个二维数组共有 $2 \times 3 = 6$ (个)元素,而每个 int 元素的数据需要 4 字节,因此,计算机会为 data 从内存中分配 $2 \times 3 \times 4 = 24$ (个)连续字节,如图 5-2 所示。

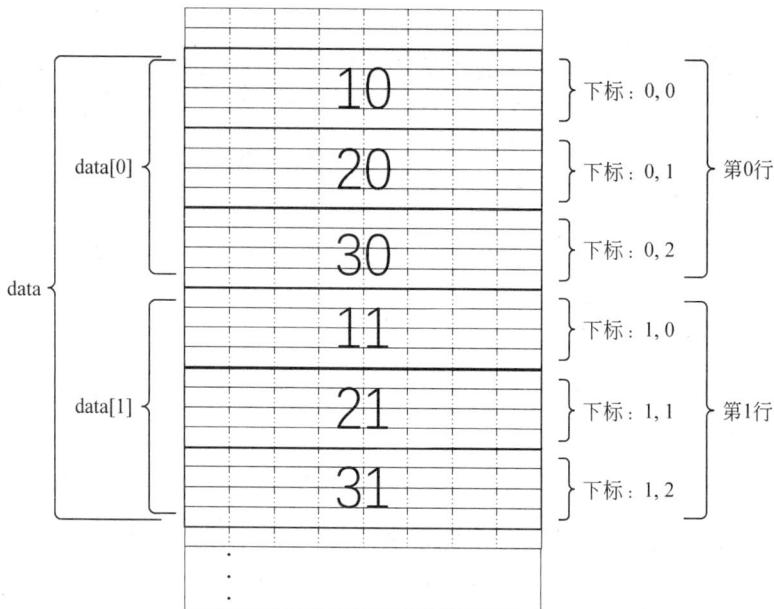

图 5-2 二维数组在内存中的存储方式

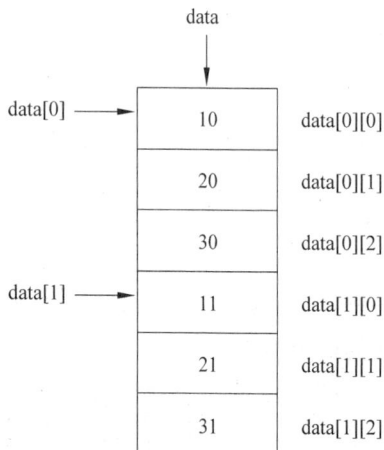

图 5-3 二维数组在内存中的
简略存储方式表示

从图 5-2 中可以看出,二维数组在内存中是以行优先存储的,也就是,在数组的连续内存中,先存储数组的第 0 行的数据,再存储第 1 行的数据,以此类推。从这里也可以看出,二维数组本质上是由多个一维数组构成的,例如,data[0] 就是二维数组 data 的第 0 行数据,data[1] 是二维数组 data 的第 1 行数据。不仅如此,变量 data 存储的是二维数组在内存中的首地址,data[0] 存储的是二维数组的第 0 行数据在内存中的首地址,data[1] 存储的是二维数组的第 1 行数据在内存中的首地址。还可以使用更为简单的如图 5-3 所示存储方式表示二维数组 data 在内存中的存储方式。

从图 5-3 中可以看出,二维数组 data 的数据在内存中是连续存储的,其中每个小框格表示 4 字节,代表 int 数据类型需要占用的内存单元。

二维数组在内存中的存储方式

了解数组在存储空间中的存放方式,对后续理解指针将非常有帮助。

5.2.5 二维数组应用举例

下面举几个例子强化对二维数组的理解和使用。

【例 5-3】 随机生成一个 5 行 5 列的二维数组,并计算这个二维数组右上角所有元素的和。

所谓二维数组的右上角,是指以二维数组的主对角线为基础,处于主对角线右边及上边的所有元素(包括主对角线上的数据)。如图 5-4 所示是一个 5 行 5 列的二维数组及其右上角数据。

分析:虽然只需要计算数组右上角元素的和,但是数据仍然有 5 行,只是每行的元素个数不同而已。仔细观察发现,每行参与计算的元素个数与行号是紧密相关的:都是从行号开始到小于 5。基于此,可以使用二重循环完成这个任务。完整的程序代码如下:

图 5-4 一个 5 行 5 列的二维数组及其对角线

```c
#include <stdio.h>
#include <stdlib.h>
#include <time.h>

#define LEN 5

int main(void) {
    int matrix[LEN][LEN];

    srand(time(NULL));
    for (int i = 0; i < LEN; i++) {
        for (int j = 0; j < LEN; j++) {
            matrix[i][j] = rand() % 100;
            printf("%-4d ", matrix[i][j]);
        }
        printf("\n");
    }

    int sum = 0;
    for (int i = 0; i < LEN; i++) {
        for (int j = i; j < LEN; j++) {
```

```
            sum += matrix[i][j];
        }
    }
    printf("\nsum = %d\n", sum);

    return 0;
}
```

运行这个程序，显示如下结果：

```
36    41    95    14    61
31    84    82    36    12
76    56    88    8     56
83    10    63    3     43
64    44    33    63    15

sum = 674
```

【例 5-4】 生成指定层数的杨辉三角。

```
1
1  1
1  2  1
1  3  3  1
1  4  6  4  1
1  5  10  10  5  1
```
图 5-5 具有 6 层数据的
        杨辉三角

要求程序生成指定层数的杨辉三角并输出。如图 5-5 所示是一个具有 6 层数据的杨辉三角。

杨辉三角的数据之间的关系如下：第 0 列的数据和对角线上的数据都是 1，中间的每个元素值都是上一行的前一个元素和上一行同一列元素值的和。

分析：为了存储指定层数的杨辉三角数据，需要行数和列数都等于杨辉三角层数的一个二维数组。在定义了二维数组后，要根据杨辉三角数据的特点初始化第 0 列数据和主对角线上的数据，再根据杨辉三角数据的计算方式计算其他元素的值。完整的程序代码如下：

```c
#include <stdio.h>

#define LEN 8

int main(void) {
    int yang[LEN][LEN];

    for (int i = 0; i < LEN; i++) {
        yang[i][0] = 1;
        yang[i][i] = 1;
    }
    for (int i = 2; i < LEN; i++) {
        for (int j = 1; j < i; j++) {
            yang[i][j] = yang[i-1][j-1] + yang[i-1][j];
        }
    }

    for (int i = 0; i < LEN; i++) {
```

```
        for (int j = 0; j <= i; j++) {
            printf("%-4d", yang[i][j]);
        }
        printf("\n");
    }

    return 0;
}
```

这个程序将生成层数为 8 的杨辉三角。运行结果如下：

```
1
1  1
1  2  1
1  3  3  1
1  4  6  4  1
1  5  10  10  5  1
1  6  15  20  15  6  1
1  7  21  35  35  21  7  1
```

5.3　案例：计算学生课程成绩

在每次考试结束后，老师都需要对考试成绩进行分析，例如，计算平均成绩、最高分、最低分等。本案例完成对一次考试成绩的分析。

1. 案例目标

编写一个程序，要求输入一个班 30 个学生 4 门课程的成绩，然后求出每门课程的最高分、最低分和平均分。为了简化数据输入，这里假设只有 5 个学生，也就是 5 个学生的 4 门课程的成绩，计算每门课程的最高分、最低分、平均分及学生成绩平均分。

2. 案例分析

为了保存 5 个学生 4 门课的成绩，需要定义一个 5 行 4 列的二维数组；同时，为了保存每门课的最高分、最低分、平均分，分别需要一个具有 4 个元素的一维数组；为了保存每个学生的考试成绩平均分，需要定义一个具有 5 个元素的一维数组。做好了这些准备工作，即可输入学生的成绩，然后按要求进行统计分析。

3. 案例实施

基于上面的分析和实施步骤，完整的程序代码如下。在程序代码的适当地方都加上了注解，以便于程序的阅读：

```
#include <stdio.h>

int main(void) {
    float score[5][4];                    //5 个学生 4 门课程成绩
    float max[4] = {-1, -1, -1, -1};      //课程最高分、最低分、平均分
    float min[4] = {200, 200, 200, 200};
    float ave[4] = {0};
```

```
    float avs[5] = {0};                        //每个学生的考试成绩平均分

    //输入学生的课程成绩
    for (int i = 0; i < 5; i++) {
        printf("Enter 4 scores for student No%d:", i + 1);
        scanf("%f%f%f%f", &score[i][0], &score[i][1], &score[i][2], &score[i][3]);
    }

    //计算每门课程的最高分、最低分和平均分
    for (int i = 0; i < 4; i++) {
        for (int j = 0; j < 5; j++) {
            if (score[j][i] > max[i]) max[i] = score[j][i];
            if (score[j][i] < min[i]) min[i] = score[j][i];
            ave[i] += score[j][i];
        }
        ave[i] /= 5;
    }

    //计算每个学生的平均分
    for (int i = 0; i < 5; i++) {
        for (int j = 0; j < 4; j++) {
            avs[i] += score[i][j];
        }
        avs[i] /= 4;
    }

    //显示学生成绩及计算结果
    for (int i = 0; i < 5; i++) {
        for (int j = 0; j < 4; j++) {
            printf("%-5.1f", score[i][j]);
        }
        printf("%-5.1f\n", avs[i]);
    }
    for (int i = 0; i < 4; i++) {
        printf("%-5.1f", max[i]);
    }
    printf("\n");
    for (int i = 0; i < 4; i++) {
        printf("%-5.1f", min[i]);
    }
    printf("\n");
    for (int i = 0; i < 4; i++) {
        printf("%-5.1f", ave[i]);
    }
    printf("\n");

    return 0;
}
```

运行这个程序，为每个学生输入成绩，运行结果如下：

```
12.0 12.0 34.0 45.0 25.8
23.0 23.0 23.0 34.0 25.8
34.0 34.0 34.0 56.0 39.5
56.0 12.0 23.0 34.0 31.2
23.0 45.0 12.0 34.0 28.5
56.0 45.0 34.0 56.0
12.0 12.0 12.0 34.0
29.6 25.2 25.2 40.6
```

5.4　课后练习：排序二维数组

随机生成一个 10 行 10 列的元素值范围在 0～99 的二维数组,然后对这个二维数组按行优先进行升序排序。例如,对图 5-6 所示的 10 行 10 列的无序二维数组排序后,形成如图 5-7 所示的二维数组。

```
15 69  2 98 96 43 85 91 97 87
78 29 29  1 65 48 30 37 65  8
62 57 69 80 35 79  7 88 51 64
85 40 69 37 21 31 24 26  8 78
13 88 22 26 23 67 52  7 99 83
77 41 12 78 33 54 28 23 54 38
 7 50 21 88 96 76 29 14 78 12
14 94 20 74 98 73 72 54  6 25
69 24 39 27 39 95 23 35 47 36
85 94 79 25 53 55 71 45 78 21
```

图 5-6　无序的二维数组

```
 1  2  6  7  7  7  8  8 12 12
13 14 14 15 20 21 21 21 22 23
23 23 24 24 25 25 26 26 27 28
29 29 29 30 31 33 35 35 36 37
37 38 39 39 40 41 43 45 47 48
50 51 52 53 54 54 54 55 57 62
64 65 65 67 69 69 69 69 71 72
73 74 76 77 78 78 78 78 78 79
79 80 83 85 85 85 87 88 88 88
91 94 94 95 96 96 97 98 98 99
```

图 5-7　排序后的二维数组

第6章 字符数组和字符串

字符作为一种重要的数据类型,在程序中用来表达一些文字字面上的含义,例如, "Hello,World!"就是一个典型的由多个字符数据构成的字符串,并且其表达了一句问候语。通过字符及字符串,可以使程序的运行结果以更为便于理解的方式展示给程序的使用者。本章对字符类型、字符数组、字符串的使用进行介绍。

6.1 字 符 类 型

在 C 语言中,字符类型常量采用英文单引号包围起来表示,例如,'A'表示大写的英文字母 A,'a'表示小写的英文字母 a,'0'表示阿拉伯数字 0,等等。C 语言使用单字节整数类型 char 类型的变量存储字符数据。

6.1.1 字符及其编码

一个经常被问到的问题是:为什么使用单字节整数类型 char 类型的变量可以存储字符数据呢?因为在计算机中为了存储和处理字符数据,对每个字符都定义了唯一的编码。其中最为常用的就是 ASCII 码。表 6-1 是 ASCII 对常用字符的编码。

表 6-1 ASCII 对常用字符的编码

字符	ASCII 值	含义	字符	ASCII 值	含义	字符	ASCII 值	含义
0	48	0	M	77	M	i	105	i
1	49	1	N	78	N	j	106	j
2	50	2	O	79	O	k	107	k
3	51	3	P	80	P	l	108	l
4	52	4	Q	81	Q	m	109	m
5	53	5	R	82	R	n	110	n
6	54	6	S	83	S	o	111	o
7	55	7	T	84	T	p	112	p
8	56	8	U	85	U	q	113	q
9	57	9	V	86	V	r	114	r
A	65	A	W	87	W	s	115	s
B	66	B	X	88	X	t	116	t
C	67	C	Y	89	Y	u	117	u
D	68	D	Z	90	Z	v	118	v
E	69	E	a	97	a	w	119	w
F	70	F	b	98	b	x	120	x
G	71	G	c	99	c	y	121	y
H	72	H	d	100	d	z	122	z
I	73	I	e	101	e	\n	10	换行符
J	74	J	f	102	f	\r	13	回车符
K	75	K	g	103	g	\0	0	空字符
L	76	L	h	104	h		32	空格

因为每个字符在 ASCII 中都有唯一的一个编码值,并且编码值的范围是从 0~127,因此,对于每个字符,都可以使用一个单字节整数类型 char 存储。注意表 6-1 中的字符'\n',它是一个特殊的转义字符,表示键盘上的回车键字符,也就是回车键字符;'\t'也是一个转义字符,表示键盘上的 Tab 键字符,也就是制表符'\0'也是一个转义字符,表示空字符,也就是 ASCII 编码值为二进制 0 的字符(这个字符在键盘上是不存在的)。

6.1.2 字符类型变量

C 语言通过类型关键字 char 来定义字符类型的变量。实际上,char 表示的就是单字节的整数类型:因为当在变量存储一个字符时,本质上是存储这个字符的 ASCII 码。定义字符类型变量的一般形式与定义其他类型的变量的形式是一致的:

```
char 变量名;
```

当然,也可以在定义字符变量的同时对变量初始化。例如,下面的代码定义 3 个字符变量:

```
char ch01;
char ch02 = 'A';
char ch03 = 65;                    //也是字符'A',因为字符'A'的 ASCII 码是 65
```

6.1.3 字符数据的输入和输出

可以使用之前介绍的 printf()函数输入字符变量的值,也可以使用 scanf()函数从键盘读取字符到指定的变量中,只是其中的类型占位符是"%c",例如:

```
#include <stdio.h>

int main(void) {
    char ch;

    printf("Please enter a character:");
    scanf("%c", &ch);
    printf("The character you input is: %c\n", ch);
    printf("The ASCII code of the character you input is: %d\n", ch);

    return 0;
}
```

上面这个程序首先定义了字符类型变量 ch,然后提示用户输入一个字符并使用 scanf()函数读取用户输入的字符到变量 ch 中,紧接着使用 printf()函数显示用户输入的字符,使用另一个 printf()函数显示所输入字符的 ASCII 值。运行这个程序,输入字符 M,显示如下结果:

```
Please enter a character: W
The character you input is: W
The ASCII code of the character you input is: 87
```

为了便于对字符数据的输入和输出,C 语言标准库还提供了 getchar()函数读取一个字符;putchar()函数将指定的字符输出到显示器上。getchar()函数使用的一般形式如下:

```
char ch = getchar();
```

putchar()函数使用的一般形式如下：

```
putchar(ch);
```

其中，ch 是要输出的字符变量。

下面举例说明 getchar()和 putchar()函数的使用。这个例子不断地从键盘读取字符并会显在显示器上，按下制表符键（键盘上的 Tab 键）退出程序：

```
#include <stdio.h>

int main(void) {
    char ch;

    while(1) {
        printf("Please enter a character:");
        ch = getchar();getchar();        //第 2 个 getchar()函数读取并丢掉回车键符号
        if (ch == '\t') {
            printf("Game Over.\n");
            break;
        }
        printf("The character you input is:");
        putchar(ch);
        putchar('\n');
        printf("The ASCII code of the character you input is: %d\n", ch);
    }

    return 0;
}
```

注意代码中的这行语句如下：

```
ch = getchar();getchar();        //第 2 个 getchar()函数读取并丢掉回车键符号
```

为什么使用了两个 getchar()函数？因为第一个 getchar()函数读取用户输入的字符，第二个 getchar()读取用户输入字符后按下的回车键。运行这个程序，在提示输入字符处输入字符 a 并按下回车键，之后再按下 Tab 键和回车键，程序运行结果如下：

```
Please enter a character:a
The character you input is:a
The ASCII code of the character you input is: 97
Please enter a character:
Game Over.
```

6.2　字　符　数　组

如果需要存储一个人的名字，例如，需要存储张三同学的名字，该怎么办呢？显然，张三的名字由多个字符构成，一种自然的想法就是使用字符数组。字符类型 char 作为一种数据类型，与 int 类型、float 类型一样，可以定义 char 类型的数组变量。

6.2.1　char 类型数组的定义和初始化

可以像定义整数类型数组一样的方式定义字符数组，只是定义字符类型数组时，数组元素的数据类型是 char 类型而已。定义字符类型数组的一般形式如下：

```
char 数组名[数组长度];
```

例如，下面的例子定义了一个有 10 个元素的字符数组 ach：

```
char ach[10];
```

只定义数组变量而没有对元素进行初始化，元素中的值是随机的。可以在定义字符数组变量的同时初始化元素值。例如：

```
char cha[4] = {'a', 'A', 97, 65};
```

在初始化数组 cha 的第 2 个和第 3 个元素时，使用了 ASCII 值初始化这两个元素的值，这是完全合理的：因为'A'= =65。这里的字符数组 cha 共有 4 个元素，程序对 4 个元素都进行了初始化。也可以对字符数组元素进行部分初始化，例如：

```
char array[10] = {'O', 'K'};
```

当初始化数组的部分元素时，C 语言编译器会对未初始化的元素自动设置为 0。

6.2.2　字符数组的简单应用

下面举两个简单例子了解字符数组的应用。

【例 6-1】　将字符数组中的所有小写字母变成大写字母。这个例子初始化一个包含有大、小写字母的数组，然后将数组中的所有小写字母变成大写字母。

```c
#include <stdio.h>

int main(void) {
    char array[ ] = {'H', 'e', 'l', 'l', 'o', '1', 'O', 'O', 'A'};

    int size = sizeof(array)/sizeof(char);
    for (int i = 0; i < size; i++) {
        printf("%c", array[i]);
    }
    printf("\n");

    for (int i = 0; i < size; i++) {
        if ((array[i] >= 'a') && (array[i] <= 'z')) {
            array[i] -= 32;        //英文大、小写字母的 ASCII 值相差 32
        }
    }

    for (int i = 0; i < size; i++) {
        printf("%c", array[i]);
```

```
    }
    printf("\n");

    return 0;
}
```

这个程序首先使用 sizeof 关键字计算字符数组的长度，然后通过 for 循环显示数组中的字符，进而将数组中的小写字母变成大写字母，最后再次显示数组中的字母来验证程序的正确性。运行这个程序，显示如下结果：

```
Hello100A
HELLO100A
```

【例 6-2】 这个例子要求从键盘输入一个名字，然后将输入的名字显示出来。要求所输入的名字的长度不能超过 20 个字符。

```
#include <stdio.h>

int main(void) {
    char cha[20], c;
    int i = 0;

    printf("Please input your name:\n");
    while(i<20) {
        c = getchar();
        if (c == '\n') break;
        cha[i] = c;
        i++;
    }
    for(int j=0; j<20; j++) {
        putchar(cha[j]);
    }

    return 0;
}
```

这个程序在 while 循环中不断读取用户输入的字符，如果是回车符则结束循环，否则将输入的字符保存到数组 cha 中，程序最后显示用户所输入的字符。运行这个程序，输入 Bill Gates，将显示如下结果：

```
Please input your name:
Bill Gates
Bill Gates  ⌐   _x0010_菲
```

程序运行出现了乱码，这是为什么呢？因为在输入阶段，用户输入的 Bill Gates 共有 10 个字符，也就是只对字符数组 cha 的前 10 个元素赋值，而后面的 10 个元素的值仍然是随机的，但是，在程序显示 cha 中的元素时，又显示了 cha 中全部的 20 个字符，因此，在显示结果中出现了乱码。

如何解决这个问题呢？解决这个问题的方法之一就是记住用户输入的字符个数，然后根据用户输入的字符个数显示 cha 数组中适当个数的字符。修正后的代码如下：

```
#include <stdio.h>

int main(void) {
    char cha[20], c;
    int i = 0;

    printf("Please input your name:\n");
    while(i<20) {
        c = getchar();
        if (c == '\n') break;
        cha[i] = c;
        i++;
    }
    for(int j=0; j<i; j++) {
        putchar(cha[j]);
    }

    return 0;
}
```

因为在变量 i 中保存了用户输入的字符个数，因此，只需将原先代码中的 for 循环

```
for(int j=0; j<20; j++) {
```

中的 20 修改为 i 即可：

```
for(int j=0; j<i; j++) {
```

现在运行这个程序，输入 Bill Gates，显示如下结果：

```
Please input your name:
Bill Gates
Bill Gates
```

解决问题的第二个方法是使用字符串。字符串是 C 语言程序经常使用的数据，它也是程序设计的一个重要概念。

6.3　字　符　串

字符串在任何编程语言中都是重要的数据类型，但是，C 语言不将字符串作为一种数据类型对待，而是将字符串作为字符数组的特殊形式对待和处理。这也是 C 语言的简洁和优雅之处。

6.3.1　字符串常量

字符串常量是使用英文的双引号包围起来的字符序列。例如，"Hello，World"是字符串常量；"www123♯456"也是字符串常量；""也是字符串常量，虽然双引号中没有包含任何

字符,但它是一个空串。字符串中有效字符的个数称为字符串的长度。例如,前面几个字符串的长度分别是 12、10 和 0。

字符串常量在计算机内存中是以字节为单位连续存储的,一个字符占用 1 字节,用以存储字符的 ASCII 码值,计算机会在字符串的末尾自动补加一个二进制 0 作为字符串结束的标志。例如,字符串"Hello"在内存中的存储结构如图 6-1 所示。

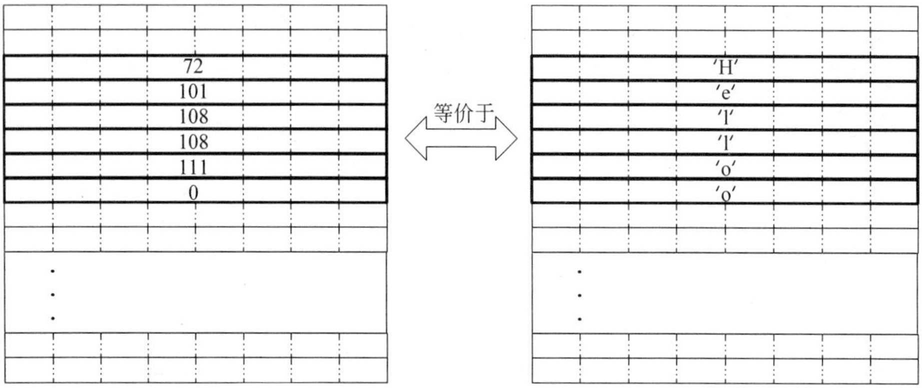

图 6-1　字符串"Hello"在内存中的存储方式

虽然字符串"Hello"在内存中占用了 6 个字节,但是字符串"Hello"的长度是 5,字符串末尾的二进制 0 作为字符串结束的标志,不作为有效的字符串字符。

为了在字符串常量中包含特殊字符,如回车字符、制表符等,需要使用这些字符的转义符,例如,下面的例子在字符串常量包含了回车符和制表符:

```
"ABC\n123\t"
```

同时,因为英文的单引号、双引号及反斜线在 C 语言中都有特殊的含义,因此,为了在字符串常量包含这些字符,需要使用转义表示。例如,下面的例子包含了特殊的字符:

```
"AB\'CD\\12\"34"
```

也就是转义符\'表示英文单引号字符,\\表示反斜线字符,\"表示英文双引号字符。如果在显示器上显示这个字符串常量,将显示 AB'CD\12"34。

6.3.2　字符数组和字符串

在 C 语言程序中,字符串可以存储在字符数组中,但是并不是所有的字符数组存储的都是字符串,这点必须牢记! 例如,下面的例子:

```
char as[4] = {'a', 'b', 'c', '\0'};
char bs[4] = {'a', 'b', 'c', 'd'};
```

该例中,字符数组 as 中存储的是字符串"abc",因为这个字符数组的末尾是以二进制 0 结束的;但是字符数组 bs 中存储的就不是字符串,因为这个字符数组的末尾不是以二进制 0 结束。

对于字符数组,除了可以使用单个字符对数组元素进行初始化外,还可以使用字符串对字符数组进行初始化。例如,下面三条初始化语句是等价的:

```
char as[6] = {'H', 'e', 'l', 'l', '0', '\0'};
char as[6] = "Hello";
char as[ ] = "Hello";
```

也可以使用字符串对字符数组进行部分初始化：

```
char bs[20] = "Say you say me";
```

对于部分初始化的字符数组，C 语言编译器自动将其他未初始化元素初始化为 0。

字符数组和字符串的直观解释

6.3.3　字符串的输入和输出

C 语言的标准库提供了多种输入/输出字符串的方式，本小节对常用的字符串输入/输出方式进行介绍。

1. 使用 scanf() 函数和 printf() 输入/输出字符串

可以使用 printf() 函数输出字符串到屏幕；也可以使用 scanf() 函数从键盘读取字符串到字符数组，只是为了输入/输出字符串，需要使用 %s 类型占位符。例如，下面的例子从键盘读入一个字符串，然后将所读取的字符串显示在屏幕上：

```
#include <stdio.h>

int main(void) {
    char as[10];

    printf("Enter a string (less than 10):");
    scanf("%s", as);          //这里 as 变量前不需要加取地址运算符 &
    printf("The string you input is: %s\n", as);

    return 0;
}
```

这里为什么要提示用户输入的字符个数不能超过 10 个呢？因为在用户输入字符串时，scanf() 函数会将用户输入的字符按输入的顺序存储到 as 字符数组的元素中，并且会在字符串的末尾自动补加一个二进制 0 表示字符串结束，所以，必须为存储二进制 0 留下一个字节空间。如果用户输入的字符串的长度大于 10，scanf() 函数仍然会将用户输入的字符串存入 as 字符数组中，但是会破坏计算机内存中的数据，从而导致程序运行出现不可预知的状况。这就是所谓的内存数据错误：一种用 C 语言编写程序时最难以驾驭和处理的程序逻辑错误。请注意：

```
scanf("%s", as);          //这里 as 变量前不需要加取地址运算符 &
```

如上语句读取字符串时，as 变量前不需要加取地址运算 &，因为数组变量本身就是地址。关于地址及取地址运算符 & 将在后续章节介绍。现在运行这个程序，输入 Hello，将显示如下的运行结果：

```
Enter a string (less than 10):Hello
The string you input is: Hello
```

再次运行这个程序，但是这次输入 Love you，程序运行结果如下：

```
Enter a string (less than 10):Love you
The string you input is: Love
```

由于 Love 和 you 之间有一个空格，而 scanf() 在读取字符串时，只能读取不包含空格的字符串。为了读取含有空格的字符串，可以使用 gets() 函数和 puts() 函数。

2. 使用 gets() 函数和 puts() 函数输入/输出字符串

使用 gets() 函数可以读取含有空格的字符串，使用 puts() 函数可以输出指定的字符串到屏幕。gets() 函数使用的一般形式如下：

```
gets(字符数组);
```

puts() 函数使用的一般形式如下：

```
puts(字符串);
```

下面的例子从键盘读入一个字符串，然后将所读取的字符串显示在屏幕上。由于使用了 gets() 函数读取字符串，因此，可以输入包含空格的字符串。完整的程序代码如下：

```c
#include <stdio.h>

int main(void) {
    char as[10];

    printf("Enter a string (less than 10):");
    gets(as);
    printf("The string you input is: ");
    puts(as);

    return 0;
}
```

运行这个程序，输入 Love you，显示如下结果：

```
Enter a string (less than 10):Love you
The string you input is: Love you
```

3. 字符串输入/输出注意事项

在 scanf() 函数、printf() 函数、gets() 函数、puts() 函数进行字符串的输入/输出时，需要注意以下一些事项，这些事项也是在使用 C 语言编写程序时的经常发生错误的地方。

（1）在使用 scanf() 读取字符串到字符数组中时，在目标字符数组变量的前面不需要加取地址符 &。

（2）在使用 scanf() 函数和 gets() 函数读取从键盘输入的字符串时，所输入的字符串的长度不能大于存储字符串的字符数组的长度减去 1，否则会导致内存逻辑错误。

（3）在 printf()函数、puts()函数输出字符串字符时,这两个函数会将字符串中的逐个输出,直到遇到作为字符串结束标志的二进制 0 为止。

（4）puts()函数在输出字符串数据后会自动输出一个回车符,而 printf()函数在输出字符串后不会自动输出回车符。

6.4　字符数组和字符串应用举例

本节通过几个典型例子,加强对字符数组和字符串的理解,并且可以将字符数据、字符串应用到编程实践中。

【例 6-3】　编写一个程序,从键盘输入长度不超过 1000 的任意字符串,计算并显示所输入的字符串的长度。

分析：由于输入的字符串中可能包含空格,因此,可以使用 gets()函数读取用户输入的字符串。为了计算所输入的字符串的长度,可以通过一个 while 循环逐个检测字符串中每个字符,直到遇到标识字符串结束的二进制 0 为止。完整的程序代码如下：

```c
#include <stdio.h>

int main(void) {
    char as[1000];

    printf("Enter a string (less than 1000):");
    gets(as);

    int count = 0;
    while (as[count] != '\0') {
        count++;
    }
    printf("The string is : %s\n", as);
    printf("It's length is: %d\n", count);

    return 0;
}
```

运行这个程序,输入 Love you Love me,程序运行结果如下：

```
Enter a string (less than 1000):Love you Love me
The string is : Love you Love me
It's length is: 16
```

【例 6-4】　编写一个程序,从键盘输入两个长度不超过 1000 的字符串,判断两个字符串的大小。

所谓字符串的大小,是指字符串的字典序大小,例如,字符串"abc"小于字符串"abe",因为这两个字符串的前两个字符相等,但是第一个字符串的第 3 个字符 c 大于第一个字符串的第 3 个字符 e。

分析：由于输入的字符串中可能包含空格,因此,可以使用 gets()函数读取用户输入的字符串。然后针对每个字符串使用 while 循环进行逐个字符比较，直到到达某个字符串的结束。在比较过程中，如果某个位置的字符不等，则说明两个字符串不相等，显示结果并结束程序；否则说明两个字符串相等，也显示结果并结束程序。完整的程序代码如下：

```c
#include <stdio.h>

int main(void) {
    char s1[1000], s2[1000];

    printf("Enter a string for s1 (less than 1000):");
    gets(s1);
    printf("Enter a string for s2 (less than 1000):");
    gets(s2);

    int pos = 0;
    while ((s1[pos] != 0) && (s2[pos] != 0)) {
        if (s1[pos] != s2[pos]) {
            printf("Strings are not equal\n");
            return 1;
        }
        pos++;
    }
    if ((s1[pos] == 0) && (s2[pos] == 0)) {
        printf("Strings are equal\n");
    }
    else {
        printf("Strings are not equal\n");
    }

    return 0;
}
```

运行这个程序，输入 abc 和 abcd，程序运行结果如下：

```
Enter a string for s1 (less than 1000):abc
Enter a string for s2 (less than 1000):abcd
Strings are not equal
```

再次运行这个程序，输入两次 Say you say me，程序运行结果如下：

```
Enter a string for s1 (less than 1000):Say you say me
Enter a string for s2 (less than 1000):Say you say me
Strings are equal
```

【例 6-5】 编写一个程序，从键盘输入一个长度不超过 1000 的字符串，统计所输入的字符串中大写字母的个数、小写字母的个数、数字字符的个数和其他字符的个数。

分析：由于输入的字符串中可能包含空格，因此，可以使用 gets() 函数读取用户输入的字符串。通过循环扫描所输入的字符串的每个字符，如果字符的 ASCII 值为'a'～'z'，则是小写字母；为'A'～'Z'，则是大写字母；为'0'～'9'，则是数字；否则为其他字符。分别为相应的计数器变量加 1。完整的程序代码如下：

```
#include <stdio.h>

int main(void) {
    char s1[1000];
    int count_az = 0, count_AZ = 0, count_09 = 0, count_other = 0;

    printf("Enter a string:");
    gets(s1);
    int i = 0;
    while (s1[i] != '\0') {
        if ((s1[i] >= 'A') && (s1[i] <= 'Z'))
            count_AZ++;
        else if ((s1[i] >= 'a') && (s1[i] <= 'z'))
            count_az++;
        else if ((s1[i] >= '0') && (s1[i] <= '9'))
            count_09++;
        else
            count_other++;
        i++;
    }
    printf("Number of characters between 'A' and 'Z' = %d\n", count_AZ);
    printf("Number of characters between 'a' and 'z' = %d\n", count_az);
    printf("Number of characters between '0' and '9' = %d\n", count_09);
    printf("Number of characters of other = %d\n", count_other);

    return 0;
}
```

运行这个程序,输入"Hello,123,OK",程序运行结果如下:

```
Enter a string:Hello, 123, OK
Number of characters between 'A' and 'Z' = 3
Number of characters between 'a' and 'z' = 4
Number of characters between '0' and '9' = 3
Number of characters of other = 4
```

6.5　常用字符串处理函数和字符型二维数组

字符类型作为一种数据类型,与其他数据类型一样,也可以定义字符类型的二维数组乃至高维数组。同时,在编程实践中经常有以下要求:需要计算一个字符串的长度,比较两个字符串是否相等,以及将一个字符串的字符复制另一个字符数组中去等,为此,C语言为常用的字符串处理功能提供了一些常用函数。

6.5.1　常用的字符串处理函数

C语言标准库提供了一系列的函数用于执行这些基础任务。表 6-2 是常用的字符串处理函数及其功能。

表 6-2　常用的字符串处理函数及其功能

序号	语　法	功　能	举　例

1	strcpy（目标字符数组，源字符串）	将源字符串复制到目标字符数组中。注意,目标字符数组需要有足够的内存空间容纳源字符串中的字符	char d[100];
			char s[ ]="Hello";
			strcpy(d,s);
			printf("%s",d);//结果为 Hello

2	strcat（目标字符数组，字符串）	将字符串连接在目标字符数组之后。注意,目标字符数组需要有足够的内存空间容纳源字符串中的字符	cha d[100]="aa";
			strcat(d,"bb");
			printf("%s",d);//结果为 aabb

3	strlen(字符串)	计算并返回字符串的长度	char s[100]="abcd";
			int len = strlen(s);
			printf("%d",len);//结果为 4

4	strcmp(字符串 1,字符串 2)	比较字符串 1 和字符串 2 的大小,如果字符串 1 大于字符串 2,则返回 1;如果字符串 1 等于字符串,返回 0;否则返回 −1	char s[ ]="abc";
			int res = strcmp(s,"ddd");
			printf("%d",res);//结果为 −1

6.5.2　字符类型二维数组

字符类型 char 只是 C 语言中众多数据类型中的一种,因此,可以像定义 int 类型、float 类型二维数组一样定义字符类型 char 的二维数组。例如,下面的例子定义 char 类型的二维数组:

```
char s1[3][4];
```

也可以在定义数组时对其初始化,例如:

```
char s2[3][4] = {
    {'a','a','a','a'},
    {'b','b','\0','b'},
    {'\0','c','c','c'}
};
char s3[3][4] = {
    "OK",
    "123",
    {'a', 'b'}
};
```

6.5.3　字符串函数及字符二维数组的应用举例

下面看两个字符类型二维数组的例子,通过例子强化对字符一维数组、字符二维数组、字符串的理解。

【例 6-6】 字符二维数组初始化和显示二维数组每行数据。完整的程序代码如下:

```
#include <stdio.h>

int main(void) {
```

```
char as[3][4] = {
    {'a','a','a','a'},
    {'b','b','\0','b'},
    {'\0','c','c','c'}
};

char bs[3][4] = {
    "OK",
    "123",
    {'a', 'b'}
};

for (int i = 0; i < 3; i++) {
    printf("%d行: %s\n", i, as[i]);
}
printf("----------------------\n");
for (int i = 0; i < 3; i++) {
    printf("%d行: %s\n", i, bs[i]);
}

return 0;
}
```

在这个例子中,对二维数组 as 和 bs 都进行了初始化。对 bs 数组的初始化例子仅仅是要说明对于字符数组,可以使用混合方式进行初始化,即可以使用字符串和针对单行混合方式对二维数组进行初始化。在定义和初始化两个二维数组后,通过两个循环分别显示了二维数组 as 和 bs 的每行数据。运行这个程序,显示如下结果:

```
0行: aaaabb
1行: bb
2行:
----------------------
0行: OK
1行: 123
2行: ab
```

对二维数组 bs 的显示结果,正如程序的预期:正确显示了 bs 二维数组的每行字符串。但是,对二维数组 as 的每行显示结果,特别是对 as 的第 0 行的显示,为什么结果是 aaaabb 而不是 aaaa? 为了搞清楚这一点,需要对字符二维数组 as 在内存中的数据存储方式进行解释。

不失一般性,同时也为了简化内存图,图 6-2 中每个小格子表示一个内存字节,则 as 在内存中的存储形式如图 6-2 所示。

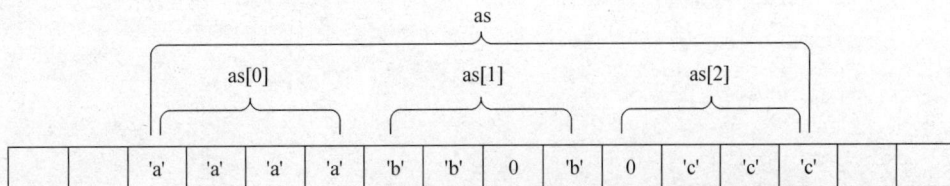

图 6-2 字符二维数组 as 在内存中的存储形式

程序使用循环语句显示 as 的每行数据时,如在使用 printf() 函数显示 as 的第 0 行数据时,语句如下:

```
printf("%d行: %s\n", i, as[i]);        //此时 i 为 0
```

由于 printf() 函数将 as[0] 作为字符串处理,因此,它将持续输出 as[0] 中的字符,直到遇到二进制 0,所以这条 printf() 语句将显示 aaaabb,因为直到显示了两个 bb 字符后才遇到二进制 0。类似地,在使用 printf() 函数显示 as 的第 1 行数据时,语句如下:

```
printf("%d行: %s\n", i, as[i]);        //此时 i 为 1
```

该语句在显示了两个 bb 字符后遇到了二进制 0,所以只显示两个 bb 字符。类似地,在使用 printf() 函数显示 as 的第 2 行数据时,语句如下:

```
printf("%d行: %s\n", i, as[i]);        //此时 i 为 2
```

由于第 0 个字符就是二进制 0,因此,这条 printf() 语句将不显示任何字符。

【例 6-7】 对字符串排序并输出。

这个程序在定义一个字符二维数组的同时,初始化该二维数组为一系列的字符串,要求编写程序对该字符串按升序排序后输出。

分析:对于程序所述的字符二维数组,由于这个二维数组的每行都是一个字符串,因此,可以使用字符串函数 strcmp() 进行大小写比较。如果需要交换字符串在数组中的位置,可以使用 strcpy() 函数完成。完整的程序代码如下:

```c
#include <stdio.h>
#include <string.h>

#define ROW 10
#define COL 30

int main(void) {
    char sa[ROW][COL] = {
        "hello world",
        "abcd",
        "12345",
        "how do you do ?",
        "###"
    };

    //计算二维数组的真实行数。sa 的行数为 10,但是真实的有数据的行数是 5
    int rrow = 0;
    for(int i=0; i<ROW; i++) {
        if (strlen(sa[i]) == 0) {
            break;
        }
        rrow++;
    }
    for(int i=0; i<rrow; i++) {
        printf("%s\n", sa[i]);
```

```
    }

    for(int i=0; i<rrow; i++) {
        for(int j=i+1; j<rrow; j++) {
            if (strcmp(sa[i], sa[j]) > 0) {
                char temp[COL];
                strcpy(temp, sa[i]);
                strcpy(sa[i], sa[j]);
                strcpy(sa[j], temp);
            }
        }
    }

    printf("\n");
    for(int i=0; i<rrow; i++) {
        printf("%s\n", sa[i]);
    }

    return 0;
}
```

在比较两行数据后，如果要交换行数据，对于字符串，必须使用如下的语句交换行数据，而不能使用像交换两个整数那样进行：

```
if (strcmp(sa[i], sa[j]) > 0) {
    char temp[COL];
    strcpy(temp, sa[i]);
    strcpy(sa[i], sa[j]);
    strcpy(sa[j], temp);
}
```

也就是说，要通过字符串复制进行交换。现在运行这个程序，显示如下结果：

```
hello world
abcd
12345
how do you do ?
###

###
12345
abcd
hello world
how do you do ?
```

6.6　案例：电子字典

电子字典是一个非常常见的应用。电子字典的典型用法是：用户输入一个英文单词，程序查询后给出中文释义。

1. 案例目标

编写一个简单的电子字典程序，这个电子字典具有有限个英文单词及其释义，用户可以输入一个英文单词，程序通过查询后给出单词的中文释义。

2. 案例分析

可以分别使用一个二维的字符数组表示英文单词及其对应的释义，并且在定义二维数组时就初始化这两个数组。然后在一个循环中提示用户输入要查询的英文单词。如果查询到用户所输入的单词，则显示另一个二维数组的对应行的中文释义，否则提示用户不存在该单词，直到输入字符 0 结束。

其实，可以使用一个三维的字符数组实现这个程序要求的功能，但是考虑到三维数组的抽象性及其在理解上的难度，本例使用两个二维字符数组实现。

3. 案例实施

基于上面的分析，使用一个字符二维数组保存英文原单词，另一个字符二维数组保存对应单词的中文释义。完整的程序代码如下：

```c
#include <stdio.h>
#include <string.h>

#define ROW 20
#define COL 20

int main(void) {
    char en[ROW][COL] = {
        "hello", "world", "you", "me", "what", "where", "eat", "study", "do"
    };
    char cn[ROW][COL] = {
        "你好", "世界", "你", "我", "什么", "哪里", "吃顿饭", "学习", "做事情"
    };
    char word[COL];

    //计算二维数组的真实行数。例如,sa 的行数为 10,但是真实的有数据的行数是 5
    int rrow = 0;
    for(int i=0; i<ROW; i++) {
        if (strlen(en[i]) == 0) {
            break;
        }
        rrow++;
    }

    while(1) {
        printf("Please input your word:");
        scanf("%s", word);
        if(strlen(word) == 0) continue;
        if (strcmp(word, "0") == 0) {
            printf("Bye Bye\n");
            return 0;
        }
        for(int i=0; i<rrow; i++) {
```

```
        if(strcmp(word, en[i]) == 0) {
            printf("%s => %s \n", en[i], cn[i]);
        }
    }
}

    return 0;
}
```

运行这个程序,显示如下结果:

```
Please input your word:you
you =>你
Please input your word:me
me =>我
Please input your word:what
what =>什么
Please input your word:0
Bye Bye
```

6.7　课后练习:逆转字符矩阵

编写一个程序,实现将一个给定的字符矩阵(二维数组)中的所有字符按行逆序排列。输入格式:第一行输入一个整数 N($1 \leqslant N \leqslant 100$),表示矩阵的大小为 $N \times N$;接下来 N 行中的每行包含 N 个字符,这些字符构成矩阵的每一行。输出格式:输出逆序后的矩阵,同样为 N 行,每行包含 N 个字符。例如,输入:

```
3
abc
def
ghi
```

输出:

```
cba
fed
ihg
```

第 7 章 函 数 基 础

之前编写的所有例子程序都只有一个函数：一个称为程序入口函数的 main()。本质上，C语言程序由多个函数组成，并且通过函数之间的相互调用达成程序的功能目标。main()函数只是众多函数之中的一个，当然它也是其中较为重要的一个：程序从 main()函数开始运行，通过 main()函数调用其他函数，并且其他函数之间也可以相互调用从而完成程序整体功能。本章对 C语言函数及其使用进行介绍。

7.1　函数的分类及其意义

如前所述，任何一个 C语言程序都是由一个或者多个函数构成的，并且通过函数之间的调用完成程序所欲达成的业务功能。一个 C语言程序有且必须有一个 main()函数，C语言程序从 main()函数的第一条语句开始运行，直到 main()函数的最后一条语句结束。在 main()中通过一系列的函数调用从而完成程序的功能目标。C语言的函数分为标准库函数和自定义函数。

7.1.1　C语言标准库函数

C语言编译系统提供了很多编程时都要用到的函数，这些函数称为标准库函数。为了理解标准库函数这一概念，先看下面一个简单而又熟悉的例子：

```c
#include <math.h>
#include <stdio.h>

int main(void) {
    double par;

    printf("Enter a number:");
    scanf("%lf", &par);

    double sinValue, cosValue, absValue, sqrtValue;
    sinValue = sin(par);
    cosValue = cos(par);
    absValue = fabs(par);
    sqrtValue = sqrt(par);

    printf("The sin value of %lf is %lf\n", par, sinValue);
    printf("The cos value of %lf is %lf\n", par, cosValue);
```

```
    printf("The absolute value of %lf is %lf\n", par, absValue);
    printf("The square root of %lf is %lf\n", par, sqrtValue);

    return 0;
}
```

这个例子比较简单：先提示用户输入一个数，然后计算这个数的正弦值、余弦值、绝对值、平方根值并输出。运行这个程序，输入 10，显示如下结果：

```
Enter a number:10
The sin value of 10.000000 is -0.544021
The cos value of 10.000000 is -0.839072
The absolute value of 10.000000 is 10.000000
The square root of 10.000000 is 3.162278
```

这个程序只有一个 main() 函数。程序运行时将逐条执行 main() 函数中的语句，直到执行完最后的那条"return 0;"语句，程序运行结束。

虽然这个程序只有一个 main() 函数，但是 main() 函数调用了多个 C 语言程序编译系统自带的函数来完成多个计算功能：调用了 printf() 函数显示信息到屏幕，调用 scanf() 函数从键盘读取一个双精度浮点数到变量 par，调用 sin() 函数计算 par 的正弦值，调用了 cos() 函数计算 par 的余弦值，调用 fabs() 函数计算 par 的绝对值，调用 sqrt() 函数计算 par 的平方根，最后调用多个 printf() 函数显示这些计算结果到屏幕。因为像 printf() 函数、scanf() 函数、sin() 函数、cos() 函数、fabs() 函数、sqrt() 函数等都是 C 语言编译系统提供的，因此称为标准库函数。除了可以调用这些库函数外，C 语言还提供了自定义函数的机制，也就是编程者可以定义和使用自己定义的函数。

虽然 main() 具有一定的特殊性，但它的特殊性其实是 C 语言程序的执行入口。这个例子中，由于 main() 函数调用了 printf() 函数、scanf() 函数、sin() 函数等，因此称 main() 函数为主调函数，而被调用的 printf() 函数、scanf() 函数、sin() 函数等则称为被调函数。

C 语言库函数一览

7.1.2　自定义函数

在使用 C 语言进行程序设计的编程实践中，除了可以使用 C 语言的标准库函数外，为了满足自己程序的需要，经常需要定义自己程序需要的函数，这些函数称为自定义函数。那么，何时需要自定义函数呢？可以考虑下面的一些场景下使用自定义函数。

（1）将程序多个地方都需要用到的功能封装成函数。其实，C 语言的标准函数库就是基于这一思想建立的，因为 C 语言标准库中的函数都是一些编程中经常需要用到的函数，例如，printf() 函数、scanf() 函数、sin() 函数等。

（2）将程序中完成特定功能且具有相对独立性的代码封装成函数。从分工协作的角度，可以将这些功能作为函数安排给指定的人进行设计编码。

（3）有时为了缩短一个函数的代码长度从而增加代码的可读性，也会将部分功能封装成函数，从而使得代码的可读性更好。

本章的主要目的就是介绍如何自定义函数以及如何调用自定义函数。

7.1.3　函数是程序模块化和分工协作的基础

函数在任何程序设计中都是非常重要的概念和技术手段。针对上例，考虑这样一种情况：如果 C 语言没有提供 sin() 函数，也就是，需要自己编码计算一个数的正弦值，该怎么做？这是一件非常复杂的任务。因为 C 语言提供了计算一个数的正弦值的函数，使得计算一个数的正弦值变得非常简单。借鉴这样的思想，可以将一些复杂的计算任务包装成函数交给指定的具有专门技能的人完成，因此，函数是程序模块化和多人分工协作的基础，也是软件开发工程化的基础。

除了可以把功能复杂的代码包装成函数外，再设想这样一种场景：现在需要设计一个功能多又复杂且需要多人协作才能完成的程序，该怎么做呢？对于一个具有一定规模的程序设计和开发，需要首先进行系统设计。所谓系统设计，就是分解程序功能为模块，再进一步将模块分解为函数的过程。也就是，通过系统设计这一过程，将程序的功能分解为多个函数，然后将函数的设计编码任务分配给不同的人员进行具体实现，从而通过多人协作完成整个系统的设计开发。

7.2　定　义　函　数

有了以上一些对函数的基本概念的介绍，现在开始着手详细介绍自定义函数。在 C 语言程序设计中要使用自定义函数，需要做三方面的工作：定义函数，声明函数，调用函数。下面先从定义函数开始。

7.2.1　一个简单的自定义函数

通过一个例子说明如何自定义一个自己的函数。这个例子要求计算 3 的阶乘、5 的阶乘和 8 的阶乘之和。因为要计算 3 的阶乘、5 的阶乘和 8 的阶乘之和，需要多次用到计算一个数的阶乘这一功能，所以可以考虑将计算阶乘这个功能定义为一个函数。命名这个函数的名字为 factor。factor 函数的代码如下：

```
int factor(int m) {
    int result = 1;
    for (int i = 1; i <= m; i++) {
        result *= i;
    }
    return result;
}
```

这个代码片段定义了一个名称为 factor 的函数，它需要一个 int 类型的参数，并且这个函数执行后会返回一个 int 类型的整数。在这个函数的函数体，也就是在这个函数的花括号包围的代码中,这个函数计算了 m 的阶乘,并返回这个结算结果。

7.2.2　定义函数的一般形式

7.2.1 小节定义了一个名称为 factor 的自定义函数。为了深入理解如何自定义函数,需要了解 C 语言自定义函数的一般形式。C 语言中,定义函数的一般格式如下:

```
函数返回值类型 函数名(形式参数列表)
{
    函数体;
}
```

函数定义包括函数首部和函数体两部分。其中,"函数返回值类型 函数名(形式参数列表)"称为函数首部或者函数头部,而

```
{
    函数体;
}
```

则称为函数体。

函数首部由三部分组成:第一,函数返回值类型。函数返回值类型指定当函数体中的代码执行结束后,需要通过 return 语句返回给主调函数的数据类型,这个数据类型可以是 C语言任何合法的数据类型,还可以是 void 类型。它是一个特殊的数据类型。void 表示空,意味着函数执行完成后不用返回任何值给函数调用者。第二,函数名。函数名可以是任意合法的标识符,但是不能是 C 语言的保留字,也尽量不要与 C 语言标准库函数的名称重名。第三,形式参数列表。形式参数列表是由一对圆括号包围起来的形式参数类型及其形式参数名称的列表,它们之间使用英文逗号分隔,例如,(float a,int b)就是一个形式参数列表,它包括两个形式参数:第一个形式参数的类型是 float,形式参数的名称是 a;第二个形式参数的类型是 int,形式参数的名称是 b。形式参数列表的圆括号中可以没有参数,但是圆括号不能省略。

函数体是由花括号包围起来的一系列 C 语言语句,所包含的语句可以是任何合法的 C语言语句。编写自定义的 C 语言函数,除了函数名不是 main()外,自定义函数的编程方法与编写 main()函数中的语句是一样的。如果函数首部的函数返回值类型不是 void,则函数体必须通过 return 语句返回相关类型的值给主调函数。

7.2.3　定义函数举例

为了帮助理解自定义函数的定义,下面举几个例子。

【例 7-1】　编写一个函数,判断一个整数是否是素数。

分析:因为需要定义一个函数计算任意一个整数是否为素数,为了便于后续使用和记忆,可以命名这个函数为 prime,同时,因为函数要判断任意一个整数是否为素数,因此,函数需要一个整数类型的参数。另外,需要返回给主调函数一个值,表示对一个整数是否是素数的判断结果,可以考虑返回一个整数类型的值:返回值 0 表示不是素数,返回值 1 表示是素数。完整的程序代码如下:

```
int prime(int n) {
    int flag = 1;
    for (int i = 2; i <= n/2; i++) {
        if (n % i == 0) {
            flag = 0;
            break;
        }
    }
    return flag;
}
```

这个函数的名称为 prime，调用这个函数时需要传递一个整数类型的参数，并且这个函数执行完毕后，会返回一个整数类型的结果给到主调函数。

【例 7-2】 编写一个函数，以正确美观的方式显示九九乘法表。

分析：因为只要显示九九乘法表，所以这个函数不需要参数，也不需要返回值给到主调函数，只需正确美观地显示九九乘法表即可，因此，这个函数的返回值类型为 void，参数列表中没有参数。命名这个函数的函数名为 ninexnine。完整的程序代码如下：

```
void ninexnine() {
    for (int i = 1; i <= 9; i++) {
        for (int j = 1; j <= 9; j++) {
            printf("%2d * %-2d=%2d ", i, j, i * j);
        }
        printf("\n");
    }
}
```

虽然这个函数没有返回值，但是，函数首部的函数返回值类型是不能省略的，在这种情况下，需要标识函数返回值类型为 void。同时，虽然这个函数没有参数列表，但是函数首部的参数列表的圆括号也是不能省略的。

【例 7-3】 编写一个函数，计算任意两个整数的最大公约数。

分析：可以使用中学数学中的辗转相除法计算任何两个整数的最大公约数。因为需要计算两个整数的最大公约数，因此，函数需要两个 int 类型的参数。同时，函数计算了两个整数的最大公约数之后，需要将得到的结果返回给主调函数，因此，函数需要返回一个 int 类型的值给到主调函数。命名这个函数名称为 gcd。完整的函数如下：

```
int gcd(int m, int n) {
    int r = m%n;
    while (r != 0) {
        m = n;
        n = r;
        r = m%n;
    }
    return n;
}
```

之所以命名这个函数的名称为 gcd，是因为最大公约数的英文表达是 greatest common divider，因此，使用 gcd 作为这个函数的名称非常贴切。在给自定义函数命名时，可以像例 7-3 那样采用英文短语的缩写或者英文单词,当然,也可以使用中文拼音的缩写或者中文拼音。建议尽量使用英文缩写或者全英文单词作为函数的名称。

7.3　调 用 函 数

一旦完成了自定义函数的定义,就可以像调用 C 语言标准库函数一样调用自定义函数:通过函数名并传递给函数需要的参数来调用自定义函数。先从一个简单例子开始。

7.3.1　调用自定义函数举例

7.2.1 小节定义的 4 个函数为:int factor(int m)函数,用于计算并返回参数 m 的阶乘;int prime(int n)函数,用于判断参数 n 是否是素数,并返回判断结果:0 表示不是,1 表示是;void ninexnine()函数,在屏幕上显示九九乘法表;int gcd(int m, int n)函数,用于计算并返回参数 m 和 n 的最大公约数。

下面以调用 int factor(int m)函数为例说明如何调用自定义函数。这个例子要求计算 3 的阶乘、5 的阶乘和 8 的阶乘之和。完整地包含自定义函数和函数调用的程序如下:

```c
#include <stdio.h>

int factor(int m) {
    int result = 1;
    for (int i = 1; i <= m; i++) {
        result *= i;
    }
    return result;
}

int main(void) {
    int i, j, k, sum;

    i = factor(3);
    j = factor(5);
    k = factor(8);
    sum = i + j + k;
    printf("%d\n", sum);

    return 0;
}
```

这里,main()函数是主调函数,factor()函数则是被调函数。在 main()函数中,通过如下语句:

```c
i = factor(3);
```

调用了 factor()函数,在调用中将实际参数 3 赋予 factor()函数的名称为 m 的形式参数,之后,在 factor() 函数中将以 m 为 3 运行 factor() 函数中的代码,最后返回整数 3 的阶乘,并将这个结果保存到变量 i 中。类似地,通过如下语句:

```
j = factor(5);
```

和如下语句:

```
k = factor(8);
```

分别以实际参数 5 和 8 调用了 factor() 函数,并将函数返回的结果分别保存到变量 j 和 k 中。最后程序将 i、j、k 中的值相加,并显示结果。运行这个程序,显示如下结果:

```
40446
```

7.3.2　函数调用的一般形式及其应用

从 7.3.1 小节的例子可以看出调用函数(包括自定义函数,当然也包括 C 语言标准库函数)的一般形式如下:

```
函数名(实际参数)
```

在调用函数时,实际参数的类型和个数必须与定义函数时的形式参数类型和个数完全一致,否则会出现程序语法错误而导致程序不能运行。必须注意,即使定义函数时没有形式参数,也就是在定义函数时圆括号中没有形式参数,在调用函数时不用传递参数给函数,但是调用函数时的那对圆括号是不能省略的。

函数调用的本质就是:主调函数将实际参数赋予被调函数,然后被调函数以得到的实际参数执行函数体中的代码,最后,将执行结果用 return 语句返回给主调函数。

下面通过一个例子强化对函数定义和函数调用的理解。这个例子包括对 prime() 函数的调用、对 ninexnine() 函数的调用和对 gcd() 函数的调用。完整的程序代码如下:

```c
#include <stdio.h>

//为避免重复,此处省略了 prime()函数、ninexnine()函数和 gcd()函数的定义
//这 3 个函数的定义参见 7.2 节

int main(void) {
    int ip = prime(17);
    if (ip != 0)
        printf("17 is not prime\n");
    else
        printf("17 is prime\n");
    printf("\n");

    ninexnine();
    printf("\n");

    int m = gcd(2218, 123410);
    printf("The greatest common divider of 2218 and 123410 is:%d\n", m);

    return 0;
}
```

在 main()函数中,使用如下语句:

```
int ip = prime(17);
```

以实际参数 17 调用了 prime()函数,并将函数的返回结果保存到变量 ip 中。然后程序检查 ip 变量的值,如果为 1,也就是不等于 0,则说明 17 是素数,否则就不是素数。类似地,使用如下语句:

```
ninexnine();
```

调用了 ninexnine()函数。由于 ninexnine()函数是无参函数,因此,在调用这个函数时不需要传递参数到这个函数中,ninexnine()函数显示九九乘法表。类似地,使用如下语句:

```
int m = gcd(2218, 123410);
```

以实际参数 2218 和 123410 调用了 gcd()函数,并将结果保存到变量 m 中,然后调用标准库函数 printf()函数显示 m 的值。运行这个程序,显示如下结果:

```
17 is prime

1 * 1 = 1   1 * 2 = 2   1 * 3 = 3   1 * 4 = 4   1 * 5 = 5   1 * 6 = 6   1 * 7 = 7   1 * 8 = 8   1 * 9 = 9
2 * 1 = 2   2 * 2 = 4   2 * 3 = 6   2 * 4 = 8   2 * 5 =10   2 * 6 =12   2 * 7 =14   2 * 8 =16   2 * 9 =18
3 * 1 = 3   3 * 2 = 6   3 * 3 = 9   3 * 4 =12   3 * 5 =15   3 * 6 =18   3 * 7 =21   3 * 8 =24   3 * 9 =27
4 * 1 = 4   4 * 2 = 8   4 * 3 =12   4 * 4 =16   4 * 5 =20   4 * 6 =24   4 * 7 =28   4 * 8 =32   4 * 9 =36
5 * 1 = 5   5 * 2 =10   5 * 3 =15   5 * 4 =20   5 * 5 =25   5 * 6 =30   5 * 7 =35   5 * 8 =40   5 * 9 =45
6 * 1 = 6   6 * 2 =12   6 * 3 =18   6 * 4 =24   6 * 5 =30   6 * 6 =36   6 * 7 =42   6 * 8 =48   6 * 9 =54
7 * 1 = 7   7 * 2 =14   7 * 3 =21   7 * 4 =28   7 * 5 =35   7 * 6 =42   7 * 7 =49   7 * 8 =56   7 * 9 =63
8 * 1 = 8   8 * 2 =16   8 * 3 =24   8 * 4 =32   8 * 5 =40   8 * 6 =48   8 * 7 =56   8 * 8 =64   8 * 9 =72
9 * 1 = 9   9 * 2 =18   9 * 3 =27   9 * 4 =36   9 * 5 =45   9 * 6 =54   9 * 7 =63   9 * 8 =72   9 * 9 =81

The greatest common divider of 2218 and 123410 is:2
```

7.3.3　函数的形参和实参

在定义函数时,函数首部形式参数列表中列举的参数称为函数的形式参数,简称形参;在调用函数时,函数名后面圆括号内的变量或者表达式称为实际参数,简称实参。例如,下面的例子定义了一个名称为 sumto 的函数,这个函数计算从 1 到参数 n 的和并返回给主调函数,sumto 函数的代码如下:

```
int sumto(int n) {
    int sum = 0;
    for (int i = 1; i <= n; i++) {
        sum += i;
    }
    return sum;
}
```

先看函数首部:

```
int sumto(int n)
```

其中的形式参数列表如下:

```
(int n)
```

这里的参数 n 就是形式参数。因为这个函数有一个形参，因此，在调用这个函数时，主调函数需要传递（或者赋予）一个 int 类型的实参到这个形参中。例如，下面在 main() 函数中调用了 sumto() 函数：

```c
int main(void) {
    int k;

    while(1) {
        printf("Enter a number:");
        scanf("%d", &k);
        if (k == 0) break;
        int s = sumto(k);
        printf("The sum of 1 to %d is %d\n", k, s);
    }

    return 0;
}
```

在 main() 函数中，通过如下语句调用了 sumto() 函数：

```c
int s = sumto(k);
```

在这个调用中，将实参 k，也就是用户输入的整数作为实参传递给 sumto() 函数的形参 n。之后，sumto() 函数在 n 被赋值 k 的情况下执行函数体中的代码，并将得到的从 1 到 n 的和返回给主调函数，并保存到主调函数的变量 s 中。有时，为了简化代码，可以将这个 main() 函数简化为如下形式：

```c
int main(void) {
    int k;

    while(1) {
        printf("Enter a number:");
        scanf("%d", &k);
        if (k == 0) break;
        printf("The sum of 1 to %d is %d\n", k, sumto(k));
    }

    return 0;
}
```

也就是使用了下面的一行代码：

```c
printf("The sum of 1 to %d is %d\n", k, sumto(k));
```

取代了上一个 main() 函数的两行代码：

```c
int s = sumto(k);
printf("The sum of 1 to %d is %d\n", k, s);
```

为什么可以这样来简化代码呢？因为 sumto() 函数返回的是一个整数值，也就是说，sumto(k) 本身就是一个整数，因此，可以直接在 printf() 函数中显示出来。从这个例子可以看出，函数调用的结果可以直接作为调用另一个函数的参数，或者直接参与表达式运算。为了明确这一点，再看一个例子。

中学数学的排列组合知识板块，从 m 个元素中抽取 n 个元素的方法总数，可以通过公式 $C_m^n = \dfrac{m!}{n! \times (m-n)!}$ 来计算。

分析：从公式可以看出，为了计算从 m 个元素中抽取 n 个元素的方法总数，需要多次进行阶乘运算，因此，可以将阶乘运算独立成一个函数，然后通过公式调用计算阶乘的函数即可计算从 m 个元素中抽取 n 个元素的方法总数。完整的程序代码如下：

```
#include <stdio.h>

int factor(int n) {
    int result = 1;
    for (int i = 1; i <= n; i++) {
        result *= i;
    }
    return result;
}

int main(void) {
    int m, n;

    printf("Enter m n:");
    scanf("%d%d", &m, &n);
    printf("The number of way gets %d from %d is: %d\n",
        m, n, factor(m)/(factor(n) * factor(m-n)));

    return 0;
}
```

在如下语句中：

```
printf("The number of way gets %d from %d is: %d\n",
    m, n, factor(m)/(factor(n) * factor(m-n)));
```

把调用 factor() 函数的返回值作为表达式的元素参与运算，将运算结果作为实参传递给 printf() 函数，并由 printf() 函数将结果显示出来。运行这个程序，输入"10 2"，显示如下结果：

```
Enter m n:10 2
The number of way gets 10 from 2 is: 45
```

需要特别强调，主调函数将实参传递给被调函数的形参时，是将实参的值复制一份到形参中，函数调用中参数的传递是传值：在被调函数中对形参的任何修改都不会影响实参的值。为了说明这一点，下面来看一个简单的例子，这个例子定义了一个具有两个参数，名为 noway() 的函数。函数的完整定义如下：

```
#include <stdio.h>

void noway(int a, int b) {
    printf("Before: a=%d, b=%d\n", a, b);
    a++;
    b++;
    printf("After: a=%d, b=%d\n", a, b);
}

int main(void) {
    int m, n;

    m = 10; n = 20;
    noway(m, n);
    printf("Origin: m=%d, n=%d\n", m, n);

    return 0;
}
```

在 noway() 函数中，首先使用 printf() 函数显示了形参 a 和 b 的值，然后将它们的值都加 1 后再显示。在 main() 函数中，将实参 m 和 n 分别赋值 10 和 20 后，调用 noway() 函数，虽然在 noway() 函数中修改了形参的 a 和 b 的值，由于函数调用的参数传递是传值，因此，在 noway() 函数中对 a 和 b 的修改不会影响实参 m 和 n 的值。运行这个程序，显示如下结果：

```
Before: a=10, b=20
After: a=11, b=21
Origin: m=10, n=20
```

7.3.4　函数声明

C 语言是一种语法要求非常严格且逻辑也非常严谨的编程语言，在可以无错误地调用一个函数之前，需要明确告知 C 语言编译系统函数的原型。所谓函数的原型，是指函数的返回值类型是什么，函数的名称是什么，函数的形式参数列表是什么。C 语言编译器需要明确地了解这几个问题，才可以准确无误地调用被调函数。

为了了解函数原型的意义，先来看一个简单例子。这个例子是 7.3.3 小节的例子，只是将 noway() 函数和 main() 函数的定义顺序改变了位置，也就是将 noway() 函数的定义放在了 main() 函数定义之后。代码如下：

```
#include <stdio.h>

int main(void) {
    int m, n;

    m = 10; n = 20;
    noway(m, n);
    printf("Origin: m=%d, n=%d\n", m, n);
```

```
    return 0;
}

void noway(int a, int b) {
    printf("Before: a=%d, b=%d\n", a, b);
    a++;
    b++;
    printf("After: a=%d, b=%d\n", a, b);
}
```

此时,C 语言编译器会给出一条关于代码存在错误的提示信息:

```
Cannot resolve symbol 'noway': 7
```

提示信息的意思是说,在代码的第 7 行,C 语言编译器不能解析 noway 这个符号,也就是不认识这个符号。从源代码可以看出,在第 7 行,main()函数调用了 noway()函数。那为什么会出现这个编译错误呢? 因为 main()函数调用了 noway()函数,但是由于 C 语言编译没有看到过 noway()函数的定义,不知道 main()函数在第 7 行对 noway()函数的调用是否正确,因此,编译器给出程序错误的提示是完全合理的。为了解决这个问题,就需要提前告知编译器 noway()函数的原型。

为了告知编译器 noway()函数的原型,只需在调用 noway()函数之前的任何位置添加一行函数,声明告知 C 语言编译器函数的原型。函数原型的一般格式如下:

```
函数首部;
```

也就是说,函数原型等于函数首部再加一个英文分号即可。例如,noway()函数的原型如下:

```
void noway(int a, int b);
```

现在修改上面这个例子,在 main()函数的定义之前加上 noway()函数的原型,修改后的代码如下:

```
#include <stdio.h>

void noway(int a, int b);

int main(void) {
    int m, n;

    m = 10; n = 20;
    noway(m, n);
    printf("Origin: m=%d, n=%d\n", m, n);

    return 0;
}

void noway(int a, int b) {
    printf("Before: a=%d, b=%d\n", a, b);
    a++;
    b++;
    printf("After: a=%d, b=%d\n", a, b);
}
```

修改后的程序就可以正确运行并得到正确结果。

一个新的问题是：为什么把 noway() 函数的定义放在 main() 函数之前就不需要声明函数原型呢？因为编译器在编译 noway() 函数时，已经了解到了 noway() 函数的原型，因此，在 main() 函数就可以准确无误地调用这个函数。

7.3.5　文件包含 ♯include 预处理命令的本质

在程序中调用 C 语言标准库函数时，也需要对所调用的库函数进行声明。为了便于使用，C 语言将标准库函数的声明统一放置在一些扩展名为".h"的称为头文件的文件中。例如，因为 printf()、scanf()、getchar() 等函数的声明放置在名称为 stdio.h 的头文件中，因此，当程序中要调用这些函数时，就需要在程序的开始处通过 ♯include 预处理命令将 stdio.h 文件包含到程序代码中；类似地，当程序要调用 sin()、cos()、sqrt() 等函数时，也需要将声明这些函数的头文件 math.h 通过 ♯include 预处理命令包含到程序代码中。

♯include 预处理命令的作用就是将指定的文件内容包含到程序代码中。例如，下面的简单程序：

```
#include <stdio.h>
#include <math.h>
#include <string.h>

int main() {
    printf("%lf\n", sin(4));
    printf("%lf\n", cos(4));
    printf("%lf\n", tan(4));

    printf("%lld\n", strlen("Hello World"));

    return 0;
}
```

程序开始处的三条 ♯include 预处理命令会将系统自带的 3 个头文件包含到程序代码中，因此，在后续的 main() 函数中可以准确无误地调用 printf()、sin()、cos()、tan() 和 strlen() 等函数。系统自带的头文件随所用的编译系统而来，例如，本书使用的 CLion 自带的编译系统，它的头文件在 CLion 安装目录下，如图 7-1 所示。

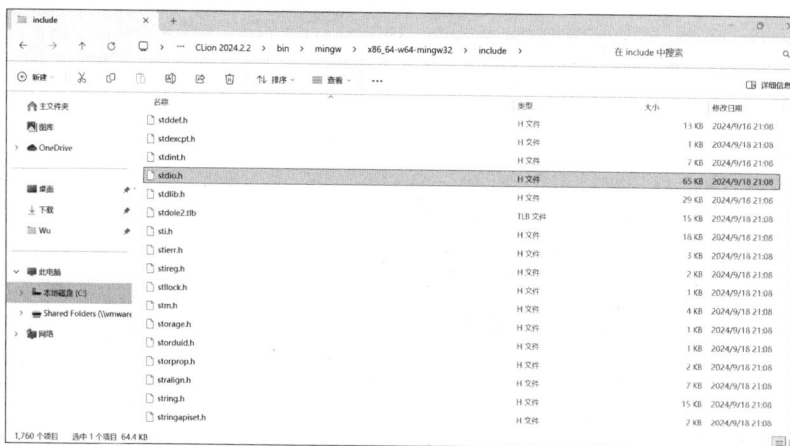

图 7-1　系统自带的头文件示例

　　#include 预处理命令可以使用尖括号指定要包含的文件,也可以使用双引号指定要包含的文件。编写此程序的一个基本原则:如果包含的文件是系统自带的文件,则使用尖括号,就像上面这个例子那样;如果要包含的文件是自定义的头文件,则使用双引号。

7.4　函数的嵌套调用和递归调用

　　一个 C 语言程序是由包括 main()函数在内的 1 个或者多个函数组成的,函数之间可以存在复杂的调用关系。两种典型的复杂调用关系是嵌套调用和递归调用。

7.4.1　函数的嵌套调用

　　如果 a()函数又调用了 b()函数,b()函数又调用了 c()函数,c()函数又调用 d()函数等,这种调用关系称为函数的嵌套调用。
　　下面来看一个函数嵌套调用的例子。这个例子包括 3 个函数,分别显示一条简单的文字信息。完整的程序代码如下:

```c
#include <stdio.h>

void first(int n);
void second(int n);
void third(int n);

int main() {
    first(2);
}

void first(int n) {
    printf("This is first.\n");
    for (int i = 1; i <= n; i++) {
        printf("*", i);
    }
    printf("\n");
    second(2 * n);
}

void second(int n) {
    printf("This is second.\n");
    for (int i = 1; i <= n; i++) {
        printf("#", i);
    }
    printf("\n");
    third(3 * n);
}

void third(int n) {
    printf("This is third.\n");
```

```
        for (int i = 1; i <= n; i++) {
            printf("$", i);
        }
        printf("\n");
    }
```

这个程序中，main()函数调用了 first()函数，first()函数调用了 second()函数，second()函数又调用了 third()函数，形成函数之间的嵌套调用。运行这个程序，显示如下结果：

```
This is first.
**
This is second.
####
This is third.
$$$$$$$$$$$$
```

7.4.2 函数的递归调用

既然函数之间可以嵌套调用，那么，函数也可以调用它自己。这就是函数的递归调用。函数的递归调用是函数嵌套调用的一种特殊形式。递归调用分为直接递归调用和间接递归调用。所谓直接递归调用，就是一个函数在其函数体中又调用了自己；而间接递归则是 a()函数调用了 b()函数，而 b()函数又调用了 a()函数。

递归调用适用于解决使用递归方法描述的问题。所谓使用递归方法描述的问题，是指将一个复杂的大问题的描述转化为问题相同但是规模更小的问题来描述的一种方法。例如，计算一个整数 n 的阶乘是一个典型的使用递归方法描述的问题。整数 n 的阶乘是这样描述的：

$$n! = \begin{cases} 1 & (n=1) \\ n \times (n-1)! & (n \geqslant 2) \end{cases}$$

因为整数 n 的阶乘是采用递归方式定义的问题，所以，可以使用函数的递归调用来定义这个函数。一个简单的采用递归方式定义的计算 n 的阶乘的函数及其 main()函数如下：

```
#include <stdio.h>

int factorial(int n) {
    if (n <= 1) return 1;
    return n * factorial(n - 1);
}

int main() {
    printf("%d\n", factorial(10));
    return 0;
}
```

运行这个程序，显示如下结果：

```
3628800
```

再看另一个例子，这个例子要求求取斐波那契数列的任意项的值。数学上，斐波那契数列是这样定义的：

$$\mathrm{fab}_n = \begin{cases} 1 & (n = 1) \\ 1 & (n = 2) \\ \mathrm{fab}_{n-2} + \mathrm{fab}_{n-1} & (n \geqslant 3) \end{cases}$$

显然，斐波那契数列是采用递归方式描述问题的，因此，可以使用递归调用编写求取斐波那契数列任意一项值的函数。完成的程序代码如下：

```c
#include<stdio.h>

int fibonacci(int n) {
    if (n <= 2) return 1;
    return fibonacci(n - 1) + fibonacci(n - 2);
}

int main() {
    printf("%d\n", fibonacci(40));
    return 0;
}
```

运行这个程序，显示如下结果：

```
102334155
```

从这里可以看出，斐波那契数列的第 40 个数已经非常大了。

从上面的例子可以看出，使用递归函数调用来解决递归问题非常方便。但是，在使用递归函数解决递归问题时，也需要了解递归函数的如下优缺点。

（1）使用递归函数解决递归问题，可以使得代码比较简单和容易理解。

（2）使用递归函数解决递归问题，会导致程序运行的效率降低，正因为如此，在解决大规模递归运算时，人们更愿意使用非递归方法解决递归问题。

（3）如果递归函数递归的层次太深，可能会使程序的堆栈溢出而导致程序运行错误。

总之，递归函数是一种解决递归问题的方法之一而不是全部，因此，在编程实践中，需要根据问题的具体场景做出是否使用的选择。

7.5　数组作为函数参数

可以将数组作为函数参数进行传递，并且可以以不同的方式进行传递。这些方式主要包括将数组元素、数组名或二维数组名作为实参传递给函数。

7.5.1　数组元素作为函数参数

当数组元素作为函数参数时，它们就像普通变量一样被处理：在这种情况下，数组元素的值会被单向传递给函数的形参。

例如，判断 10 随机生成的整数是否是素数。首先在 main() 函数中生成 10 个随机数并保存到数组中，然后针对数组中的每个元素判断是否为素数，并显示相应结果。完整的程序代码如下：

```c
#include <stdio.h>
#include <stdlib.h>
#include <time.h>

#define SIZE 10

int isPrime(int n) {
    int prime = 1;
    for (int i = 2; i <= n/2; i++) {
        if (n % i == 0) {
            prime = 0;
            break;
        }
    }
    return prime;
}

int main(void) {
    int data[SIZE];

    srand(time(NULL));
    for (int i = 0; i < SIZE; i++) {
        data[i] = rand()%1000 + 1000;
    }
    for (int i = 0; i < SIZE; i++) {
        printf("%5d", data[i]);
    }
    printf("\n");

    for (int i = 0; i < SIZE; i++) {
        int r = isPrime(data[i]);
        r? printf("%5s", "YES"):printf("%5s", "NO");
    }

    return 0;
}
```

程序在 for 循环中对数组的每个元素调用如下函数：

```c
int r = isPrime(data[i]);
```

对一个元素是否是素数进行判定并根据判断结果显示 YES 或者 NO。运行这个程序，显示如下结果：

```
1072  1303  1229  1271  1048  1599  1510  837  981  864
NO    YES   YES   NO    NO    NO    NO    NO   NO   NO
```

数组元素作为函数参数，与普通变量或者表达式作为参数传递没有任何区别：都是将实参的数值传递给形参，并在函数体中以此数值为基础执行函数体中的代码。

7.5.2　数组名作为函数参数

数组名本质上就是数组在内存中分配的存储空间的首地址,因此,在将数组名作为参数传递到函数的形参时,本质上就是数组的首地址传递给了函数的形参:这意味着形参和实参将共享相同的存储空间,因此,形参的任何变化都会反映在实参上。

先看一个简单的例子,这个例子通过一个函数对指定的数组进行排序。完整的程序代码如下:

```c
#include <stdio.h>
#include <stdlib.h>
#include <time.h>

#define SIZE 10

void sort(int b[ ]) {
    for (int i = 0; i < SIZE - 1; i++)
        for (int j = 0; j < SIZE - i - 1; j++)
            if (b[j] > b[j + 1]) {
                int temp = b[j];
                b[j] = b[j + 1];
                b[j + 1] = temp;
            }
}

int main() {
    int a[10];

    srand(time(NULL));
    for (int i = 0; i < SIZE; i++) {
        a[i] = rand();
    }
    printf("排序前: ");
    for (int i = 0; i < SIZE; i++) {
        printf("%d ", a[i]);
    }
    printf("\n");

    printf("排序后: ");
    sort(a);
    for (int i = 0; i < SIZE; i++) {
        printf("%d ", a[i]);
    }
}
```

这个程序使用宏定义预处理指令定义了一个宏常量 SIZE:

```c
#define SIZE 10
```

然后定义了一个名字为 sort 的函数,这个函数的首部如下:

```c
void sort(int b[ ]) {
```

在这个函数的首部形式参数列表中使用了数组作为函数的形参，这意味着在调用这个函数时，可以将一个数组实参传递到这个形参中。因此，在通过如下语句：

```
sort(a);
```

调用这个函数时，可以将实参数组 a 传递给形参数组 b。

将实参数组 a 传递给形参数组 b 的含义如下：将实参数组 a 的首地址复制一份到形参数组 b 中。注意，这里是将实参 a 的首地址复制到形参 b 中，因此，通过形参 b 对数组的修改，修改结果将直接反映到实参数组 a 中，如图 7-2 所示。

数组a和数组b

231	45671	23	890	100	2	76	213890	43298	1204

图 7-2　数组名作为函数参数传递的本质

从图 7-2 中可以看出，本质上将数组作为函数参数参数传递时，形参和实参操作的是同一个数组。在将数组作为函数的形式参数时，中括号中的数组大小是可以省略的，也就是说，下面的两个函数首部是等价的：

```
void sort(int b[ ])
```

等价于

```
void sort(int b[10])
```

其中的数值 10 还可以是任意数值。运行这个程序，显示如下结果：

```
排序前: 3874 217 8446 3554 6060 8092 5074 24400 24549 25256
排序后: 217 3554 3874 5074 6060 8092 8446 24400 24549 25256
```

为了强化对数组作为函数参数的理解和应用，下面再举一个例子。这个例子使用函数计算考试成绩的最高分、最低分和平均分。

分析：因为要计算考试成绩的最高分、最低分和平均分，因此，需要将考试成绩作为参数传递给函数。同时，因为函数将产生 3 个计算结果：最高分、最低分和平均分，因此，可以考虑再传递一个数组用以保存函数的计算结果。完整的程序代码如下：

```
#include <stdio.h>
#include <stdlib.h>
#include <time.h>

#define TOTAL 20

void printScores(int sc[ ]) {
    printf("成绩: ");
    for (int i = 0; i < TOTAL; i++) {
        printf("%d ", sc[i]);
    }
    printf("\n");
}
```

```
int statistics(int sc[ ], int result[ ]) {
    result[0] = sc[0];
    result[1] = sc[0];
    result[2] = 0;
    for (int i = 0; i < TOTAL; i++) {
        if (result[0] > sc[i]) result[0] = sc[i];
        if (result[1] < sc[i]) result[1] = sc[i];
        result[2] += sc[i];
    }
    result[2] = result[2]/TOTAL;

    return 0;
}

int main() {
    int score[TOTAL];

    srand(time(NULL));
    for (int i = 0; i < TOTAL; i++) {
        score[i] = rand() % 40 + 60;
    }
    printScores(score);

    int r[3];
    statistics(score, r);
    printf("Min: %d, Max: %d, Average: %d\n", r[0], r[1], r[2]);

    return 0;
}
```

这个程序首先定义了 printScores(int sc[ ])函数,这个函数在一个 for 循环中显示数组的元素。然后定义了 statistics(int sc[ ], int result[ ])函数。

注意:这个函数有如下两个数组参数。一个是要计算和统计的原始成绩数组,而另一个则是用于保存计算和统计结果的数组。这个数组有 3 个元素,元素 0 用于保存最低分,元素 1 用于保存最高分,元素 2 用于保存平均分。

在 main()函数中,首先生成用于模拟原始成绩的随机数并将数据保存到 score 数组中,然后调用 printScores()函数并将 score 作为实参传递到这个函数中,此时,printScores()会显示原始成绩。之后,定义了一个用户保存计算和统计结果数据的数组 r:

```
int r[3];
```

再通过如下调用:

```
statistics(score, r);
```

将原始成绩 score 数组和保存计算结果的数组 r 传递到 statistics()函数中。在 stattistics()函数中进行统计和计算,并将统计和计算结果保存到 r 数组中,最后,在 main()函数中显示统计和计算结果。运行这个程序,显示如下结果:

成绩： 63 81 87 94 77 68 85 82 81 93 61 81 85 77 84 83 65 96 64 81
Min: 61, Max: 96, Average: 79

7.5.3 二维数组名作为函数参数

二维数组作为函数参数，在定义函数时，第一维的大小可以不指定，但第二维的大小必须指定。二维数组作为函数参数，传递的实际上是二维数组的首地址，这允许函数访问和修改原始二维数组的内容，也就是在函数中对形参数组的修改，本质上就是修改了实参数组的内容。

先看一个简单的例子。这个例子要求编写一个函数，它接受一个二维数组作为参数，在函数中找出这个二维数组的最大值，再返回这个值。编写主函数，测试这个函数的正确性。

分析：所编写的函数需要接受一个二维数组作为参数，因此，需要一个二维数组作为形参；程序还定义了一个显示二维数组数据的函数便于后续使用。完整的程序代码如下：

```c
#include <stdio.h>
#include <stdlib.h>
#include <time.h>

void display(int m[][5]) {
    for (int i = 0; i < 4; i++) {
        for (int j = 0; j < 5; j++) {
            printf("%-5d", m[i][j]);
        }
        printf("\n");
    }
}

int maxx(int m[][5]) {
    int max = m[0][0];
    for (int i = 0; i < 4; i++) {
        for (int j = 0; j < 5; j++) {
            if (m[i][j] > max) {
                max = m[i][j];
            }
        }
    }
}

int main() {
    int matrix[4][5];

    srand(time(NULL));
    for (int i = 0; i < 4; i++) {
        for (int j = 0; j < 5; j++) {
            matrix[i][j] = rand() % 100;
        }
```

```
    }
    display(matrix);

    int mm = maxx(matrix);
    printf("Max x = %d\n", mm);

    return 0;
}
```

这个程序定义了两个函数：void display(int m[][5])和 int maxx(int m[][5])，这两个函数都有一个二维数组作为参数。

注意：在将二维数组作为形参时，一定要指明第二维的长度，例如，在这两个函数的形参中，都指明了第二维的长度是 5。一般地，在将高维数组作为函数的参数时，需要指明第一维以外的所有维度的长度。运行这个程序，显示如下结果：

```
65    74    29    13    20
30    81    67    10    44
7     11    20    29    76
84    41    95    39    45
Max x = 95
```

现在修改这个程序，要求不仅要返回二维数组的最大值，还需要返回这个最大值的位置，也就是要求返回最大值和最大值的下标。

分析：因为目前通过函数的 retrun 语句只能返回一个值（后续学习了结构体后，可以通过返回一个结构体数据一次性返回多个数据给主调函数），可是，程序要求返回至少 3 个值：二维数组的最大值、最大值所在的第一维下标、最大值所在的第二维下标。为了解决这个问题，可以考虑再传递一个有两个元素的一维数组来保存最大值所在的第一维下标、最大值所在的第二维下标。完整的程序代码如下：

```
#include <stdio.h>
#include <stdlib.h>
#include <time.h>

void display(int m[][5]) {
    for (int i = 0; i < 4; i++) {
        for (int j = 0; j < 5; j++) {
            printf("%-5d", m[i][j]);
        }
        printf("\n");
    }
}

int maxx(int m[][5], int where[]) {
    int index0 = 0, index1 = 0, max = m[0][0];
    for (int i = 0; i < 4; i++) {
        for (int j = 0; j < 5; j++) {
            if (m[i][j] > max) {
                max = m[i][j];
```

```
                index0 = i;
                index1 = j;
            }
        }
    }
    where[0] = index0;
    where[1] = index1;
    return max;
}

int main() {
    int matrix[4][5];

    srand(time(NULL));
    for (int i = 0; i < 4; i++) {
        for (int j = 0; j < 5; j++) {
            matrix[i][j] = rand() % 100;
        }
    }
    display(matrix);

    int index[2];
    int mm = maxx(matrix, index);
    printf("Max x = %d, index: %d %d\n", mm, index[0], index[1]);

    return 0;
}
```

新修改的计算最大值的 int maxx(int m[][5]，int where[]) 函数增加了第二个参数，这个参数用于保存最大值所在的位置；因为第二个参数传递的是一个数组，所以，在函数中对这个一维数组元素值的修改将直接修改对应的实参数据。因此，在 main() 函数中使用以下语句：

```
int index[2];
int mm = maxx(matrix, index);
```

调用 maxx() 函数时，在 maxx() 函数中对形参 where 的修改，将直接修改实参 index 数组元素的值，也就是说，将二维数组的最大值的位置保存到 index 数组中。运行这个程序，显示如下结果：

```
79   27   50   62   20
73   15    7    8   61
62   52   55   87   22
62   43   87   29   47
Max x = 87, index: 2 3
```

再看一个例子，这个例子要求编写一个函数，在函数中将一个二维矩阵转置。

这里需要首先明确两个概念：什么是矩阵？什么是矩阵的转置？矩阵是线性代数中的一个概念，在程序设计中，简单来说，一个矩阵就是一个二维数组，行数和列数相等的矩阵称为方阵。所谓矩阵的转置，就是将方阵的行和列互换。如图 7-3 所示就是一个 4 行 4 列方阵转置的例子。

100	21	34	213		100	8	659	435
8	178	21	895	.	21	178	23	567
659	23	98	34		34	21	98	1
435	567	1	77		213	895	34	77

图 7-3　4 行 4 列方阵转置的例子

分析：因为要在函数中对矩阵做转置，因此，需要一个二维数组作为函数参数。矩阵转置本质上就是对矩阵主对角线右下角每个元素执行交换运算即可。代码如下：

```
int t = matrix[i][j];
matrix[i][j] = matrix[j][i];
matrix[j][i] = t;
```

其中，i 为从 0 到矩阵的行数，j 为从 0 到 i。因此，只需对二维数组的行和列循环，然后交换行、列数据。完整的程序代码如下：

```
#include <stdio.h>
#include <stdlib.h>
#include <time.h>

void display(int m[][5]) {
    for (int i = 0; i < 5; i++) {
        for (int j = 0; j < 5; j++) {
            printf("%-5d", m[i][j]);
        }
        printf("\n");
    }
}

void swap(int m[][5]) {
    for (int i = 0; i < 5; i++) {
        for (int j = 0; j < i; j++) {
            int t = m[i][j];
            m[i][j] = m[j][i];
            m[j][i] = t;
        }
    }
    return;
}

int main() {
    int matrix[5][5];

    srand(time(NULL));
    for (int i = 0; i < 5; i++) {
        for (int j = 0; j < 5; j++) {
            matrix[i][j] = rand() % 100;
```

```
        }
    }
    display(matrix);
    printf("\n");

    swap(matrix);
    display(matrix);

    return 0;
}
```

在 swap()函数中,通过两个嵌套循环完成矩阵元素值的交换。特别提醒,循环变量 i 是从 0 到 5,而循环变量 j 只能是从 0 到 i,j 不可以是从 0 到 5,否则,相当于做了两个交换,起不到行列交换的作用。运行这个程序,显示如下结果:

```
58    56    44    87    31
7     82    29    79    39
69    79    25    43    18
46    90    58    38    42
74    71    49    58    27


58    7     69    46    74
56    82    79    90    71
44    29    25    58    49
87    79    43    38    58
31    39    18    42    27
```

7.6 案例：检查回文数字

所谓回文数字,是指这个数字正读与反读是完全一样的。例如,1234321 就是一个回文数字,因为这个数字的正读与反读具有同样的读音和含义。

1. 案例目标

编写一个函数,检查一个数字是否是回文数字,如果是回文数字则返回数值 1,否则返回数值 0。并编写程序验证这个函数的正确性。要求所编写的函数能够重复读取用户输入的数字,并告知用户所输入的数字是否是回文数字。

2. 案例分析

题目要求编写一个函数,检查所给参数是否是回文数字,并且根据检查结果返回 1 或者 0,因此,可以命名这个函数为 palindrome。该函数的原型如下:

```
int palindrome(int n);
```

下面考虑如何编写这个函数的实现代码,也就是函数体代码:可以通过循环使用 n% 10 取出参数 n 上的末位数字,然后使用在循环中重构一个新的逆序数字,核心代码如下:

```
int r = 0;
while(n != 0) {
    r = r * 10 + n%10;
    n = n/10;
}
```

最后比较 r 是否等于 n，就可以判断 n 是否是回文数字。

3. 案例实施

基于上面程序的完整的程序代码如下：

```
#include <stdio.h>

int palindrome(int n) {
    int m = n;
    int rev = 0;
    while (n != 0) {
        rev = rev * 10 + n % 10;
        n = n / 10;
    }
    return rev == m;
}

int main() {
    int palin;
    while(1) {
        printf("Enter a number:");
        scanf("%d", &palin);
        if (palin == 0) {
            printf("Bye Bye\n");
            break;
        }
        int r = palindrome(palin);
        if (r != 0)
            printf("%d is a palindrome\n", palin);
        else
            printf("%d is not a palindrome\n", palin);
    }

    return 0;
}
```

运行这个程序，输入相应的数字，运行结果如下：

```
Enter a number: 123
123 is not a palindrome
Enter a number: 1234321
1234321 is a palindrome
Enter a number: 0
Bye Bye
```

7.7　课后练习：求斐波那契数列任一项的值

　　在 7.4 节中使用了递归函数求斐波那契数列的任一项的值。同时，在 7.4 节也已指出，使用递归函数解决递归问题虽然简单，但是存在运行效率乃至程序的堆栈溢出而导致程序运行异常，现在要求使用非递归函数方式实现一个求斐波那契数列任一项值的函数，并验证其正确性。

第8章 函数进阶

本章是第 7 章中关于函数基础介绍的延续。函数作为程序模块化重要技术手段,与之相关的还有诸多重要知识点,包括但不限于:变量的作用域和存储类型;从工程的角度如何布局程序文件;在编程实践中任何程序员都有可能犯错误,如何通过调试快速定位错误并修正错误等。本章对这些知识内容进行介绍。

8.1 变量的作用域和变量的存储类型

C 语言的变量是编程中非常重要的概念。在前面的章节中,几乎每时每刻都在使用变量,但是,一直没有对变量做详细的介绍。本节对 C 语言变量做详细介绍。

C 语言的变量,从作用域进行分类,可以分为局部类型变量和全局类型变量;从存储类型分类,可以分为 auto 类型变量、static 类型变量、register 类型变量。下面对 C 语言的变量按照其分类和使用做详细介绍。

8.1.1 变量的作用域

变量的作用域,简单来说就是变量的可用范围。这句话不太好理解,先看一个简单例子。这个例子定义了一个非常简单的 add() 函数,完成两个整数的加法并返回结果,然后在 main() 函数中调用这个函数完成两个整数相加运算。

```
#include <stdio.h>

int add(int a, int b) {
    int c;
    c = a + b;
    return c;
}

int main() {
    int num1, num2, sum;

    printf("Enter two numbers:");
    scanf("%d%d", &num1, &num2);
    sum = add(num1, num2);
    printf("Sum of %d and %d is %d", num1, num2, sum);

    return 0;
}
```

这个程序定义了两个函数:add()函数和main()函数。虽然C语言要求每个可执行的C语言程序都需要有一个名称为main()函数,但是,main()函数除了具有入口函数的身份以外,它的地位与其他函数是平等的。也就是说,main()就是一个普通函数。

在add()函数中定义了一个变量c,这个变量c称为add()函数的局部变量,也就是说,在add()函数中定义的变量c只能作用于add()函数中,简单来说就是,这个变量c只有在add()函数才有效。例如,不能在main()函数中访问变量c,如果这样做,C语言编译器将报告一个错误,如图8-1所示。

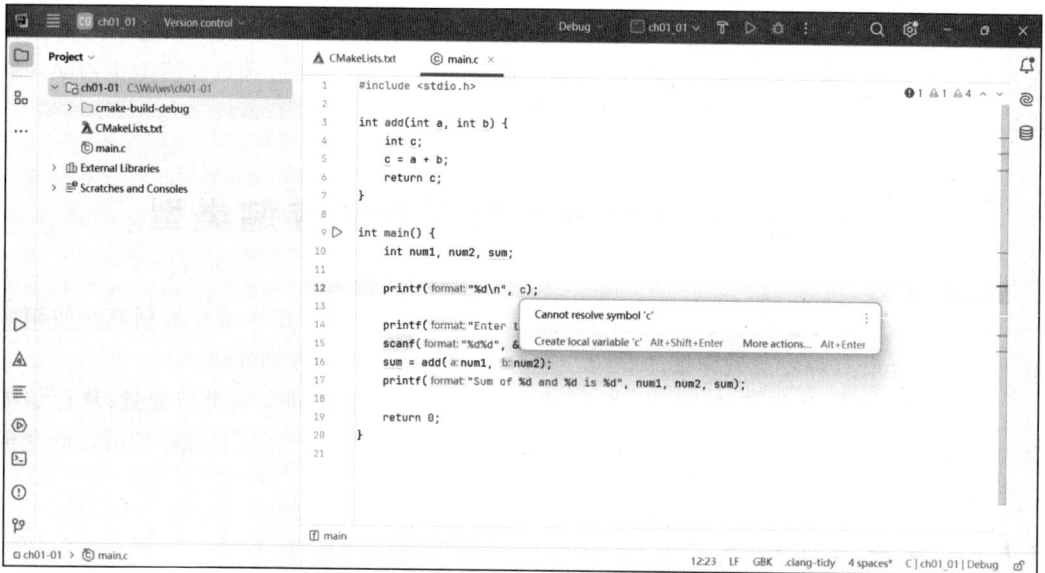

图 8-1　变量 c 不能在 main()函数中使用

在main函数的printf()中使用了变量c,编译器报告了如下一条错误信息:

```
Cannot resolve symbol 'c'
```

意思是说不能解析符号c,换句话说就是C语言编译器不认识变量c。为什么呢?因为变量c是在add()函数中定义的,只在add()函数中可用,也可以说变量c的作用域只在add()函数,超出这个范围是不可用的。

C语言变量的作用域分为局部作用域和全局作用域。局部作用域的变量简称为局部变量,是指在函数内部定义的变量,这些变量只在函数内部有效,一旦超出定义变量的函数范围,则这些变量是不可见的。更精确地说,C语言的局部变量是指那些在某个花括号内定义的变量:在某个花括号定义的变量,只在这个花括号内有效;全局作用域的变量简称全局变量,是指在函数外部定义的变量,这些变量不在任何花括号中定义,因此,这些变量可以任何函数中使用。

下面举例说明局部变量与全局变量的定义和使用。在这个例子中定义了一个加法函数,这个函数完成两个数相加,并且在一个全局变量中保存这个函数被调用的次数。完整的程序代码如下:

```
#include <stdio.h>

int count = 0;

int add(int a, int b) {
    int c;
    c = a + b;
    count++;
    return c;
}

int main() {
    printf("30 + 20 = %d\n", add(30, 20));
    printf("30 + 20 = %d\n", add(30, 20));
    printf("30 + 20 = %d\n", add(30, 20));
    printf("30 + 20 = %d\n", add(30, 20));

    printf("Function add() is called for %d times\n", count);

    return 0;
}
```

这个程序使用如下语句:

```
int count = 0;
```

定义了 int 类型的变量 count 并初始化它的值为 0,因为 count 变量不被任何花括号包围,所以它是一个全局变量。然后在 add() 函数中,对 add() 函数的每次调用都将 count 变量加 1,因此,count 变量的值就是 add() 函数被调用的次数。在 main() 函数中,连续调用了四次 add() 函数,然后通过如下语句显示 count 的值:

```
printf("Function add() is called for %d times\n", count);
```

从这个例子可以看到,定义的 count 全局变量既可以在 add() 中使用,也可以在 main() 函数中使用。需要注意,全局变量也遵循先定义后使用的原则。也就是说,在可以使用全局变量之前,全局变量也必须已经在之前某个位置定义了。运行这个程序,显示如下结果:

```
30 + 20 = 50
30 + 20 = 50
30 + 20 = 50
30 + 20 = 50
Function add() is called for 4 times
```

此处再次强调:局部变量是指在某个花括号内定义的变量,局部变量的作用域只在定义它的花括号内有效;全局变量是指不在花括号内定义的变量,它的作用域是全局的,但是也必须遵循先定义后使用的原则。为了容易理解这一点,下面来看一个综合性的例子。这个例子定义了两个 interesting 类型的全局变量 global01 和 global02,一个函数 func(),然后在 main() 函数中调用该函数。代码如下:

```
#include <stdio.h>

int global01;

int func(int a) {
```

```
        printf("parameter a = %d\n", a);
        printf("global01 = %d\n", global01);
        //printf("global02 = %d\n", global02);        //错误,因为此时 global02 还没有定义
        return 0;
    }

    int global02 = 4;

    int main() {
        global01 = 20;
        for(int i=0; i < global02; i++) {              //局部变量 i 只在 for 循环中有效
            func(i);
        }
        //printf("i = %d\n", i);                        //错误,i 在此无效

        {
            int outer = 100;
            printf("outer = %d\n", outer);
            {
                int inner = 200;
                printf("outer = %d\n", outer);          //outer 可用,因为还在包围它的花括号内
                printf("inner = %d\n", inner);          //inner 可用,因为还在包围它的花括号内
            }
        }
        //printf("outer = %d\n", outer);                //错误,outer 不可用,因为已经超出它的定义域
        //printf("inner = %d\n", inner);                //错误,inner 不可用,因为已经超出它的定义域

        return 0;
    }
```

在 func() 函数中,如下语句是错误的:

```
//printf("global02 = %d\n", global02);        //错误,因为此时 global02 还没有定义
```

因为全局变量 global02 在 func() 函数之后才被定义。

在 main() 函数中的 for 循环中定义了一个循环变量 i,i 只在定义它的 for 循环内有效,超出定义它的 for 循环则无效,因此,如下语句无效:

```
//printf("i = %d\n", i);              //错误,i 在此无效
```

在 main() 函数中,在两个嵌套的花括号中分别定义了变量 outer 和 inner,它们只在包围它们的花括号内有效,超出这个范围则是无效的。例如,在第二层花括号中的如下语句:

```
printf("outer = %d\n", outer);          //outer 可用,因为还在包围它的花括号内
```

因为 outer 变量还在定义它的花括号内,因此,这条语句是有效的。但是,在 main() 中的如下另外两条语句则是无效的:

```
//printf("outer = %d\n", outer);        //错误,outer 不可用,因为已经超出它的定义域
//printf("inner = %d\n", inner);        //错误,inner 不可用,因为已经超出它的定义域
```

因为 outer 和 inner 均已超出了定义它们的花括号。

8.1.2　变量的存储类型

在计算机运行一个 C 语言程序之前,操作系统会为程序分配 4 个内存区块,它们是代码区、数据区、栈区、堆区,如图 8-2 所示。

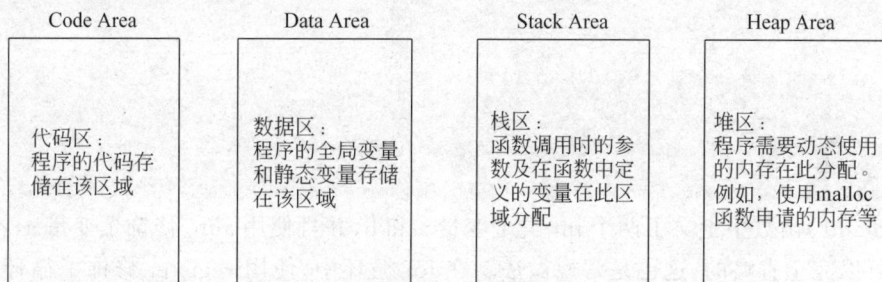

Code Area	Data Area	Stack Area	Heap Area
代码区: 程序的代码存 储在该区域	数据区: 程序的全局变量 和静态变量存储 在该区域	栈区: 函数调用时的参 数及在函数中定 义的变量在此区 域分配	堆区: 程序需要动态使用 的内存在此分配。 例如,使用malloc 函数申请的内存等

图 8-2　程序运行时的内存区块类型及其作用

操作系统一旦为程序创建了这 4 种类型的内存区块,会将程序代码加载到代码区,将程序中定义的全局变量和静态变量加载到数据区,然后进入程序的 main() 函数,并从 main() 函数的第一条语句开始执行程序代码。如果在 main() 函数中定义了局部变量,则在程序的栈区为局部变量分配空间;如果在 main() 函数中调用了其他函数,将函数的实参通过程序的栈区传递到被调函数中去,等等。这就是 C 程序被操作系统执行的过程。

了解了计算机执行 C 语言程序的一般过程,再来看看 C 语言程序变量的存储类型。C 语言的变量存储类型包括 3 种: auto 存储类型、register 存储类型和 static 存储类型。下面分别进行介绍。

(1) auto 存储类型。auto,顾名思义就是自动的意思。使用 auto 修饰的变量就是 auto 存储类型的变量。auto 既可以修饰局部变量,也可以修饰全局变量,但是一般只用于修饰局部变量。auto 存储类型的变量就是指那些根据程序中定义的局部变量在栈区自动为程序创建的变量。在函数中定义的局部变量都是 auto 类型的,这些变量所需要的空间将在程序的栈区中进行分配。所有在函数中定义的局部变量默认的存储类型都是 auto,因此,在定义局部变量时,auto 是可以省略的。也就是说,在函数中定义的局部变量,下面的两条语句是等价的:

```
int count;
auto int count;
```

(2) register 存储类型。register,顾名思义就是寄存器的意思。使用 register 修饰的变量就是 register 存储类型的变量。register 既可修饰局部变量,也可修饰全局变量。register 关键字是建议 C 语言编译器将用 register 修饰的变量分配 CPU 的寄存器,以加快变量的使用效率。注意,register 只是建议,不具备强制性。也就是说,虽然在定义某个变量时使用 register 进行了修饰,但是,如果 CPU 没有空闲的寄存器可用,则变量将仍然只能使用普通内存空间。例如,下面的代码使用了 register、auto 修饰了变量:

```
#include <stdio.h>

int main() {
```

```
    auto int a = 10;
    int b;

    for(register int i = 1; i <= 10; i++) {
        a++;
        b = a * 2;
    }
    printf("a = %d, b = %d\n", a, b);

    return 0;
}
```

在 main()函数中定义了两个 int 类型变量 a 和 b，并且使用 auto 修饰了变量 a，本质上，auto 是可以完全省略的，这也是常规做法。在 for 循环中，使用 register 修饰了循环变量 i，目的是希望编译器将循环变量保存到某个寄存器中以加快循环的执行速度，但是，编译器会根据当前 CPU 的使用情况最终决定是否可以分配寄存器用于循环变量 i。运行这个程序，显示如下结果：

```
a = 20, b = 40
```

从运行的结果可见：是否使用 auto 及 register，对程序运行的最终结果是没有影响的。

（3）static 存储类型。static，顾名思义就是静态的意思。使用 static 关键字修饰的变量就是 static 存储类型的变量，简称静态变量。static 关键字既可以修饰局部变量，也可以修饰全局变量。当 static 修饰全局变量时，限制所修饰的变量只能被定义全局变量的源文件中的代码访问；当 static 修饰局部变量时，将在程序的数据区为之分配空间，并且变量中的值不会因为函数的结束而丢失。这句话不好理解，下面来看一个简单的例子，这个例子通过一个局部的 static 变量保存函数的被调用次数。代码如下：

```
#include <stdio.h>

int madd(int a, int b) {
    static int count = 0;

    int c = a + b;
    count++;
    printf("count = %d\n", count);

    return c;
}

int main() {
    int sum;
    sum = madd(10, 20);
    printf("sum = %d\n", sum);
    sum = madd(100, 200);
    printf("sum = %d\n", sum);
    sum = madd(1000, 2000);
    printf("sum = %d\n", sum);

    return 0;
}
```

在 madd() 函数中利用如下语句定义了一个 static 存储类型，也就是静态变量，并初始化这个变量为 0：

```
static int count = 0;
```

因为 count 变量在 madd() 函数中定义，因此是局部变量，意味着 count 变量只能在 madd() 函数中可见；又因为 count 变量被 static 修饰，意味着将在程序的数据区为 count 变量分配空间，因此 count 变量的值不会因为 madd() 函数的运行结束而丢失。

C 语言还规定，static 静态变量的初始化语句只在第一次时被执行，针对 madd() 函数中的 count 变量，也就是只能对 count 变量初始化一次。因此，main() 函数使用了如下语句：

```
sum = madd(10, 20);
```

第一次调用 madd() 函数时，在 madd() 函数中初始化 count 的值为 0，然后计算 c＝a＋b，并将 count 加 1，此时，将显示 count 的值为 1；当 main() 函数第二次调用 madd() 函数时，不再执行 count 的初始化语句，而是直接计算 c＝a＋b，并将 count 的值加 1，由于之前 count 的值为 1，因此，此时将显示 count 的值为 2；以此类推。运行这个程序，显示如下结果：

```
count = 1
sum = 30
count = 2
sum = 300
count = 3
sum = 3000
```

8.2　C 语言预处理命令

之前在程序中使用的 ♯define 语句、♯include 语句都是 C 语言的预处理命令。除了这两个常用的预处理命令外，C 语言还定义了多个其他的预处理命令。C 语言常用的预处理命令及其作用如表 8-1 所示。

表 8-1　C 语言常用的预处理命令及其作用

序号	预处理指令	作　　用
1	♯ define	定义宏（Macro）
2	♯ undef	取消对已经定义宏的定义
3	♯ include	包含一个代码文件，通常用于包含 C 语言头文件
4	♯ ifdef … ♯ endif	如果宏已经定义，则返回真
5	♯ ifndef … ♯ endif	如果宏没有定义，则返回真

C 编译器在将程序源代码编译为机器码之前，会使用 C 语言预处理器对 C 语言预处理命令进行预先处理。

8.2.1　♯define 预处理命令

在之前编写的程序代码中已经多次使用了 ♯define 预处理命令定义宏，例如，下面的程序定义并使用了宏 SIZE：

```
#include <stdio.h>

#define SIZE 100+100

int main() {
    printf("Hello Macro No1: %d\n", SIZE);
    printf("Hello Macro No2: %d\n", SIZE * SIZE);

    return 0;
}
```

运行这个程序，显示如下结果：

```
Hello Macro No1: 200
Hello Macro No2: 10200
```

这个结果不符合预期，为什么是这个结果，而不是如下预期结果呢？

```
Hello Macro No1: 200
Hello Macro No2: 40000
```

因为对于使用♯define 预处理命令定义的宏，C 语言预处理器只是对代码中出现的宏进行简单替换。对于上面这个程序，两条打印语句如下：

```
printf("Hello Macro No1: %d\n", SIZE);
printf("Hello Macro No2: %d\n", SIZE * SIZE);
```

经过宏替换后，实际代码如下：

```
printf("Hello Macro No1: %d\n", 100+100);
printf("Hello Macro No2: %d\n", 100+100 * 100+100);
```

因此，程序运行后没有得到预期的结果。为了解决这个问题，最简单也是最经典的措施是在定义宏时加上一对圆括号：

```
#define SIZE (100+100)
```

这样就可以解决因为宏替换而出现的错误。

以上定义的 SIZE 是一个不带参数的宏。C 语言除了可以定义不带参数的宏外，还可以定义带参数的宏。例如，下面的例子定义了一个带参数的宏 max：

```
#include <stdio.h>

#define max(a, b) (((a) > (b)) ? (a) : (b))

int main() {
    printf("Max between 10 and 100 is: %d\n", max(10,100));

    return 0;
}
```

运行这个程序，显示如下结果：

```
Max between10 and 100 is: 100
```

带参数的宏在替换的时候,将参数替换为实际值后,再将宏替换为指定的一串符号。从这个例子可以看出,带参数的宏使用起来很像一个函数,正因如此,C 语言程序中广泛使用了带参数的宏。

8.2.2　♯undef 预处理命令

♯undef 预处理命令用于取消之前定义的宏,也就是使之前定义的宏失效。看一个简单例子,这个例子定义了一个名称为 MESSAGE 的宏,使用后再使用♯undef 取消定义,此时,C 语言编译器会报告错误,如图 8-3 所示。

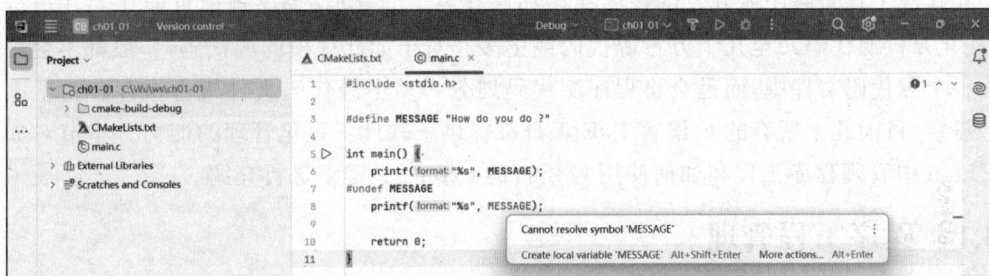

图 8-3　♯undef 的使用举例

从图 8-3 中可以看出,当使用♯undef 预处理命令取消对 MESSAGE 的定义后,若再次使用这个宏,则编译器会报告错误。

8.2.3　♯ifndef … ♯endif 预处理命令

♯ifndef … ♯endif 预处理命令与 C 语言的 if 语句非常类似,只是这里表示当某个宏没有被定义时返回真。例如:

```
#include <stdio.h>

#define MESSAGE "How do you do ?"

int main() {
    printf("%s", MESSAGE);
#undef MESSAGE
#ifndef MESSAGE
    #define MESSAGE "Hello World !"
#endif
    printf("\n%s", MESSAGE);

    return 0;
}
```

程序通过如下语句:

```
#ifndef MESSAGE
    #define MESSAGE "Hello World !"
#endif
```

125

判断 MESSAGE 是否被定义，如果没被定义，则定义 MESSAGE 宏为"Hello World!"。因为之前的代码已经使用♯undef MESSAGE 取消了 MESSAGE 宏的定义，因此，此处将定义 MESSAGE 宏为"Hello World!"。运行这个程序，显示如下结果：

```
How do you do ?
Hello World!
```

8.3　程序工程管理和 extern 关键字及其使用

在软件工程实践中所开发的程序往往都具有一定的规模，程序规模可能达到几千行源代码、几万行源代码乃至几十万行源代码或更多。对于如此规模的源代码，一般都不会只保存在一个源代码文件中，而是会将程序源代码划分为多个源代码文件进行保存。为了满足这一需要，目前几乎所有的 C 语言 IDE 工具都提供了软件工程化管理的能力。本节对如何在 CLion 中管理程序工程和如何使用 C 语言的 extern 关键字进行介绍。

8.3.1　程序工程管理

考虑下面的一个场景：现在要开发一个信息管理系统，其中包括多个函数，为了便于管理，需要将这些函数根据它们的功能分类安排在不同的程序源代码文件中。假设这个程序工程中有如下这些函数：funca()、funcb()、funcc()、funcd()，其中，funca()、funcb()函数安排在 sf1.c 文件中，funcc()、funcd()函数安排在 sf2.c 文件中，并且，将 funca()、funcb()、funcc()、funcd()函数的声明统一安排在 mfunc.h 头文件中。那么，应该如何在程序工程中管理这些源代码文件呢？

当程序工程包括多个源代码文件时，一种有效的方式是将 C 源代码分门别类地放置在不同的工程子目录。可以在工程主目录下创建多个不同的工程子目录，具体方法如下：右击工程主目录，选择 New→Directory 命令，在弹出的对话框中输入自定义的工程子目录名称，如图 8-4 所示。

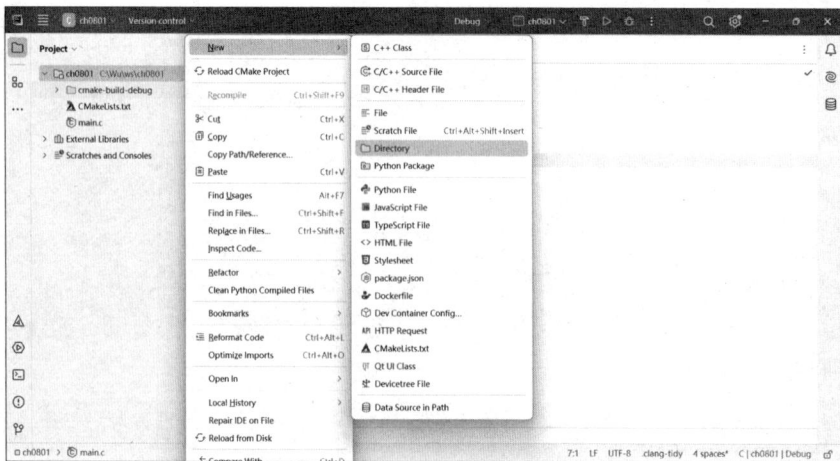

图 8-4　在程序工程中新建工程子目录

例如,按照图 8-4 的过程操作两次,分别输入 sources 和 headers,然后在 sources 子目录下新建 C 源代码文件 sf1.c 和 sf2.c,在 headers 子目录下新建 mfunc.h 头文件。如图 8-5 所示是在 sources 子目录下新建 sf1.c 源代码文件。

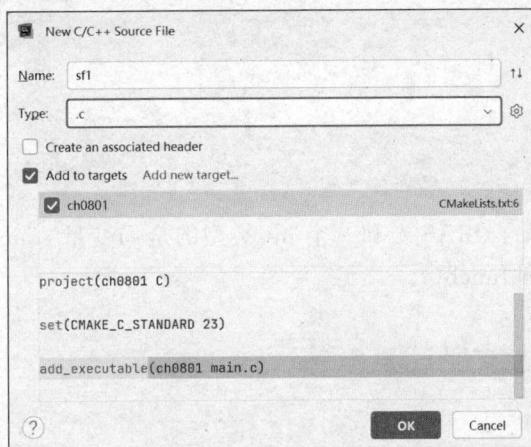

图 8-5　新建 sf1.c 源代码文件

以类似的操作在 sources 子目录下新建 sf2.c,在 headers 子目录下新建 mfunc.h 头文件,最后得到的程序工程如图 8-6 所示。

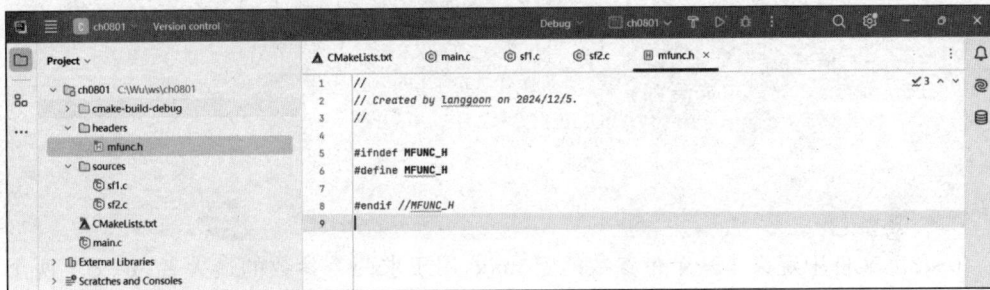

图 8-6　具有良好结构的程序工程

这是一个具有良好结构的工程:将功能代码放置在不同的工程子目录中,而在工程的根目录下,只有一个包含入口函数 main() 的文件 main.c。

8.3.2　extern 关键字及其使用

现在编写 sf1.c、sf2.c 和 mfunc.h 文件中的代码。提醒一下,这里所编写的代码并不是要真正完成信息管理,而只是假设,因此,每个函数的功能及定义的全局变量、局部变量都是虚构的,是为了介绍程序工程和 extern 关键字的应用所服务的。

sf1.c 文件内容如下:

```
#include <stdio.h>

#define BIAS 100

int count = 0;
```

```
int funca(int a, int b) {
    int c = a + b;
    count++;
    return c;
}

int funcb(int a, int b, int c) {
    int d = a * b * c + BIAS;
    count = count * 3;
    return d;
}
```

在 sf1.c 文件中定义了 BIAS 宏和一个 int 类型的全局变量 count，并初始化为 0，同时定义两个函数 funca( )和 funcb( )。

sf2.c 文件内容如下：

```
#include <stdio.h>

#define max(a,b) (((a) > (b)) ? (a) : (b))

extern int count;

int funcc(int a, int b) {
    int c = max(a, b);
    return c;
}

int funcd(int num) {
    for(int i=0; i<num; i++) {
        printf("count=%d\n", count);
    }
    return 0;
}
```

在 sf2.c 文件中定义了一个带参数的宏 max，用于求两个参数的最大者；定义了两个函数 funcc( )和 funcd( )。需要注意的是，这里使用了如下语句：

```
extern int count;
```

以上语句向编译器说明：一个 int 类型的全局变量 count 在其他某个源文件中已经定义（提示：count 全局变量已经在 sf1.c 文件中定义），但是在这个源代码中要使用到这个全局变量。也就是说，extern 关键字是向编译器说明某个在其他文件中已经定义的全局变量。extern 关键字使用的一般形式如下：

```
extern 类型名 全局变量名;
```

为了便于使用，将 funca( )、funcb( )、funcc( )、funcd( )函数的声明统一放到头文件 mfunc.h 中。mfunc.h 文件内容如下：

```
#ifndef MFUNC_H
#define MFUNC_H

int funca(int a, int b);
```

```
int funcb(int a, int b, int c);
int funcc(int a, int b);
int funcd(int num);

#endif //MFUNC_H
```

为了在多次包含这个头文件时不会出现重复定义类型的错误,在 mfunc.h 中使用了宏 MFUNC_H,确保 mfunc.h 只会被包含一次。试想:如果不小心在某个文件中使用两次 ♯include 预处理命令都包含了这个头文件,在第二次包含这个头文件时,由于在第一次预处理时已经定义了 MFUNC_H 宏,将不会对 funca()、funcb()、funcc()、funcd()函数进行二次声明。最后,main.c 文件内容如下:

```
#include <stdio.h>
#include "headers/mfunc.h"

int main(void) {
    printf("funca(10, 20): %d\n", funca(10, 20));
    printf("funcb(10, 20, 30): %d\n", funcb(10, 20, 30));
    printf("funcc(10, 20): %d\n", funcc(10, 20));
    funcd(3);

    return 0;
}
```

在 main.c 文件中,首先使用 ♯include 预处理命令包含 mfunc.h 头文件。注意,当包含自定义的头文件时,一般使用双引号包围要包含的文件。然后在 main()函数中分别调用了 funca()、funcb()、funcc()、funcd()函数。运行这个程序,显示如下结果:

```
funca(10, 20): 30
funcb(10, 20, 30): 6100
funcc(10, 20): 20
count=3
count=3
count=3
```

正确进行程序工程管理

8.4　程序调试

在软件工程的编程实践中常会遇到程序运行结果不符合预期的情况,这是程序存在逻辑错误的表现。解决程序逻辑错误的首要前提是要非常了解程序的运行逻辑。在了解程序逻辑的基础上,使用程序调试工具跟踪程序的运行过程是一个非常有效的解决程序逻辑错误的手段。所谓程序跟踪,就是一句一句地执行程序代码,并查看程序运行过程中变量值的变化,进而通过分析变量值的变化定位程序的逻辑错误并修正它。

下面通过一个简单的例子,介绍如何在 CLion 中跟踪程序的运行过程并查看变量值。要跟踪的程序源代码如下:

```c
#include <stdio.h>

int main(void) {
    int a, b, c;

    a = 10;
    b = 20;
    c = a * b;
    for(int i=0; i<10; i++) {
        a++;
        b = b * 2;
        c = a * b;
        printf("%d: %d %d %d\n", i, a, b, c);
    }

    return 0;
}
```

在跟踪代码的运行之前,需要首先设置断点。所谓断点,就是程序运行时碰到它就会自动暂停运行。为了设置程序断点,只需在代码右边空白处单击即可,如图 8-7 中箭头 1 所示。

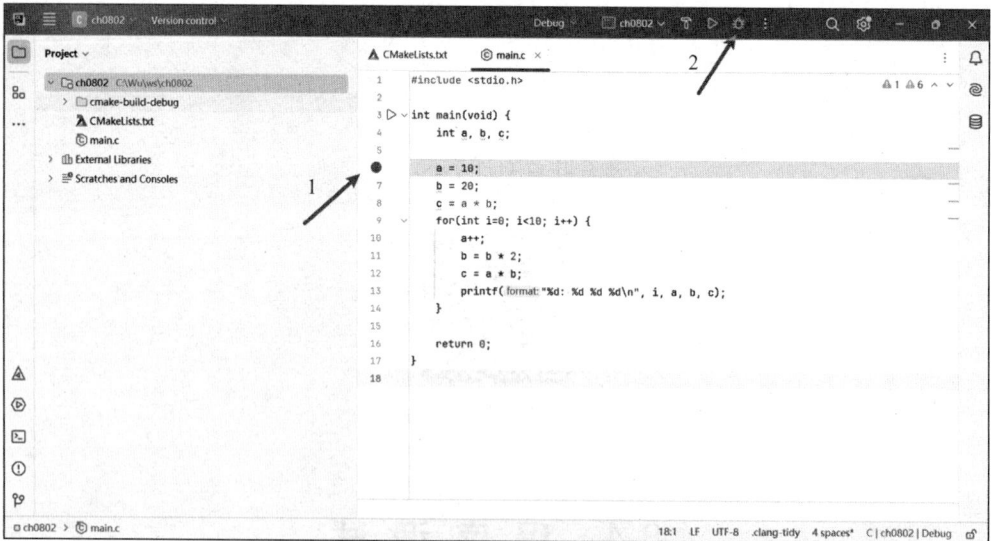

图 8-7　设置程序断点

图 8-7 中在程序的第 6 行设置了断点,此时,在相应的行会显示一个红色的实心圆。现在,单击图 8-7 中箭头 2 所指向的按钮,在调试环境下运行程序,之后,程序会一直运行,直

到遇到断点,如图 8-8 所示,即程序在第 6 行暂停。

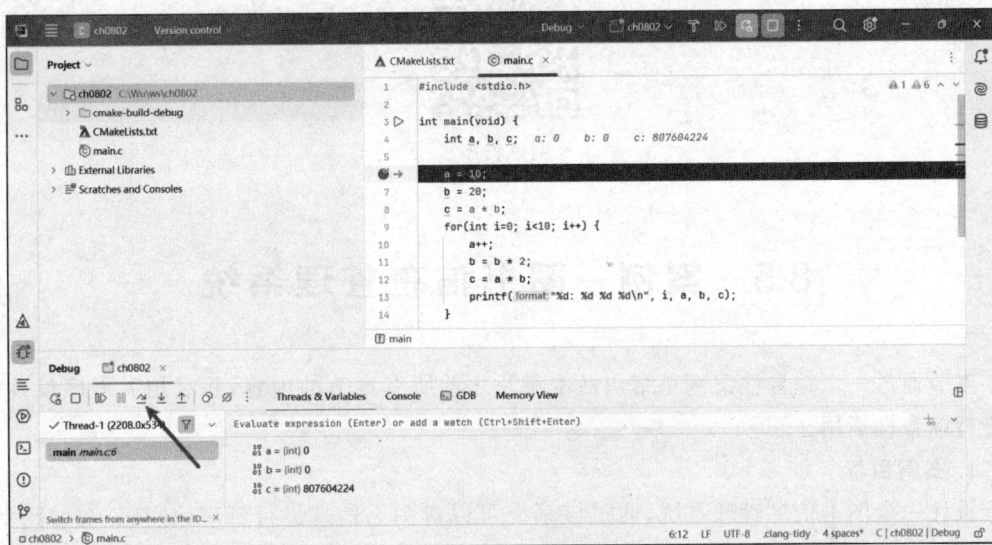

图 8-8 程序运行到断点处暂停

也就是说,目前还没有将数值 10 赋值到变量 a 中。单击图 8-8 中箭头所指向的单步执行按钮,执行第 6 行的语句,如图 8-9 所示。

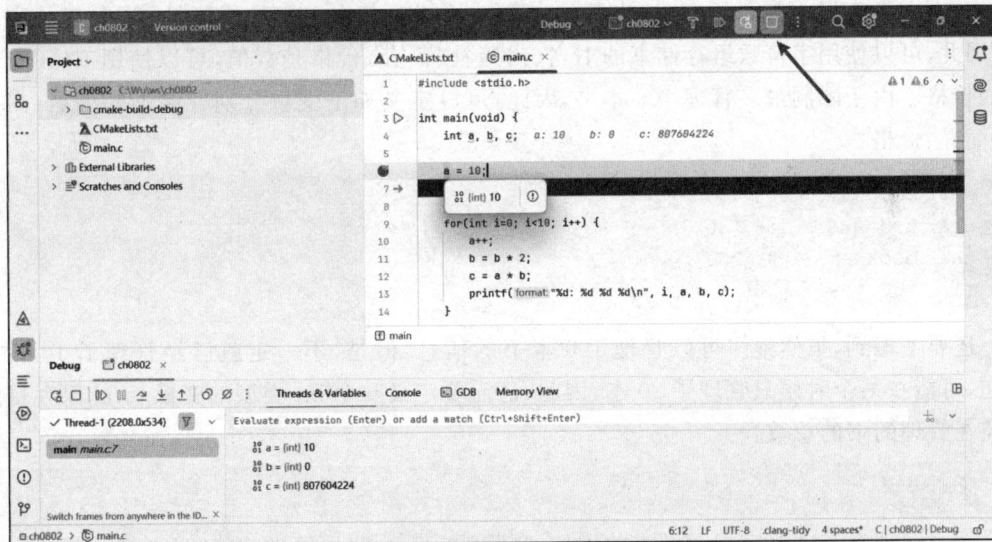

图 8-9 单步执行第 6 行语句后

此时,变量 a 的值为 10,表明第 6 行的赋值语句已经执行完毕。单击单步执行按钮继续单步执行程序,并在程序的执行过程中检查变量值的变化是否符合预期。如果在执行某一条语句后变量值的变化不符合预期,说明相应的语句有错误,单击图 8-9 中的箭头所指向的按钮结束程序运行,并根据实际情况修改代码,再进行跟踪,如此循环。一般而言,使用程序调试工具跟踪程序运行过程进而定位和修正错误,可以达到事半功倍的效果。程序跟踪是一件极其需要耐心和信心的工作。

调试程序

8.5　案例：图书信息管理系统

本节通过一个综合性案例总结包括本章及之前所有章节的内容，并对相关程序设计知识进行综合性运用。

1. 案例目标

设计一个图书信息管理系统，通过该系统可以对图书信息进行管理，包括：增加图书，查询图书，删除图书，显示所有图书。每本图书信息包括书名、出版社、简介、价格。

2. 案例分析

首先需要了解，图书的数目是不能预先确定的，但是，由于还没有学习动态内存分配知识，因此，目前只能管理固定数目的图书信息，假设图书的总数目不超过 100 本。

每本书具有以下属性：书名、出版社、简介、价格。其中，书名、出版社、简介都是字符串，因此，可以使用字符数组存储书的书名、出版社、简介；价格是数值，可以使用 float 存储书的价格。由于限制最多管理 100 本书，因此，可以定义如下变量分别存储书的书名、出版社、简介、价格：

```
char bookName[100][40];
char bookPress[100][40];
char bookMemo[100][200];
float bookPrice[100]
```

还要考虑到，虽然最多可以管理 100 本书的信息，但是，不一定就已经管理了 100 本。例如，可能在某个时候只管理了 20 本，因此，还需要定义一个 int 类型的变量 total 保存目前已经在管理的书的总数：

```
int total;
```

图书管理系统需要完成对图书的增加、删除、查询、列表等管理功能，可以将这些功能设计成函数，函数名称可以命名为 add()、deletee()、query()、list()。为了便于用户使用，程序应该显示一个功能菜单请用户选择所要进行的管理功能，因此，需要再定义一个名称为 menu() 的函数。

由于在多个函数中都需要使用 bookName、bookPress、bookMemo、bookPrice、total 变量，可以考虑将这些变量定义为全局变量。

从工程的角度看，为了以后的程序维护，采用以下的工程布局：main.c 是工程主文件，functions.c 是存储函数定义的源代码文件，functions.h 是存储函数声明的头文件。

3. 案例实施

基于以上分析,在 CLion 中创建一个名称为 ch0808 的 C 语言可执行(C Executable)程序工程,在工程主目录下新建 sources 子目录和 headers 子目录,并在 sources 子目录下新建名称为 functions.c 的 C 源代码文件,在 headers 工程子目录下新建名称为 functions.h 的头文件。完成后的工程结构如图 8-10 所示。

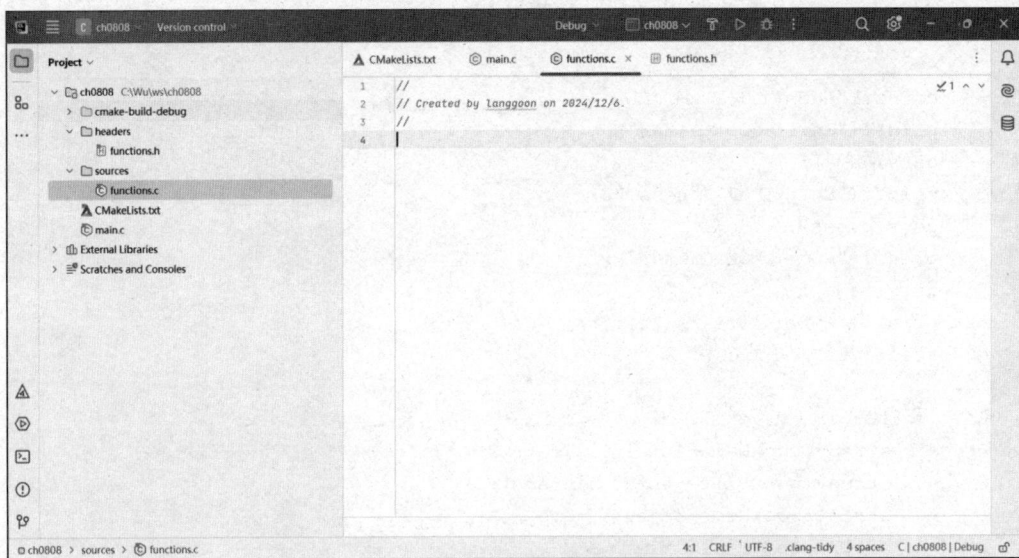

图 8-10　完成后的工程结构

(1) funtions.c 源代码文件。

```c
#include <stdio.h>
#include <string.h>

char bookName[100][40];
char bookPress[100][40];
char bookMemo[100][200];
float bookPrice[100];
int total = 0;

int menu() {
    int option;

    printf("Menu\n");
    printf("1. Add new book\n");
    printf("2. Delete a book\n");
    printf("3. Query a book\n");
    printf("4. View all books\n");
    printf("0. Exit\n");

    printf("Option:");
    scanf("%d", &option)
```

```
        getchar();

        return option;
    }

    int add() {
        char name[40], press[40], memo[200];
        float price;

        printf("Add a new book\n");
        printf("Enter book name:");
        gets(name);
        printf("Enter book press:");
        gets(press);
        printf("Enter book memo:");
        gets(memo);
        printf("Enter total price:");
        scanf("%f", &price);

        if ((total + 1) < 100) {
            strcpy(bookName[total], name);
            strcpy(bookPress[total], press);
            strcpy(bookMemo[total], memo);
            bookPrice[total] = price;
            printf("Book added\n");
            total++;
            return 0;
        }

        printf("No book added\n");
        return 1;
    }

    int deletee() {
        char name[40];

        printf("Enter book name:");
        scanf("%s", name);
        for (int i = 0; i < total; i++) {
            if (strcmp(bookName[i], name) == 0) {
                for(int j = i; j < total - 1; j++) {
                    strcpy(bookName[j], bookName[j+1]);
                    strcpy(bookPress[j], bookPress[j+1]);
                    strcpy(bookMemo[j], bookMemo[j+1]);
                    bookPrice[j] = bookPrice[j+1];
                }
                total--;
                return 0;
            }
        }
    }
```

```
        return 1;
}

int query() {
    char name[40];
    printf("Enter book name:");
    scanf("%s", name);
    for (int i = 0; i < total; i++) {
        if (strcmp(bookName[i], name) == 0) {
            printf("Book found\n");
            printf("Book name: %s\n", bookName[i]);
            printf("Book press: %s\n", bookPress[i]);
            printf("Book memo: %s\n", bookMemo[i]);
            printf("Total price: %f\n", bookPrice[i]);
            return 0;
        }
    }

    return 1;
}

int list() {
    for (int i = 0; i < total; i++) {
        printf("Book no%d\n", i+1);
        printf("%s\n", bookName[i]);
        printf("%s\n", bookPress[i]);
        printf("%s\n", bookMemo[i]);
        printf("price: %f\n\n", bookPrice[i]);
    }
    return 0;
}
```

（2）functions.h 头文件。

```
#ifndef FUNCTIONS_H
#define FUNCTIONS_H

int menu();
int add();
int deletee();
int query();
int list();

#endif //FUNCTIONS_H
```

（3）main.c 源代码文件。

```
#include <stdio.h>
#include "headers/functions.h"

int main(void) {
```

```
        int which;

        while (1) {
            which = menu();
            switch (which) {
                case 1:
                    add();
                    break;
                case 2:
                    deletee();
                    break;
                case 3:
                    query();
                    break;
                case 4:
                    list();
                    break;
                case 0:
                    printf("Bye Bye.\n");
                    return 0;
                default:
                    printf("Invalid choice:\n");
            }
        }
    }
```

运行这个程序，显示如下结果：

```
Menu
1. Add new book
2. Delete a book
3. Query a book
4. View all books
0. Exit
Option:4

Book no1
C Language programming
qinghua press
a good book
price: 45.599998
```

8.6 课后练习：学生信息管理系统

参考 8.5 节的图书信息管理系统案例，设计一套学生信息管理系统，要求管理的学生信息包括姓名、年龄、联系电话、联系地址；管理功能包括：添加学生信息，查询学生信息，删除学生信息，列表显示所有学生信息。在查询功能中，除了可根据学生姓名查询外，还要提供年龄查询功能。

第9章 指针基础

指针是 C 语言的一种重要数据类型,灵活运用并驾驭 C 语言指针,可以帮助程序设计者设计编写功能强性能好样式优雅的程序。本章对 C 语言指针进行介绍。

9.1 存储器和存储器地址

计算机由三大部分组成:CPU、RAM、输入/输出设备。

为了便于对存储单元进行管理,计算机为 RAM 的每个存储单元都分配一个唯一的编号,这个编号称为存储单元的地址。例如,如果一台计算机有 8GB 内存,也就是共有 $8 \times 1024 \times 1024 \times 1024$ 字节,计算机会为每个存储单元的字节都分配一个唯一编号,这个编号可能会从 0b000 0000000000 0000000000 0000000000 到 0b111 1111111111 1111111111 1111111111,0b 开头的数字表示二进制数字,共 80 亿个编号。也就是,不管计算机有多少个 RAM 存储单元,计算机一定为每个字节单元分配一个唯一的地址。

现在考虑一个变量定义语句" int count;",它的含义非常简单,就是从计算机存储器中获取连续的 4 字节的存储单元,并命名这 4 字节存储单元为 count。既然计算机为每个存储单元都分配一个编号,那么,count 变量占用的 4 字节存储单元中的每个字节单元都应该有一个地址。在这 4 字节的存储单元中,C 语言程序只需要关心首字节的地址即可:因为后面的连续 3 字节的地址是顺序编址的。

现在的问题是:能够看到 count 变量占用的 4 字节存储单元的首字节的地址吗?回答是当然可以。看下面的例子:

```
#include <stdio.h>

int main(void) {
    int count;

    count = 100;
    printf("Address of variable count = %lld\n", &count);
    printf("Value of variable count = %d\n", count);

    return 0;
}
```

这个程序定义了一个 int 类型的变量 count 并赋值 100,然后使用如下语句:

```
printf("Address of variable count = %lld\n", &count);
```

显示 count 占用的 4 字节内存单元的首字节地址。也就是，通过运算符 & 可以取得占用内存的首字节地址。运行这个程序，显示如下结果：

```
Address of variable count = 462593981372
Value of variable count = 100
```

从运行结果可以看出，count 变量占用的 4 字节内存的首地址是 462593981372。一个新的问题是：能把这个地址保存下来吗？这就需要使用指针变量。

9.2 指针变量入门

可以使用指针变量保存其他变量的地址。指针变量也是一种变量，在使用指针变量之前需要先定义。

9.2.1 定义指针变量

可以定义专门用于保存其他变量地址的变量，也就是说，可以定义一种特殊类型的变量，称为指针变量，这种变量专门用于存储其他变量的地址。例如：

```
int count = 100;
int * p;
p = &count;
```

这段代码中，首先定义了一个 int 类型的变量并初始化它的值为 100，然后定义了指针变量 p，再在变量 p 中保存了变量 count 的地址。当 & 运算符用于某个变量前面时，表示获取这个变量占用的内存单元首字节的地址。定义指针变量的一般格式如下：

```
类型表示符    *变量名;
```

指针变量名与普通变量名没有任何区别，可以是任何合法的标识符；类型标识符指定了指针变量可以存储哪种类型的变量地址。例如，如果定义了下列几个变量：

```
int a;
float b;
int * p1;
float * p2;
```

那么如下语句是合法的：

```
p1 = &a;
p2 = &b;
```

因为指针变量 p1 只能存储 int 类型变量的地址，指针变量 p2 只能存储 float 类型变量的地址。但是如下语句是错误的：

```
p1 = &b;
```

或者

```
p2 = &a;
```

因为不能使用 int 类型的指针变量 p1 存储 float 类型变量的地址,反之亦然。

当一个指针变量中保存了其他某个变量的地址时,俗称指针变量指向了这个变量。例如,通过如下语句:

```
p1 = &a;
p2 = &b;
```

使得指针变量 p1 保存了变量 a 的地址,指针变量 p2 保存了变量 b 的地址,因此,称指针变量 p1 指向了变量 a,指针变量 p2 指向了变量 b。

9.2.2　取地址运算符 & 及其使用

如前所述,当 & 运算符用于某个变量前面时,表示获取这个变量占用的内存单元首字节的地址。& 运算符不仅可以获取简单变量的地址,例如上例中的 count 变量的地址,还可以获取数组元素存储单元的地址,例如下面的例子:

```
int age = 20;
float scores[10] = {85, 90, 89, 100, 99, 65, 78, 93, 90, 92};
int * pAge, * pp;
float * pScore;
pAge = &age;
pp = pAge;
pScore = &scores[8];
```

这段代码中定义了 int 类型变量 age 并初始化其值为 20,然后又定义和初始化了 scores 数组,最后定义了 3 个指针变量。使用如下语句:

```
pAge = &age;
pp = pAge;
```

使得指针变量 pAge 指向了 age 变量,然后又把指针变量 pAge 的值赋给了 pp 指针变量,意味着指针变量 pp 中也指向了变量 age。使用如下语句:

```
pScore = &scores[8];
```

在指针变量 pScore 中保存了数组 scores 的第 8 个元素占据的内存单元的首地址,因此,指针变量 pScore 指向了数组 scores 的第 8 个元素的地址。

9.2.3　取内容运算符 * 及其使用

与取变量地址运算符 & 相对应的,可以使用星号运算符 * 获取指针所指向的变量的值。注意,当星号 * 运算符用于指针变量前面时,其作用就是获取指针变量所指向的变量的值。看下面一个简单例子:

```
#include <stdio.h>

int main(void) {
    int age = 20;
    int * p;

    p = &age;
```

```
    printf("age = %d\n", age);
    printf("age = %d\n", * p);

    * p = 30;
    printf("age = %d\n", age);
    printf("age = %d\n", * p);

    return 0;
}
```

这个程序首先定义了 int 类型的变量 age 和 int 类型的指针变量 p，然后使用如下语句：

```
p = &age;
```

使指针变量 p 指向了变量 age，进而如下语句都将显示 age 变量的值：

```
printf("age = %d\n", age);
printf("age = %d\n", * p);
```

* p 就是获取指针变量所指向的变量的值，此处，就是 age 变量的值。如下语句将修改指针变量 p 所指向的变量的值：

```
* p = 30;
```

此处是将 age 的值修改为 30，因此，如下语句：

```
printf("age = %d\n", age);
printf("age = %d\n", * p);
```

将显示修改后的 age 变量的值，也就是 30。运行这个程序，显示如下结果：

```
age = 20
age = 20
age = 30
age = 30
```

9.2.4 指针的形象理解

指针变量存储的是另一个变量的地址，习惯上称某个指针指向了某个变量，为什么这么称谓呢？假设有如下语句：

```
int number = 20;
int * p = &number;
```

也就是使指针变量 p 指向了变量 number。由于指针变量也是变量，因此，也需要占用一定的内存单元。在 64 位的计算机上，由于地址都是 64 位的整数，因此，需要 64/8＝8(字节)的存储单元来保存变量的地址，也就是一个指针变量需要占用 8 个字节的存储单元。假设 number 变量占用的内存单元的首字节的地址为 3000，那么从存储器的视角看，指针变量 p 和普通变量 number 存在如图 9-1 所示关系。

因为 number 变量占用的存储单元的首字节的地址为 3000，又因为指针变量 p 保存了 number 的地址，因此，p 变量中存储了 3000 这个地址值，如图 9-1 所示，可以形象地理解为

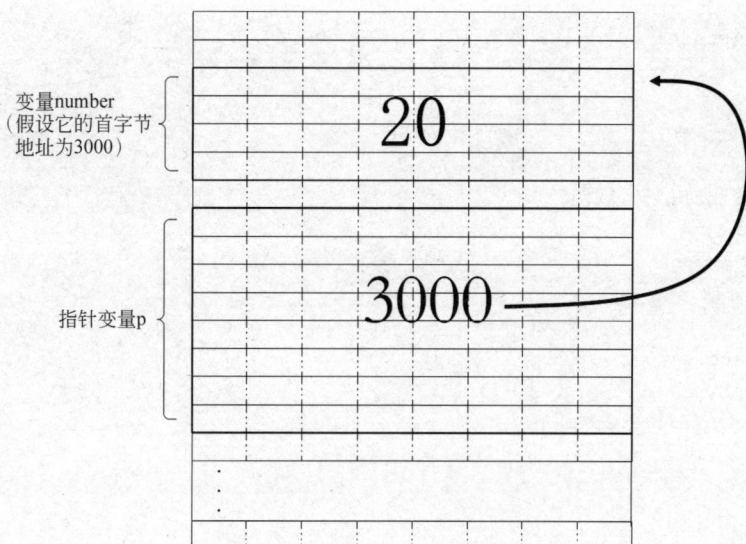

图 9-1　指针变量的形象理解

指针 p 指向了变量 number。另外，指针变量 p 与 number 变量之间的关系可用图 9-2 更为精简地表示出来。

图 9-2　指针变量 p 与变量 number 之间的关系的简单表示

指针的本质及其形象理解

9.3　指针与一维数组

C 语言中，数组和指针有着不可分割的紧密关系，通过指针操作数组，是常见的一种 C 语言编程工程实践。

9.3.1　指针与一维数组基础

本质上，数组名字就是数组占用的内存存储单元的首字节地址，也就是说，数组的名字就是一个地址，因此，可以将数组的名字赋值给指针变量，例如：

```
#include <stdio.h>

int main(void) {
```

```
        float scores[10] = {89, 92, 67, 85, 90, 99, 87, 85, 88, 90};
        float * p;

        p = scores;
        for (int i = 0; i < 10; i++) {
            printf("%7.2f", * p);
            p++;
        }
        printf("\n");

        p = &scores[0];
        for (int i = 0; i < 10; i++) {
            printf("%7.2f", p[i]);
        }

        return 0;
    }
```

这个程序首先定义并初始化了 scores 数组，然后通过如下语句使指针变量 p 指向了数组 scores 的首地址：

```
p = scores;
```

然后使用循环语句逐一显示数组元素的值。如下的语句显示了指针变量 p 当前所指向的变量的值：

```
printf("%7.2f", * p);
```

由于指针变量 p 当前指向了数组的第 0 个元素，因此，将显示 scores[0] 的值，也就是 89。然后使用如下语句使指针变量指向下一个元素：

```
p++;
```

注意：p++ 是将指针 p 指向下一个元素。可以这样解释为什么 p++ 会使指针变量 p 指向数组的下一个元素：如果对指针变量 p++ 的操作只是加 1，此时 p 所指向的地址是当前数组元素的第二个字节的地址，显然是不合理的，因此，C 语言使 p++ 指向数组的下一个元素是合情合理的。

在第一轮使用指针变量循环显示了数组 scores 的数据之后，指针 p 指向数组的最后一个元素的后面，也就是，此时指针 p 不再指向数组的合法元素地址，因此，再使用如下语句使指针指向数组 scores 的首地址：

```
p = &scores[0];
```

这条语句与"p=scores;"是完全等价的。之后，再在一个循环中显示数组的所有元素值。注意如下语句：

```
printf("%7.2f", p[i]);
```

其中，p[i] 等价于 *(p+i)，也就是获取了数组的第 i 个元素的值。因此，通过这个循环可以显示数组 scores 的所有元素的值。从这里可以发现：当一个指针变量指向数组的首元

素时,几乎可以像使用数组变量一样使用指针变量。运行这个程序,显示如下结果:

```
89.00   92.00   67.00   85.00   90.00   99.00   87.00   85.00   88.00   90.00
89.00   92.00   67.00   85.00   90.00   99.00   87.00   85.00   88.00   90.00
```

再来看一个类似的例子,这次将指针初始化指向数组的最后一个元素,然后以逆序显示数组所有元素的值:

```c
#include <stdio.h>

int main(void) {
    float scores[10] = {89, 92, 67, 85, 90, 99, 87, 85, 88, 90};
    float * p;

    p = &scores[9];
    for (int i = 0; i < 10; i++) {
        printf("%7.2f", * p);
        p--;
    }
    printf("\n");

    p = &scores[9];
    for (int i = 0; i < 10; i++) {
        printf("%7.2f", * (p-i));
    }

    return 0;
}
```

p++使指针 p 指向数组的下一个元素,与之类似,p--则使指针 p 指向数组元素的前一个元素;类似于 p[i]等价于 * (p+i), * (p-i)则是取距离当前元素之前第 i 个元素的值。运行这个程序,显示如下结果:

```
90.00   88.00   85.00   87.00   99.00   90.00   85.00   67.00   92.00   89.00
90.00   88.00   85.00   87.00   99.00   90.00   85.00   67.00   92.00   89.00
```

假设指针变量 p 已经初始化指向数组 array 的首地址,那么一维数组与指针的关系总结起来包括如下几点。

(1) p＝array 等价于 p＝&array[0]。

(2) * p 既等价于 array[0]又等价于 p[0]。

(3) * (p+i)既等价于 p[i]又等价于 array[i]。

(4) p+i 既等价于 &array[i]又等价于 array+i。

(5) 可以执行 p++操作,但是不能执行 array++操作,因为 p 是变量,而 array 是常量。

9.3.2　使用指针操作一维数组举例

使用指针不仅可以读取数组元素的值,还可以修改数组元素的值。

【例 9-1】　读取 10 个学生的成绩并计算最高分、最低分和平均分。这个例子演示如何使用指针修改数组元素的值。完整的程序代码如下：

```c
#include <float.h>
#include <stdio.h>

int main(void) {
    float scores[10];
    float max = -FLT_MAX, min = FLT_MAX, avr = 0;
    float *p = scores;

    for (int i = 0; i < 10; i++) {
        printf("Input score for student %d:", i+1);
        scanf("%f", p);
        if (*p > max) max = *p;
        if (*p < min) min = *p;
        avr += *p;
        p++;
    }
    avr /= 10;

    for (int i = 0; i < 10; i++) {
        printf("%-7.2f", array[i]);   //或者.printf("%-7.2f", *(array+i));
        p++;
    }
    printf("\nMax: %7.2f", max);
    printf("\nMin: %7.2f", min);
    printf("\nAverage: %7.2f", avr);

    return 0;
}
```

这个程序初始化 max、min 时用了一点小技巧：初始化 max 为最小的浮点数，可以保证后面所输入的任何成绩一定会大于这个初始化的数进而替换掉这个初始值；类似地，采用相似方式初始化 min。由于已经初始化指针变量 p 指向了数组 scores 的首地址，因此，当使用如下语句：

```c
scanf("%f", p);
```

通过指针读取成绩时，会把读取到的成绩保存到指针所指向的变量中。由于指针 p 指向了数组 scores 的元素，因此，会将读取到的数据保存到数组的相应元素中去。程序使用了以下语句计算最高分、最低分和总分：

```c
if (*p > max) max = *p;
0if (*p < min) min = *p;
avr += *p;
```

最后，通过一个循环显示所有成绩，以及最高分、最低分和平均分。运行这个程序，显示如下结果：

```
Input score for student 1:90
Input score for student 2:88
```

```
Input score for student 3:78
Input score for student 4:98
Input score for student 5:99
Input score for student 6:67
Input score for student 7:89
Input score for student 8:99
Input score for student 9:78
Input score for student 10:70
90.00  88.00  78.00  98.00  99.00  67.00  89.00  99.00  78.00  70.00
Max:    99.00
Min:    67.00
Average:   85.60
```

当然，也可以完全不用指针而是用数组完成这个程序要求的功能。

【例 9-2】　随机生成 10 个整数并保存到一个数组中，然后从小到大对数组元素进行排序后输出。完整的程序代码如下：

```
#include <stdio.h>
#include <stdlib.h>
#include <time.h>

int main(void) {
    int rm[10];

    srand(time(NULL));
    for (int i = 0; i < 10; i++) {
        rm[i] = rand() % 100;
        printf("%-5d", rm[i]);
    }
    printf("\n");

    int * p = rm;
    for (int i = 0; i < 9; i++) {
        for (int j = i+1; j < 10; j++) {
            if (p[j] < p[i]) {
                int t = p[i];
                p[i] = p[j];
                p[j] = t;
            }
        }
    }
    for (int i = 0; i < 10; i++) {
        printf("%-5d", rm[i]);
    }

    return 0;
}
```

这个程序先随机生成 10 个整数并输出，然后使用如下语句初始指针变量配置项数组的首地址：

```
int * p = rm;
```

一旦将指针变量 p 初始化为数组的首地址后，后续 for 循环完全像使用数组变量一样使用指针变量 p 访问数组的元素。运行这个程序，显示如下结果：

```
72   29   93   72   85   35   59   58   67   92
29   35   58   59   67   72   72   85   92   93
```

9.4　指针与二维数组

通过指针也可以操作二维数组甚至高维数组。不同于使用指针操作一维数组，使用指针操作二维数组稍显复杂。

9.4.1　指针与二维数组基础

与使用指针操作一维数组类似，在使用指针操作二维数组之前，需要将指针初始化为正确的值。看下面这个简单的例子。这个例子使用指针显示二维数组的所有元素值。完整的程序代码如下：

```
#include <stdio.h>

#define ROW 3
#define COL 4

int main(void) {
    int rm[ROW][COL];

    int count = 1;
    for (int i = 0; i < ROW; i++) {
        for (int j = 0; j < COL; j++) {
            rm[i][j] = count++;
        }
    }

    for (int i = 0; i < ROW; i++) {
        for (int j = 0; j < COL; j++) {
            printf("%-5d", rm[i][j]);
        }
        printf("\n");
    }
    printf("\n");

    int * p = &rm[0][0];        //或者 int * p = rm[0]，或者 int * p = (int *) rm
    for (int i = 0; i < ROW; i++) {
        for (int j = 0; j < COL; j++) {
            printf("%-5d", * (p+i * COL+j));
        }
        printf("\n");
    }
    printf("\n");
```

```
    p = &rm[0][0];
    for (int i = 0; i < ROW * COL; i++) {
        printf("%-5d", * (p+i));
        if ((i+1)%COL == 0) printf("\n");
    }

    return 0;
}
```

程序通过一个嵌套循环将 3 行 4 列二维数组的元素初始化为 1~12,并使用常规的二维数组方式显示数组的所有元素值。然后使用如下语句:

```
int * p = &rm[0][0];  //或者,int * p = rm[0];或者,int * p = (int *)rm;
```

定义并初始化了指针变量 p,使之指向二维数组 rm 的首地址。注意代码后面注释的描述说明,int * p = &rm[0][0]既等价于 int * p=rm[0],又等价于 int * p=(int *)rm。

注意如下语句使用了强制类型转换:

```
int * p = (int *)rm;
```

将 rm 强制转换为(int *)类型的指针。如果不使用强制类型转换,编译器会提示如下警告:

```
initialization of 'int * ' from incompatible pointer type 'int (*)[4]'
```

这个警告表明赋值时的类型不匹配:不能将类型 int（*）[4](rm 本质上是一个行指针常量)的变量赋值给 int * 类型的变量。由于已知 rm 是二维数组的首地址,在这种已知的前提下,可以使用这个强制类型转换解决编译器告警的问题。

现在指针 p 已经指向了二维数组 rm 的首地址,那么如何使用 p 访问 rm 数组元素呢?

在学习二维数组时介绍过,二维数组在内存中是以连续方式存储的。对于具有 3 行 4 列的 rm 二维数组而言,其在内存中的存储方式如图 9-3 所示。

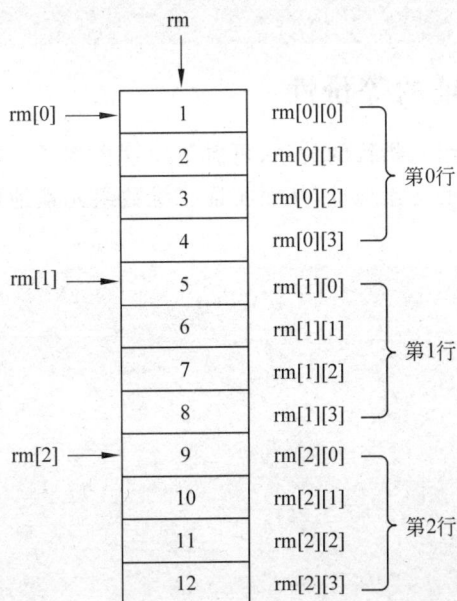

图 9-3　二维数组 rm 在内存中的存储方式

147

从图 9-3 可以看出，如果要使用指针 p 访问数组 rm 的第 i 行第 j 列的元素，那么应该使用表达式 p+i＊COL+j，这个表达式所表示的指针就指向了第 i 行第 j 列的元素。因此，如果 p 指向了数组的首地址，那么如下代码可以显示数组的所有元素：

```c
for (int i = 0; i < ROW; i++) {
    for (int j = 0; j < COL; j++) {
        printf("%-5d", * (p+i * COL+j));
    }
    printf("\n");
}
```

类似地，如下代码也可以显示数组的所有元素：

```c
p = &rm[0][0];
for (int i = 0; i < ROW * COL; i++) {
    printf("%-5d", * (p+i));
    if ((i+1)%COL == 0) printf("\n");
}
```

运行这个程序，显示如下结果：

```
1    2    3    4
5    6    7    8
9    10   11   12

1    2    3    4
5    6    7    8
9    10   11   12

1    2    3    4
5    6    7    8
9    10   11   12
```

9.4.2 二维数组地址的等价性

为了深入理解二维数组与指针的关系，再看下面这个例子。这个例子采用简单的方式从不同侧面获取二维数组的元素地址，从而实证二维数组元素地址之间的等价性。完整的程序代码如下：

```c
#include <stdio.h>

#define ROW 6
#define COL 4

int main(void) {
    int rm[ROW][COL] = {{1,2,3,4}, {5,6,7,8}, {9,10,11,12},
        {13,14,15,16},{17,18,19,20}, {23,24,25,26}};

    printf("Value of rm: %p\n", rm);
    printf("Value of rm[0]: %p\n", rm[0]);
```

```
    printf("Value of &rm[0][0]: %p\n\n", &rm[0][0]);

    printf("Value of rm[1]: %p\n", rm[1]);
    printf("Value of &rm[1][0]: %p\n", &rm[1][0]);
    printf("Value of (int *) rm+1 * 4+0: %p\n\n", (int *) rm+1 * 4+0);

    printf("Value of rm+4: %p\n", rm+4);
    printf("Value of &rm[4][0]: %p\n", &rm[4][0]);

    return 0;
}
```

程序先定义并初始化一个 6 行 4 列的二维数组,然后采用不同的方式获取数组不同方面的地址,以验证地址的等价性。因为数组名字存储的就是数组的首地址,rm[0]是数组的第 0 行的首地址,同时,&rm[0][0]获取的是二维数组第 0 行第 0 列的元素的地址,因此,它们应该是等价的,所以以下代码将显示 rm 数组的首地址:

```
    printf("Value of rm: %p\n", rm);
    printf("Value of rm[0]: %p\n", rm[0]);
    printf("Value of &rm[0][0]: %p\n\n", &rm[0][0]);
```

因为 rm[1]是二维数组第 1 行的首地址,&rm[1][0]获取的是二维数组第 1 行第 0 列元素的地址,并且(int *)rm+1 * 4+0 在将 rm 地址强制转换为普通 int * 指针后再偏移 4 个元素,也就是二维数组第 1 行第 0 列元素的地址,因此,这些地址应该是等价的,所以代码将显示 rm 数组的第 1 行的首地址:

```
    printf("Value of rm[1]: %p\n", rm[1]);
    printf("Value of &rm[1][0]: %p\n", &rm[1][0]);
    printf("Value of (int *) rm+1 * 4+0: %p\n\n", (int *) rm+1 * 4+0);
```

因为 rm 本质上是行指针,因此,rm+4 将指向二维数组的第 4 行的首地址,&rm[4][0]获取了第 4 行第 0 列的元素的地址,因此,它们也应该是等价的,所以代码将显示二维数组第 4 行第 0 列的首地址:

```
    printf("Value of rm+4: %p\n", rm+4);
    printf("Value of &rm[4][0]: %p\n", &rm[4][0]);
```

在 printf()函数中的%p 格式符表示以十六进制地址形式显示数据,由于在 64 位机器上运行,所以地址是 64bits。运行这个程序,显示如下结果:

```
Value of rm: 0000005724bff730
Value of rm[0]: 0000005724bff730
Value of &rm[0][0]: 0000005724bff730

Value of rm[1]: 0000005724bff740
Value of &rm[1][0]: 0000005724bff740
Value of (int *) rm+1 * 4+0: 0000005724bff740

Value of rm+1 * 4+0: 0000005724bff770
Value of &rm[4][0]: 0000005724bff770
```

9.5　指针与字符数组和字符串

可以定义字符指针变量,使之指向一个字符变量,或者指向字符数组的任一个元素,或者指向一个字符串常量。

9.5.1　指向字符变量的指针

字符是一种数据类型,当然可以定义指向字符变量的指针。例如,下面的代码定义一个字符指针变量,并使之指向了一个字符变量,然后使用 printf() 函数显示这个字符:

```
char c = 'A';
char * p = &c;
printf("%c\n", * p);
```

也可以使用字符指针接收用户输入的字符,例如,如下程序:

```
#include <stdio.h>

int main(void) {
    char c;
    char * p = &c;

    printf("Input a char:");
    scanf("%c", p);
    printf("char input is: %c\n", c);

    return 0;
}
```

提示用户输入一个字符,然后使用 scanf() 函数接收用户输入的字符并显示。运行这个程序,输入字符 A,显示如下结果:

```
Input a char:A
char input is: A
```

9.5.2　指向字符数组元素的指针

可以定义一个指针变量使之指向字符数组的任意元素。例如,下面的程序定义一个字符数组,然后定义了两个字符指针分别指向数组的不同元素:

```
#include <stdio.h>

int main(void) {
    char ss[] = {'H', 'e', 'l', 'l', 'o'};
    char *p = ss, *q = &ss[2];

    printf("%c\n", * p);
    printf("%c\n", * q);
```

```
    printf("%s\n", p);
    printf("%s\n", q);

    return 0;
}
```

程序定义并初始化了一个字符数组,然后定义了两个字符指针 p 和 q 分别指向数组的首地址和第 2 个元素,最后使用 printf() 函数显示字符或者字符串。运行这个程序,显示如下结果:

```
H
l
Hello_x001D_鸽 t
llo_x001D_鸽 t
```

没有悬念的,能够正确显示指针 p 和指针 q 所指向的元素字符'H'和'l',但是,当使用 printf() 函数把 p 和 q 所指向的字符数组作为字符串显示时出现了乱码。其原因在于,字符数组 ss 保存的并不是字符串,因为缺少了末尾的二进制 0。现在修改代码如下:

```
#include <stdio.h>

int main(void) {
    char ss[] = {'H', 'e', 'l', 'l', 'o', 0};
    char *p = ss, *q = &ss[2];

    printf("%c\n", *p);
    printf("%c\n", *q);
    printf("%s\n", p);
    printf("%s\n", q);

    printf("distance between p and q: %lld\n", q - p);

    return 0;
}
```

修改了对字符数组 ss 的初始化,在其末尾加上了二进制的 0,同时,添加了一行代码,用于显示指针 p 和指针 q 之间的距离。运行这个程序,显示如下结果:

```
H
l
Hello
llo
distance between p and q: 2
```

9.5.3　指向字符串常量的指针

在前面的章节介绍过,所谓字符串常量,就是用双引号包围起来的一串字符。使用字符串常量可以初始化字符数组,也可以初始化一个字符指针。例如下面的代码:

```
#include <stdio.h>

int main(void) {
    char ss[] = "Hello, world!";
    char * p = "How do you do?";

    printf("%s\n", ss);
    printf("%s\n", p);

    return 0;
}
```

程序使用了两个字符串常量分别初始化字符数组 ss 和字符指针 p。虽然从样式上看二者差不多，但是，本质上使用字符串常量初始化字符数组和初始化字符指针是完全不同的：使用字符串常量初始化字符数组时，是将字符串中的字符分别存入字符数组的相应元素中；而使用字符串常量初始化字符指针，则是先将字符串常量保存到程序内存的数据区（data area）的某个位置，然后将这个位置的首地址保存到指针中。运行这个程序，结果正如预期：

```
Hello, world!
How do you do?
```

为了加强对字符串常量初始化字符指针的理解，再看一个简单例子。这个例子将指针所指向的字符串复制到字符数组中。完整的程序代码如下：

```
#include <stdio.h>

int main(void) {
    char ss[100];
    char * p = "How do you do?";

    int count = 0;
    char * q = p;
    while ( * q != 0) {
        ss[count] = * q;
        q++;
        count++;
    }
    printf("%s\n", ss);
    printf("%s\n", p);

    return 0;
}
```

程序中使用如下语句：

```
char * q = p;
```

使指针 q 和 p 都指向字符串常量，然后通过操作指针 q 将字符串常量复制到 ss 字符数组中。运行这个程序，显示了预期的结果：

152

9.6 案例：二维数组排序

第 5 章的课后练习，要求随机生成一个 10 行 10 列的元素值范围为 0～99 的二维数组，然后对这个二维数组按行优先进行升序排序。基于指针与二维数组的关系，可以利用指针完成二维数组数据的排序。

1. 案例目标

由于二维数组的特殊性，对二维数组数据进行排序是一件比较麻烦的工作。本案例要求使用快速方法完成二维数组的排序。

2. 案例分析

对于这个程序，如果使用指针来操作二维数组，就可以较为简单和轻松地完成对二维数组元素的排序。具体做法是：定义一个普通的 int * 类型的指针变量并初始化，使之指向二维数组的首地址，由于二维数组在内存中是以连续方式存储的，因此，通过指针将二维数组作为一维数组看待，进而可以像排序一维数组一样来排序二维数组。

3. 案例实施

基于以上的分析，完整的程序代码如下：

```
#include <stdio.h>
#include <stdlib.h>
#include <time.h>

#define ROW 10
#define COL 10

int main(void) {
    int rm[ROW][COL];

    srand(time(NULL));
    for (int i = 0; i < ROW; i++) {
        for (int j = 0; j < COL; j++) {
            rm[i][j] = rand() % 100;
            printf("%d\t", rm[i][j]);
        }
        printf("\n");
    }
    printf("\n");

    int * p = &rm[0][0];
    for (int i = 0; i <ROW * COL-1; i++) {
        for (int j = i+1; j < ROW * COL; j++) {
            if (p[i] > p[j]) {
```

```
                int temp = p[i];
                p[i] = p[j];
                p[j] = temp;
            }
        }
    }
    for (int i = 0; i < ROW; i++) {
        for (int j = 0; j < COL; j++) {
            printf("%d\t", rm[i][j]);
        }
        printf("\n");
    }

    return 0;
}
```

运行这个程序，显示如下结果：

39	28	7	31	79	54	80	68	11	83
82	98	85	65	61	63	1	51	82	6
23	77	13	71	50	90	32	61	16	55
52	82	34	6	47	27	82	99	94	9
67	1	48	92	97	9	94	38	88	90
88	89	77	96	52	88	87	98	30	67
84	10	44	82	57	49	70	64	53	2
80	96	32	11	35	63	23	5	30	59
48	43	62	68	28	2	8	62	95	7
57	46	51	53	58	76	35	69	70	24
1	1	2	2	5	6	6	7	7	8
9	9	10	11	11	13	16	23	23	24
27	28	28	30	30	31	32	32	34	35
35	38	39	43	44	46	47	48	48	49
50	51	51	52	52	53	53	54	55	57
57	58	59	61	61	62	62	63	63	64
65	67	67	68	68	69	70	70	71	76
77	77	79	80	80	82	82	82	82	82
83	84	85	87	88	88	88	89	90	90
92	94	94	95	96	96	97	98	98	99

9.7　课后练习：字符串逆转

从键盘输入一个字符串并保存到字符数组中，然后通过指针完成对这个字符串数据的逆序输出。要求：不能改变原字符数组的值，并且不能进行字符串的靠内操作，只能使用指针完成对字符串的逆序输出。

第 10 章 指 针 进 阶

因为指针是一种数据类型,因此可以定义指针类型数组变量,可以定义二级乃至多级指针,可以作为函数的形参,也可以作为函数的返回值。指针与动态内存分配也有着紧密的联系。本章对指针的进阶内容进行介绍。

10.1 指针数组和二级指针

指针可以定义指针数组,还可以定义二级甚至多级指针。

10.1.1 指针数组

可以像定义其他数据类型,如 int 类型、float 类型的数组一样,定义指针数组。定义指针数组就是一次性定义了多个指针。例如:

```
#include <stdio.h>

int main(void) {
    int count = 100, age = 20, year = 2025, distance = 1290;
    int * pa[4];

    pa[0] = &age;
    pa[1] = &year;
    pa[2] = &distance;
    pa[3] = &count;
    for (int i = 0; i < 4; i++) {
        printf("%d\n", * pa[i]);
    }

    return 0;
}
```

程序定义 4 个 int 类型的变量并初始化它们,然后定义了包含 4 个元素的 int 类型的指针数组 pa,并初始化元素分别指向 age、year、distance 和 count,最后使用 printf() 函数显示各个指针所指向的变量的值。运行这个程序,显示如下结果:

```
20
2025
1290
100
```

C 语言中定义指针数组的一般形式如下：

数据类型 * 数组名[数组长度];

定义指针数组与定义其他类型的数组相似，只是在数组名的前面需要加上表示指针变量的星号即可。

下面举几个指针数组的例子，以加强对指针数组的理解和实践中应用。这个例子要求输入 5 个学生的名字，然后按字母序升序排序后输出。完整的程序代码如下：

```c
#include <stdio.h>
#include <string.h>

int main(void) {
    char names[5][16];
    char * ps[5];

    for (int i = 0; i < 5; i++) {
        printf("Please enter name for person no. %d:\n", i+1);
        gets(names[i]);
        ps[i] = names[i];
    }
    printf("Before sort.\n");
    for (int i = 0; i < 5; i++) {
        printf("%s\n", ps[i]);
    }
    printf("====================================\n");

    for (int i = 0; i < 5-1; i++) {
        for (int j = i+1; j < 5; j++) {
            if (strcmp(ps[i], ps[j]) > 0) {
                char *p = ps[i];
                ps[i] = ps[j];
                ps[j] = p;
            }
        }
    }
    printf("After sort.\n");
    for (int i = 0; i < 5; i++) {
        printf("%s\n", ps[i]);
    }

    return 0;
}
```

程序定义了 5 行 40 列的二位字符数组 names 用以保存 5 个人的名字，定义了有 5 个元素的字符指针数组 ps。通过循环提示用户输入 5 个人的名字。假设用户输入的 5 个人的名字分别是 zhang san、bill gates、mister rich、li si、wang wu，那么，此时 names 字符数组和 ps 指针数组的数据如图 10-1 所示。

经过第一轮排序，也就是当 i 为 0 时，经过排序后，names 字符数组和 ps 指针数组的数据如图 10-2 所示。

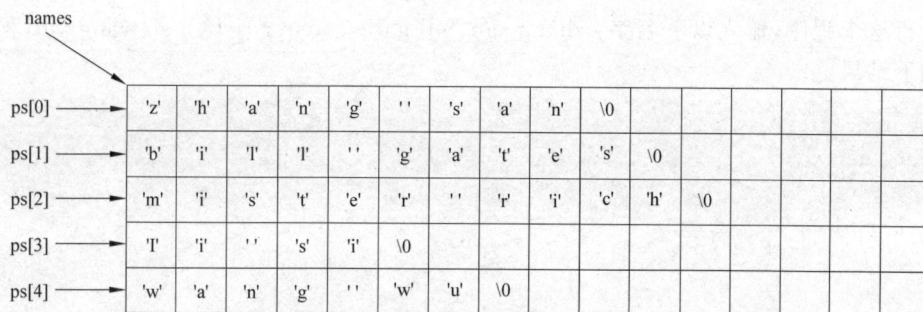

图 10-1　输入名字后 names 字符数组和 ps 指针数组的数据示意图

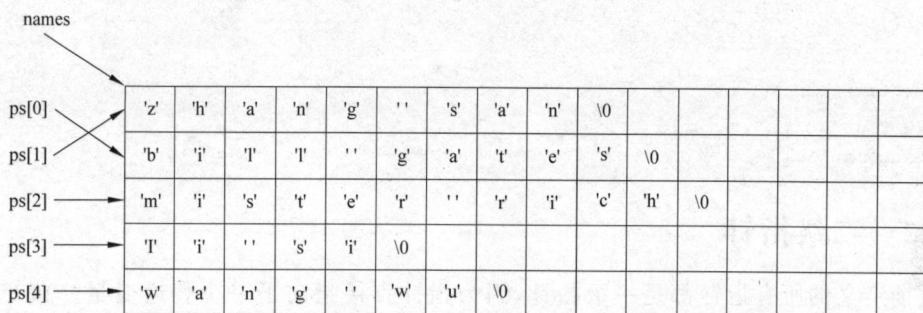

图 10-2　经过第一轮排序后 names 字符数组和 ps 指针数组的数据示意图

在第一轮中,由于"bill gates"是最小的字符串,因此,ps[0]将指向这个最小的字符串;当完成第二轮排序后,names 字符数组和 ps 指针数组的数据如图 10-3 所示。

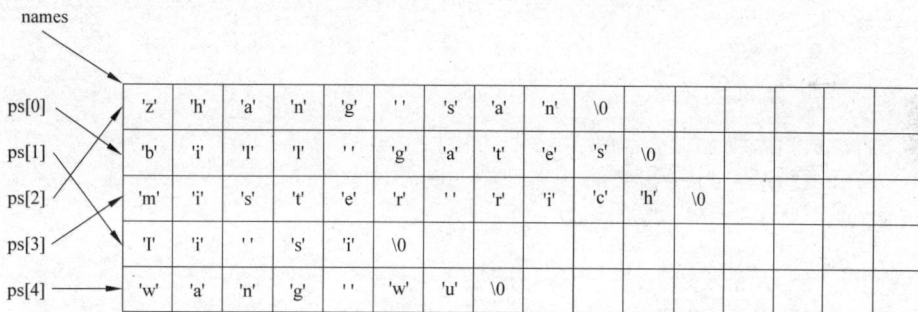

图 10-3　经过第二轮排序后 names 字符数组和 ps 指针数组的数据示意图

以此类推,当完成排序后,names 字符数组和 ps 指针数组的数据如图 10-4 所示。

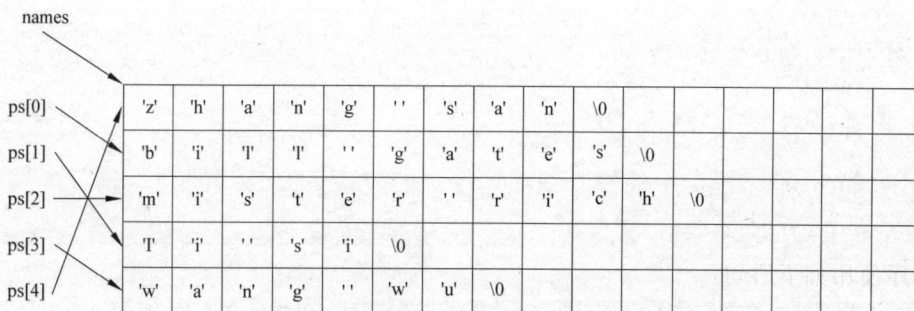

图 10-4　完成排序后 names 字符数组和 ps 指针数组的数据示意图

运行这个程序,输入以下名字: zhang san、bill gates、mister rich、li si、wang wu,程序将显示如下结果:

```
Before sort.
zhang san
bill gates
mister rich
li si
wang wu
===================================
After sort.
bill gates
li si
mister rich
wang wu
zhang san
```

10.1.2　二级指针

之前定义的所有指针都是一级指针,因为指针直接指向了一个普通变量。在 C 语言中,还可以定义指向指针变量的指针,这样的指针称为二级指针或多级指针,例如:

```c
#include <stdio.h>

int main(void) {
    int age = 20;
    int * p = &age;
    int * * p2 = &p;

    printf("age = %d\n", age);
    printf("* p = %d\n", * p);
    printf("**p2 = %d\n", **p2);

    * p = 21;
    printf("age = %d\n", age);
    printf("* p = %d\n", * p);
    printf("**p2 = %d\n", **p2);

    **p2 = 22;
    printf("age = %d\n", age);
    printf("* p = %d\n", * p);
    printf("**p2 = %d\n", **p2);

    return 0;
}
```

程序使用如下语句:

```c
int **p2 = &p;
```

定义了一个二级指针 p2 并初始化,使之指向指针变量 p,之后,使用不同的方式显示了 age 变量的值。运行这个程序,显示如下结果:

```
age = 20
* p = 20
**p2 = 20
age = 21
* p = 21
**p2 = 21
age = 22
* p = 22
**p2 = 22
```

C 语言中,定义二级指针的一般格式如下:

类型标识符 **指针变量名;

类似地,定义三级指针的一般格式如下:

类型标识符 *** 指针变量名;

理解和使用二级及以上的指针变量具有一定的难度,可以利用图像形象理解二级及多级指针。例如,对于上例中的指针 p 和 p2,可以参考图 10-5 形象地理解二级及多级指针变量。

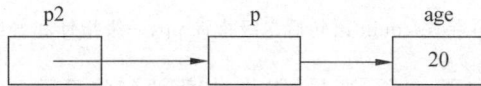

图 10-5　形象地理解二级指针及多级指针

再看一个二级指针应用的例子。这个例子通过二级指针修改一级指针变量所指向的普通变量,类似这种情况是二级指针应用的主要场景:

```c
#include <stdio.h>

int main(void) {
    int age = 20;
    int count = 100;
    int * p = &age;
    int **pp = &p;

    printf("* p = %d\n", * p);
    printf("**pp = %d\n", **pp);

    * pp = &count;
    printf("* p = %d\n", * p);
    printf("**pp = %d\n", **pp);

    return 0;
}
```

程序定义两个 int 类型的变量 age 和 count 并分别初始化为 20 和 100,然后定义一级指针 p 指向 age，同时定义二级指针 pp 指向一级指针 p，此时，二级指针 pp、一级指针 p 和普通变量 age 之间的关系如图 10-6 所示。

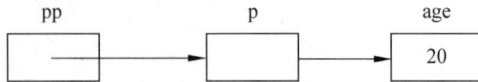

图 10-6　二级指针 pp、一级指针和普通变量 age 的关系

此时，如下语句将显示 age 变量的值：

```
printf("*p = %d\n", *p);
printf("**pp = %d\n", **pp);
```

当如下语句被执行后：

```
*pp = &count;
```

二级指针 pp、一级指针 p 和普通变量 age 之间的关系如图 10-7 所示。

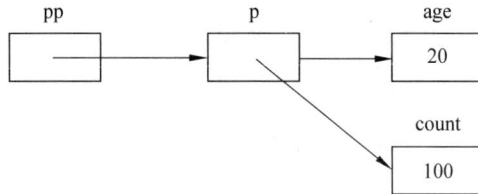

图 10-7　执行 *pp = &count 语句后二级指针 pp、一级指针和普通变量 age 的关系

此时，一级指针 p 指向了 count 变量，因此，如下语句将显示 count 变量的值：

```
printf("*p = %d\n", *p);
printf("**pp = %d\n", **pp);
```

运行这个程序，显示如下结果：

```
*p = 20
**pp = 20
*p = 100
**pp = 100
```

10.2　指针与函数

指针作为一种数据类型，当然可以参与到函数的相关应用中，包括作为函数的参数、作为函数的返回值，甚至可以用指针变量保存函数代码的起始地址。

10.2.1　指针作为函数参数

函数调用中实参和形参的数据传递，都是以传值方式进行的，也就是任何时候，函数都是将实参的值复制一份到形参中，因此，函数中对形参的修改是不可能传回到实参中去的。例如：

```
#include <stdio.h>

int modify(int v) {
    printf("Origin: %d\n", v);
    if ((v % 2) == 1)
        v = v * 2;
    else
        v = v * 3;
    printf("Modified in function: %d\n", v);

    return 0;
}

int main(void) {
    int a = 100;

    modify(a);
    printf("Variable a in main in function: %d\n", a);

    return 0;
}
```

modify() 函数首先显示了形参 v 的值,然后根据参数 v 的奇偶性赋予不同的值,之后再次显示形参 v 的值。在 main() 函数中,以参数 a 为 100 调用了 modify() 函数;由于在调用 modify() 函数时只是将 main() 函数定义的变量 a 的值复制一份到 modify() 函数的形参 v 中,因此,modify() 函数对形参的任何修改都不能传回到 main() 函数的变量 a 中,因此,main() 函数中的变量 a 的值仍然是 100。运行这个程序,显示如下结果:

```
Origin: 100
Modified in function: 300
Variable a in main function: 100
```

从运行结果可以看出,在 modify() 函数中形参 v 的值确实发生了变化,但是,main() 函数中的变量 a 的值保持不变。

现在的问题是:如果确实需要将函数中修改的值反映到实参中,该怎么做呢?回答是使用指针。针对上面这个例子,现在需要将在 modify() 函数中修改的形参的值并反映到实参中,修改代码如下:

```
#include <stdio.h>

int modify(int * p) {
    printf("Origin: %d\n", * p);
    if ((* p % 2) == 1)
        * p = (* p) * 2;
    else
        * p = (* p) * 3;
```

```
        printf("Modified in function: %d\n", * p);

        return 0;
    }

    int main(void) {
        int a = 100;

        modify(&a);
        printf("Variable a in main in function: %d\n", a);

        return 0;
    }
```

由于 modify()函数的形参是指针,因此,在调用 modify()
函数时,会将实参的地址复制到形参中。例如,main()函数中
对 modify()函数的调用,本质上是将变量 a 的地址传递到形参
p 中,如图 10-8 所示。

图 10-8 形参 p 指向了实参 a

由于形参 p 指向实参 a,因此,在函数中对 p 所指向的变量的任何修改将直接反映到实
参 a 中。运行这个程序,显示如下结果:

```
Origin: 100
Modified in function: 300
Variable a in main in function: 300
```

再看两个例子。

【例 10-1】 随机生成 10 个整数,要求通过一个函数找出所有的素数并返回给主调
函数。

分析:要求编写一个函数,这个函数判断一个有 10 个元素的数组中的每个元素是否是
素数并返回给主调函数。显然,数组中素数的个数是不确定的,因此,可以考虑使用一个具
有 10 个元素的数组作为形参。当原数组中对应的整数是素数时,设置相应的元素值为 1,
否则为 0。完整的程序代码如下:

```
#include <stdio.h>
#include <stdlib.h>
#include <time.h>

#define TOTAL 10

int prime(int element) {
    if (element < 2)
        return 0;
    for (int i = 2; i < element/2; i++) {
        if (element % i == 0) return 0;
    }
    return 1;
}

int prime_for_array(int * data, int * judgement, int n) {
```

```
    int count = 0;

    for (int i = 0; i < n; i++) {
        * judgement = prime( * data);
        count += * judgement;
        judgement++;
        data++;
    }

    return count;
}

int main(void) {
    int source[TOTAL], result[TOTAL] = {0};

    srand(time(NULL));
    for (int i = 0; i < TOTAL; i++) {
        source[i] = rand() % 1000 + 100;
        printf("%-6d", source[i]);
    }
    printf("\n");

    int count = prime_for_array(source, result, TOTAL);
    printf("There are %d prime number in source. They are:\n", count);
    for (int i = 0; i < TOTAL; i++) {
        if (result[i] == 1) {
            printf("%-6d",source[i]);
        }
    }

    return 0;
}
```

函数 prime_for_array()有 3 个形参：第一个指针参数指向要判断元素是否为素数的原始数组；第二个指针参数指向保存判断结果的数组；第 3 个参数指示数组的大小。由于前两个参数都是指针，因此，通过它们对数据的修改直接反映到实参数据中，也就是，通过 judgement 形参可以将素数判断结果在主调函数中可见。运行这个程序，显示如下结果：

```
331   86    408   297   142   701   472   835   451   916
There are 2 prime number in source. They are:
331   701
```

当指针指向数组后，完全可以像操作数组元素一样操作指针。因此，prime_for_array()也可以采用如下方式实现：

```
int prime_for_array(int * data, int * judgement, int n) {
    int count = 0;

    for (int i = 0; i < n; i++) {
        judgement[i] = prime(data[i]);
```

```
            count += judgement[i];
    }

    return count;
}
```

【例 10-2】 接收用户输入一个字符串，然后利用函数统计字符串中的大写字母、小写字母、数字字符、其他字符的个数，并返回给主调函数。

分析：可以使用一个字符数组存储用户输入的字符串。由于需要统计字符串中的大写字母、小写字母、数字字符、其他字符的个数，可以考虑使用指针参数在函数中修改实参的值。完整的程序代码如下：

```
#include <stdio.h>

int statistics(char * str, int * A, int * a, int * number, int * other) {
    * A = 0; * a = 0; * number = 0; * other = 0;
    while (* str != 0) {
        if ((* str >= '0') && (* str <= '9'))
            * number = * number + 1;
        else if ((* str >= 'A') && (* str <= 'Z'))
            * A = * A + 1;
        else if ((* str >= 'a') && (* str <= 'z'))
            * a = * a + 1;
        else
            * other = * other + 1;
        str++;
    }
    return 0;
}

int main(void) {
    char ss[100];
    int letters_A, letters_a, num, oth;

    printf("Enter string:");
    gets(ss);
    statistics(ss, &letters_A, &letters_a, &num, &oth);
    printf("The number of digits in the string is: %d\n", num);
    printf("The number of capital letters in the string is: %d\n", letters_A);
    printf("The number of lowercase letters in the string is: %d\n", letters_a);
    printf("The number of other in the string is: %d\n", oth);

    return 0;
}
```

statistics()函数有 5 个形参：形参 str 指向原始字符串，之后的 4 个指针形参所指向的目标分别用于存储统计结果，因为是指针形参，因此，函数对这个 4 个形参所指向的目标数据的改变将直接反映到实参。运行这个程序，输入一个字符串，显示如下结果：

164

```
Enter string:How do you do ? OK, Hello $ 123a&
The number of digits in the string is: 3
The number of capital letters in the string is: 4
The number of lowercase letters in the string is: 14
The number of other in the string is: 12
```

10.2.2　指针作为函数返回值及 nullptr 空指针的使用

指针作为一种数据类型,也可以作为函数的返回值类型。一般地,将指针作为函数返回值类型的一般形式如下:

```
类型标识符 * 函数名(函数形参列表) {
    语句体;
}
```

例如,下面的例子根据参数值返回不同的问候语,问候语是一个由指针指向的字符串常量。完整的程序代码如下:

```c
#include <stdio.h>

char * greeting(int number) {
    char * greetings[] = {
        "Hello, world!",
        "How do you do?",
        "I am fine, thank you.",
        "It is a good day."
    };
    if (number < 0 || number > 3)
        return nullptr;
    return greetings[number];
}

int main(void) {
    int which;

    printf("Enter a number between 0 and 3:");
    scanf("%d", &which);
    char * g = greeting(which);
    if (g != nullptr)
        printf("%s\n", greeting(which));
    else
        printf("%s\n", "Invalid parameter");

    return 0;
}
```

在 greeting()函数中,使用指针数组 greetins 保存了 4 个字符串常量的地址。特别强调一下,字符串常量是保存在程序的数据区域中的,因此,这几个字符串常量不会因为函数的运行结束而导致它们从内存中清除,只要程序仍在运行,这几个字符串常量始终是非法的,所以,greeting()根据参数返回的地址是合法的。

还要注意到，主调函数传递的参数可能会小于 0 或者大于 3，也就是不在合法的范围内，此时，greeting()函数应该返回一个值以告知主调函数这一情况：函数可以返回 nullptr 以表示这种非法的情况。nullptr 本质上就是 0，表示空指针。特别地，如果一个函数以指针作为返回值，而又不能返回一个正常指针时，可以返回 nullptr 以表示某种超过预期的情况发生。然后在主调函数（这里是 main()函数）中检查函数的返回值是否为 nullptr，以明确是否发生了超过预期的情况。运行这个程序，显示如下的结果：

```
Enter a number between 0 and 3:2
I am fine, thank you.
```

基于 C 语言编译器支持的 C 语言标准不同，也可以使用 NULL 表示空指针。NULL 与 nullptr 本质上是等价的。

再看一个例子，这个例子要求用户输入 5 个字符串，并把输入的字符串保存到字符串二维数组中，然后调用函数计算这 5 个字符串的最大者并返回给主调函数。

```c
#include <stdio.h>
#include <string.h>

char * max_string(char * ss[], int n) {
    char * max = ss[0];
    for (int i = 1; i < n; i++) {
        if (strcmp(max, ss[i]) < 0)
            max = ss[i];
    }

    return max;
}

int main(void) {
    char str[5][20];
    char * pp[5] = {str[0], str[1], str[2], str[3], str[4]};

    for (int i = 0; i < 5; i++) {
        printf("Please input a string:");
        gets(pp[i]);
    }
    char * m = max_string(pp, 5);
    printf("%s\n", m);

    return 0;
}
```

在 main()函数中定义了一个二维字符数组 str，用于存储 5 个用户输入的字符串，并且定义了一个字符指针数组 pp，分别指向这个 5 个字符数组。然后通过 for 循环读入用户输入的 5 个字符串，再调用 max_string()函数计算这 5 个字符串中的最大者。max_string()函数的第一个参数是一个指针数组，指针数组的每个指针都指向一个字符串。运行这个程序，输入相应的字符串，显示如下结果：

```
Please input a string:Hello, world.
Please input a string:how do you do ?
Please input a string:Fine, thank you.
Please input a string:Happy new year.
Please input a string:bye bye.
how do you do ?
```

10.2.3 函数指针变量及其应用

如前所述,当计算机运行一个 C 语言程序时,会为程序创建代码区用于存储程序代码,数据区用于存储程序全局变量数据、静态数据、常量数据等,栈区用于为运行中的函数中定义的局部变量提供存储空间,堆区用于为动态分配内存提供空间。既然程序的代码是以函数的形式存在并且是存储在代码区的,那么,每个函数都应该有一个起始地址。果真如此吗?看下面的例子:

```
# include <stdio.h>

int add(int a, int b) {
    int c = a + b;
    return c;
}

int main(void) {
    printf("Returned value of function add(1, 2): %d\n", add(1, 2));
    printf("We can also get the starting address of function add! \n");
    printf("Starting address of function add: %p\n", add);

    return 0;
}
```

这个例子非常简单:定义了一个函数 add(),然后在 main()函数显示相关信息。注意如下语句:

```
printf("Starting address of function add: %p\n", add);
```

该语句可以显示 add()函数在代码区的起始地址:函数名就表示函数在代码区的起始地址。运行这个程序,显示如下结果:

```
Returned value of function add(1, 2): 3
We can also get the starting address of function add!
Starting address of function add: 00007ff775a91634
```

现在的问题是:可以像将变量地址保存到指针变量中一样,将函数的地址保存到变量中吗?回答是可以。

为了保存函数的起始地址,需要定义一种特殊类型的变量,称为函数指针变量。例如,为了定义用于保存 add()函数起始地址的函数指针变量,修改上例的代码如下:

```
# include <stdio.h>

int add(int a, int b) {
```

```
        int c = a + b;
        return c;
    }

    int main(void) {
        printf("Returned value of function add(1, 2): %d\n", add(1, 2));
        printf("We can also get the starting address of function add! \n");
        printf("Starting address of function add: %p\n", add);

        int ( * fp)(int a, int b);
        fp = add;
        printf("Value in variable: %p\n", fp);

        return 0;
    }
```

其中有如下一句非常奇怪的语句：

```
int ( * fp)(int a, int b);
```

这条语句定义了一个函数指针变量 fp，这个变量可以指向函数原型具有如下格式的函数：

```
int ×××(int a, int b);
```

也就是返回值为 int 类型，并且具有两个 int 类型参数的函数，其中的 ××× 表示可以是任何具有满足这些条件的函数，函数名字不重要。运行这个程序，显示如下结果：

```
Returned value of function add(1, 2): 3
We can also get the starting address of function add!
Starting address of function add: 00007ff7ffae1634
Value in variable: 00007ff7ffae1634
```

从运行结果可以看出，fp 保存的就是 add() 函数的地址。

从这个例子可以看出，可以定义函数指针变量并可以保存函数的地址。一般地，定义函数指针变量的一般形式如下：

```
类型标识符 ( * 函数指针变量名)(函数原型的形参列表);
```

一旦定义和初始化了函数指针变量，可以像调用函数一样通过函数指针变量调用指定的函数。看下面的例子：

```
#include <stdio.h>

int add(int a, int b) {
    int c = a + b;
    return c;
}

int sub(int a1, int a2) {
    return a1 - a2;
```

```
}

int mul(int b1, int b2) {
    return b1 * b2;
}

int main(void) {
    int (*fp)(int a, int b);
    fp = add;
    printf("Return value of fp(1, 2) when fp = add: %d\n", fp(1, 2));
    fp = sub;
    printf("Return value of fp(10, 2) when fp = sub: %d\n", fp(10, 2));
    fp = mul;
    printf("Return value of fp(10, 2) when fp = mul: %d\n", fp(10, 2));

    return 0;
}
```

程序首先定义了 3 个函数：add()、sub()、mul()，然后在 main()函数中定义了函数指针变量 fp。注意，fp 只能指向这样的函数：返回值为 int，并且具有两个 int 类型的参数。运行这个程序，显示如下结果：

```
Return value of fp(1, 2) when fp = add: 3
Return value of fp(10, 2) when fp = sub: 8
Return value of fp(10, 2) when fp = mul: 20
```

10.3　动态内存分配

有时程序需要使用的内存空间是不能预先确定的。例如，要编写一个计算学生考试平均成绩的程序。一般的做法是将学生的成绩保存到数组中，可是由于事先不了解学生的人数，没法定义数组的大小。对于这种情况，可以使用动态分配内存技术实现。

10.3.1　动态内存分配入门

先通过一个简单的例子对动态内存分配的使用有一个入门性了解。这个例子要求先输入学生人数，根据学生人数动态创建数组以保存学生成绩，再输入每个学生的成绩，并计算平均分。完整的程序代码如下：

```
#include <stdio.h>
#include <stdlib.h>

int main(void) {
    int n;

    printf("Enter number of students:");
    scanf("%d", &n);

    int * pscores;
```

```
    int ave = 0;
    pscores = (int *)malloc(n * sizeof(int));
    for (int i = 0; i < n; i++) {
        printf("Enter score for student No. %d:", i + 1);
        scanf("%d", &pscores[i]);
        ave += pscores[i];
    }
    printf("Average score is: %d", ave/n);
    free(pscores);

    return 0;
}
```

程序首先提示用户输入学生人数，然后根据输入的学生人数使用如下语句：

```
pscores = (int *)malloc(n * sizeof(int));
```

向系统动态申请可以存储 n 个 int 类型整数的空间，并使用指针 pscores 指向了这片空间的首地址，如图 10-9 所示。

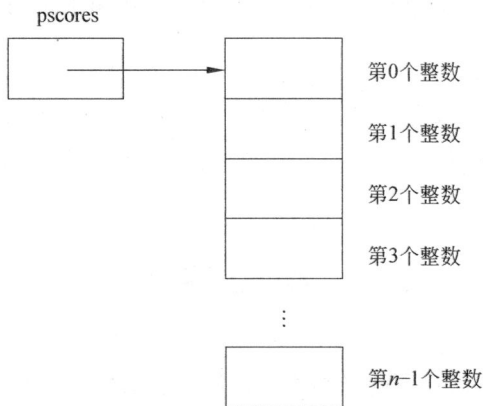

图 10-9　指针 pscores 指向了动态分配空间

由于 pscores 指向了可以保存 n 个 int 类型整数的存储空间，因此，* pscores 将返回第 0 个元素中的整数，*(pscores+1)或者 pscores[1]将返回第 1 个元素中的整数，以此类推。所以，如下代码将输入 n 个整数到 pscores 所指向的存储空间中：

```
for (int i = 0; i < n; i++) {
    printf("Enter score for student No. %d:", i + 1);
    scanf("%d", &pscores[i]);
    ave += pscores[i];
}
```

已经输入了学生的成绩，可以先计算总分，再计算平均分并显示出来。此时，程序已经完成了所有功能，必须释放使用 malloc()函数动态申请的内存空间，否则会导致内存泄漏。内存泄漏是使用动态内存分配时最容易出现的错误。程序使用如下语句释放之前动态申请的内存空间：

```
free(pscores);
```

现在运行这个程序，输入成绩，显示如下结果：

```
Enter number of students:4
Enter score for student No. 1:86
Enter score for student No. 2:89
Enter score for student No. 3:92
Enter score for student No. 4:80
Average score is: 86
```

10.3.2 动态内存申请及释放库函数

C 语言标准库函数提供了动态申请内存和释放内存的库函数，其中，malloc()函数和 calloc()函数用于申请指定大小的内存空间，free()函数用于释放由 malloc()函数和 calloc()函数申请的空间。这些函数的原型均在 stdlib.h 中，因此，需要在程序中包含如下头文件：

```
#include <stdlib.h>
```

malloc()函数是最为常用的动态内存分配函数，用于申请一块连续的指定大小的内存块区域，并且返回申请得到的内存的首地址。如果不能申请得到需要的内存，则返回 nullptr，表示没有内存可用。malloc()函数的返回值类型是 void * ，程序中需要将它强制转换为需要的目标类型。malloc()函数的原型如下：

```
void * malloc(unsigned int numOfBytes);
```

其中，参数 numOfBytes 指明要申请的内存的字节数。例如，下面的语句动态申请可以保存 100 个 float 类型数据的内存空间，并将这片内存空间的首地址保存到指针 p 中：

```
float * p = malloc(100 * sizeof(float));
if (p == nullptr) {
    printf("Not enough memory for you!");
    return;
}
```

calloc()申请分配所需的内存空间，并返回一个指向它的 void * 类型的指针。malloc() 和 calloc()非常类似，它们之间的不同点是：malloc()不会设置内存为零，而 calloc()会设置分配的内存为零。

calloc()函数的原型如下：

```
void * calloc(size_t nitems, size_t size);
```

其中，参数 nitems 指明要被分配的元素个数，size 指明每个元素的大小。也就是申请分配 nitems * size 个字节的空间。例如，下面的例子申请分配 100 个 float 类型的空间：

```
float * p = calloc(100, sizeof(float));
if (p == nullptr) {
    printf("Not enough memory for you!");
    return;
}
```

free()函数用于释放由 malloc()、calloc()等动态分配函数分配的内存。当动态分配的内存不再需要时，调用 free()函数可以避免内存泄漏，确保程序有效地管理内存。

free()函数的原型如下：

```
void free(void * ptr);
```

参数 ptr 指针指向一个要释放内存的内存块，该内存块之前是通过调用 malloc、calloc 进行内存分配的。如果传递的参数是一个空指针，则不会执行任何动作。

10.3.3　动态内存申请应用举例

【例 10-3】　使用动态内存分配。

这个例子要求用户输入一个整数，然后程序根据输入的整数随机生成一个具有指定字符个数的字符串。

分析：由于需要生成一个用户指定个数字符的随机字符串，可以根据用户输入的整数动态分配其所需的内存空间。注意，申请内存空间时需要多申请一个一个字节的空间用于存储字符串末尾的二进制 0。根据输入的整数，利用 for 循环和随机数生成器生成所需的字符：ASCII 码值从 32 到 126 都是合法的字符。完整的程序代码如下：

```c
#include <stdio.h>
#include <stdlib.h>
#include <time.h>

int main(void) {
    int n;

    printf("Enter number of characters:");
    scanf("%d", &n);

    char * p = (char *)malloc((n+1) * sizeof(char));
    if (p == nullptr) {
        printf("Memory allocation error\n");
        return 1;
    }
    srand(time(nullptr));
    for (int i = 0; i < n; i++) {
        p[i] = rand() % (126-32) + 32;
    }
    p[n] = 0;
    printf("String generated is: %s\n", p);
    free(p);

    return 0;
}
```

运行这个程序，输入 30，显示如下结果：

```
Enter number of characters:30
String generated is: DtS7c_4K * kdR3T=>CFtbI'[9"$F<(R
```

10.4　带参数的 main()函数

如前所述,main()函数是 C 语言的程序入口函数,main()函数的原型有两种形式:其一,int main(void),也就是返回值为 int,用不带参数的 main()函数,之前所有的例子程序均采用了这种 main()函数作为入口。其二,int main(int argc, char ＊ argv[]),也就是返回值为 int,用具有两个参数的 main()函数。它的第一个参数 argc 是 int 类型,指明调用 main()函数时的参数个数;第二个参数 argv 是一个字符指针数组,指明调用 main()函数时具体的参数。

10.4.1　在命令行终端执行程序

之前所开发的所有 C 语言程序例子,都是直接在集成开发环境 CLion 中单击"运行"按钮来运行的。除了这种运行 C 语言程序的方式外,还可以在命令行终端中运行 C 语言程序。为了便于描述如何在命令行终端执行 C 语言程序,在 CLion 中新建一个名称为 ch1010 的 C 语言可执行程序工程,如图 10-10 所示。

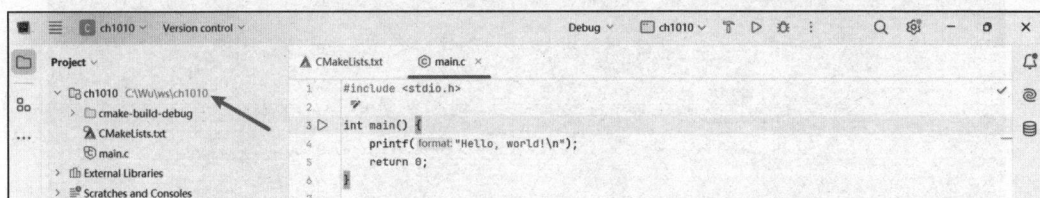

图 10-10　新建的 ch1010 程序工程

要在命令行终端执行这个程序,首先需要生成这个程序的可执行文件(也称为可执行程序),为此,在 CLion 界面中选择 Build →Build Project 命令,如图 10-11 所示。

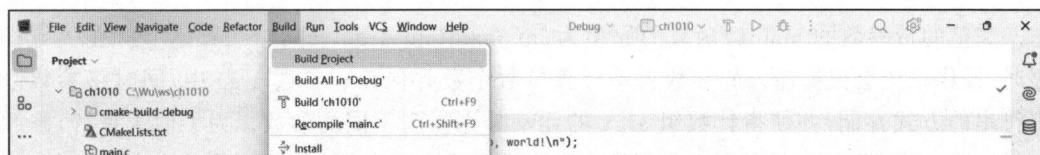

图 10-11　生成 C 语言程序的可执行程序

然后进入命令行终端时会注意到:这个程序工程的主目录是 C:/Wu/ws/ch1010。打开命令行终端,进入工程主目录后,再进入 cmake-build-debug 子目录,如图 10-12 所示。

注意其中的 ch1010.exe,这是程序工程 ch1010 经过编译和连接后生成的可执行程序。在命令行终端输入 ch1010.exe(后缀名.exe 可以省略),运行这个程序,如图 10-13 所示。

显示的"Hello,World!"正是程序的运行结果,该运行结果与在 CLion 中的运行结果是一样的。

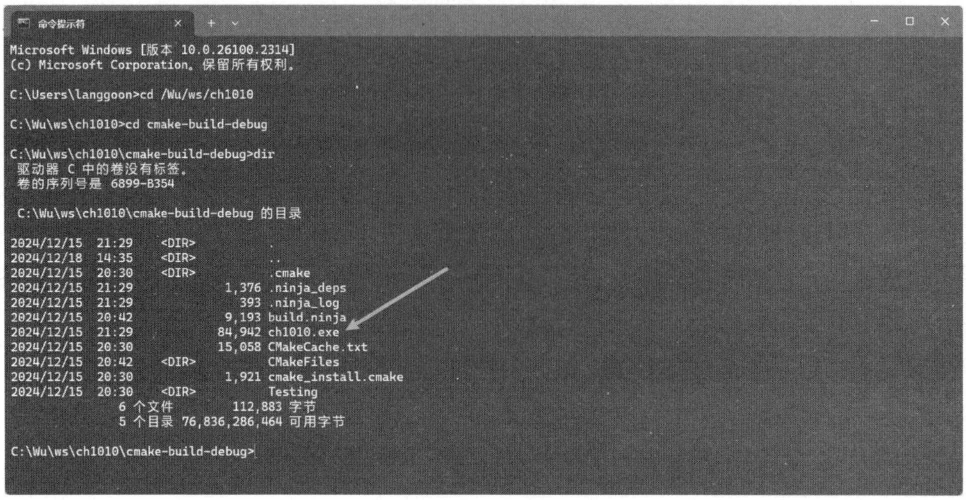

图 10-12　命令行终端

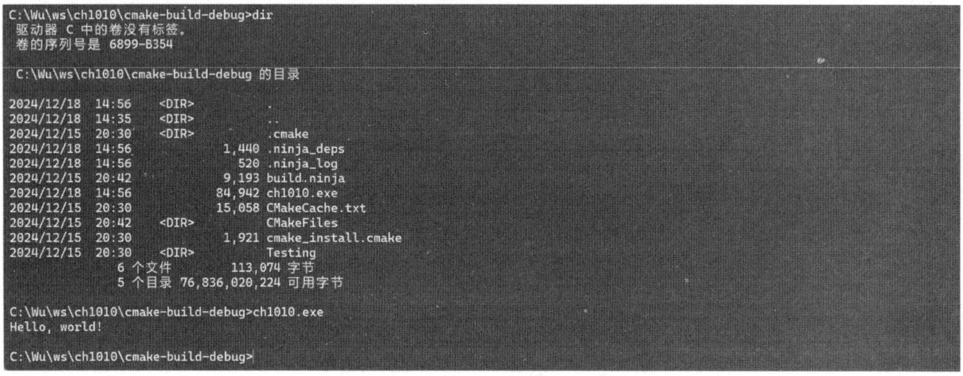

图 10-13　运行 ch1010.exe 程序

10.4.2　带参数的 main( )函数的参数含义及其使用

完整的带参数的 main( )函数的原型为 int main(int argc，char ＊ argv[])。在执行程序时，操作系统会根据输入的参数自动计算参数个数并保存到参数 argc 中，同时将参数以字符串的方式存储，并使指针数组 argv 的元素分别指向不同的参数。为了便于理解，修改 ch1010 程序代码，使之显示在命令行输入的命令的个数，同时显示输入的各个参数字符串。完整的程序代码如下：

```
#include <stdio.h>
int main(int argc, char * argv[]) {
    printf("Hello, world! \n");
    printf("Number of arguments: %d\n", argc);
    for (int i = 0; i < argc; i++) {
        printf("Argument no. %d: %s\n", i+1, argv[i]);
    }

    return 0;
}
```

在命令行终端输入 ch1010 hello 100 ok，显示如图 10-14 所示的结果：

图 10-14　运行带参数的 ch1010 程序

从运行结果可以看出，在命令行总数有 4 个参数，分别是 ch1010、hello、100、ok，因此，参数个数和作为参数的字符串都是把程序名本身包含在内的[把命令本身作为一个参数对待，这一点有点奇怪，其实也可以理解：把应用程序名称作为参数提供给 main() 函数，使程序可以在 main() 函数中做一些类似日志记录相关操作]。

也可以用 CLion 运行带参数的程序，具体做法是选择 ch1010→Edit Configuration 命令，如图 10-15 所示。

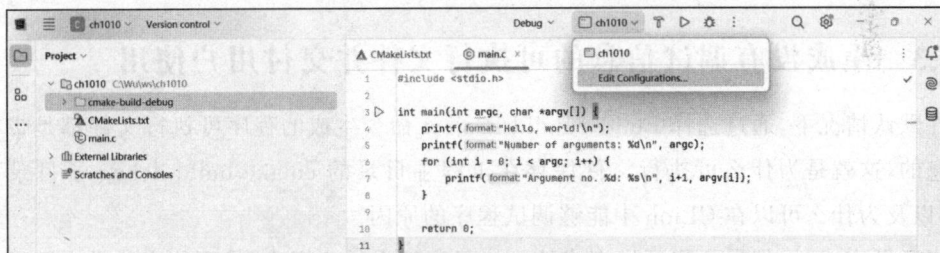

图 10-15　打开程序并运行命令行参数的界面

将出现如图 10-16 所示的界面，在 Program arguments 中输入程序参数，单击 OK 按钮。

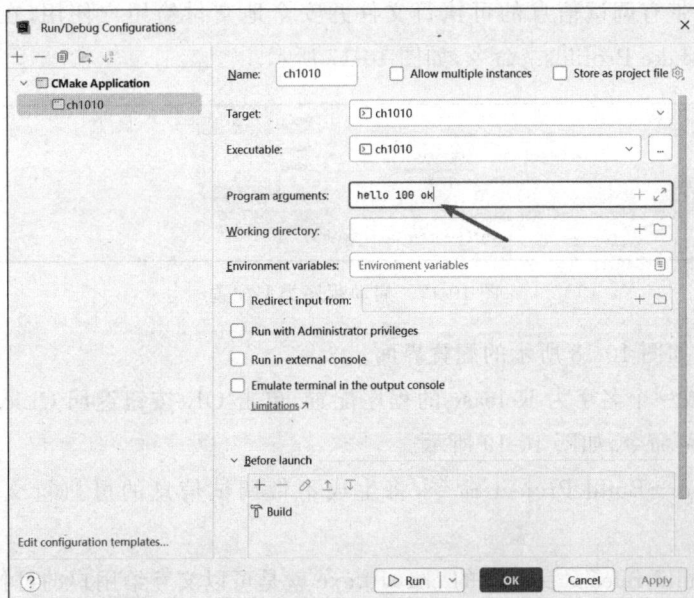

图 10-16　为程序提供参数

此时，在 CLion 中运行这个程序，将显示如下结果：

```
Hello, world!
Number of arguments: 4
Argument no. 1: C:\Wu\ws\ch1010\cmake-build-debug\ch1010.exe
Argument no. 2: hello
Argument no. 3: 100
Argument no. 4: ok
```

除了 Argument no. 1 外，其他各项运行结果完全一致。因为 CLion 是以全路径的方式启动并运行程序的，所以本质上与在终端命令行运行这个程序是一致的。

在命令行运行程序以及带参数的 main() 函数

10.4.3　生成没有调试信息的可执行文件并交付用户使用

在默认情况下，通过选择 Build→Build Project 命令生成的程序可执行文件都是带有调试信息的，这就是为什么可执行文件保存在工程主目录的 cmake-build-debug 子目录下的原因，以及为什么可以在 CLion 中能够调试程序的原因。

当开发完成时，如果要将开发完成的可执行程序交付给用户，是不能交付带有调试信息的可执行程序的，因为：其一，带有调试信息的可执行文件会导致文件比较大；其二，带有调试信息的可执行文件会泄露程序设计信息，导致知识产权泄密。

为了生成不带有调试信息的可执行文件并安全地交付给用户使用，在 CLion 中选择 Debug→Edit CMake Profiles…命令，如图 10-17 所示。

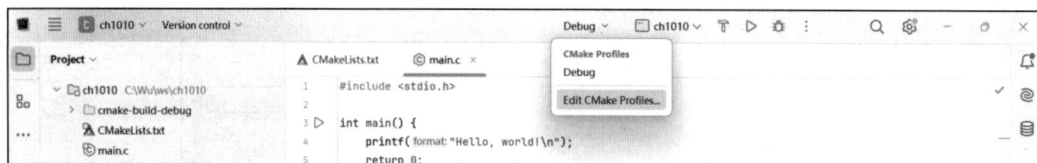

图 10-17　启动程序类型配置

此时将显示如图 10-18 所示的配置界面。

此时，将生成一个名字为 Release 的程序配置，单击 OK 按钮返回 CLion 主界面，选择 Degbug→Release 命令，如图 10-19 所示。

再选择 Build→Build Project 命令，将生成不带调试信息的可执行文件，如图 10-20 所示。

在 cmake-build-release 目录下的 ch1010.exe 就是可以交互给用户的可执行文件。

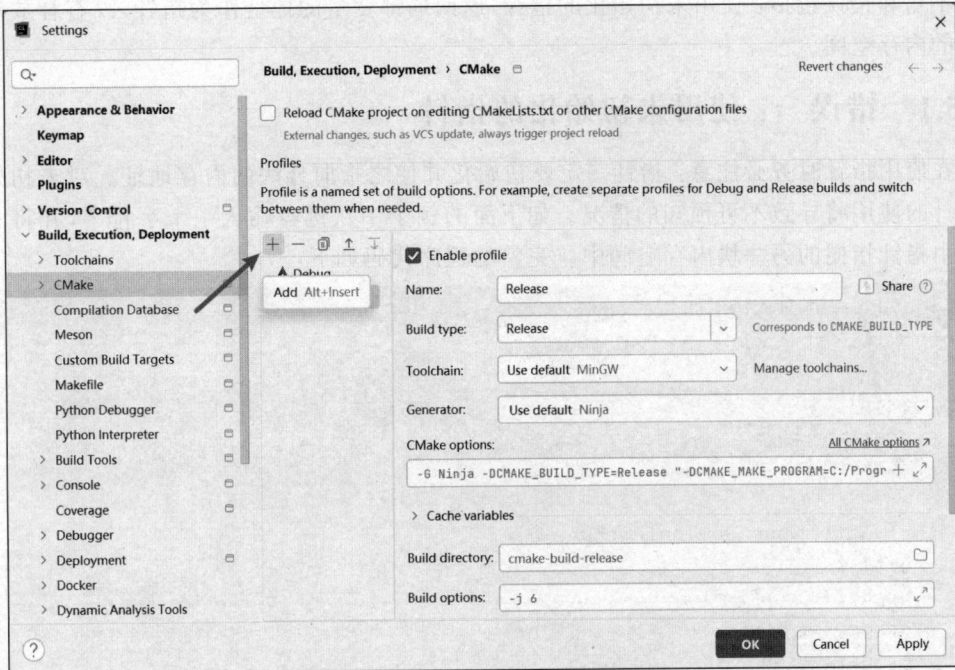

图 10-18　创建 Release 版本程序的配置

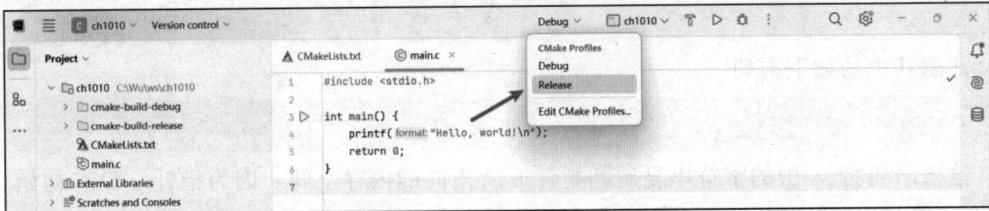

图 10-19　选择 Release 命令

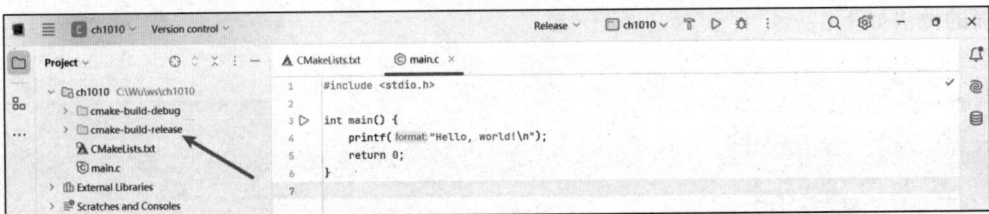

图 10-20　生成不带调试信息的可执行目录以及文件

10.5　指针使用中常见错误

指针是 C 语言中最为灵活的编程技术手段之一，能够灵活驾驭和使用指针，可以设计优雅高效的程序。但是，对指针的不当和错误使用会给程序乃至系统带来不可预知的后果。下面对常见的对指针的不当使用进行介绍，以便程序设计实践中避免类似错误发生。这些常见不当和错误包括：使用未初始化的指针，返回局部变量的地址作为指针，没有释放动态申请的内存空间。

10.5.1 错误一：使用未初始化的指针

在使用指针时务必注意：指针一定要初始化并使之指向合法的内存地址。对未初始化的指针的使用将导致不可预知的情况。如下面的例子中从键盘输入一个字符串，并将它复制到由指针指向的另一块内存空间中。完整的程序代码如下：

```
#include <stdio.h>
#include <string.h>

int main(void) {
    char ss[100];
    char * p;

    printf("Input something:");
    gets(ss);
    printf("%s\n", ss);
    strcpy(p, ss);
    printf("%s\n", p);

    return 0;
}
```

注意其中的如下语句：

```
strcpy(p, ss);
```

这条语句将 ss 中的字符串复制到指针 p 所指向的内存空间。因为指针 p 没有初始化，因此，可能指向任何内存空间，将 ss 复制到指针 p 所指向的内存，可能破坏其他程序的数据乃至代码，从而导致不可预知的情况发生。因为对指针 p 没有初始化，称指针 p 为野指针。正确的做法如下：

```
#include <stdio.h>
#include<stdlib.h>
#include <string.h>

int main(void) {
    char ss[100];
    char * p = (char *)malloc(100);   //d 对指针 p 初始化
    if (p == nullptr) {
        printf("Not enough space\n");
        return 1;
    }

    printf("Input something:");
    gets(ss);
    printf("%s\n", ss);
    strcpy(p, ss);
```

```
    printf("%s\n", p);
    free(p);

    return 0;
}
```

使用动态分配内存初始化指针 p,在使用完指针 p 后,还需要使用 free()函数释放动态
申请的空间。

10.5.2　错误二:返回局部变量的地址作为指针

所谓返回局部变量指针,就是把在函数内部定义的变量的地址作为指针返回给主调函
数。这是一种较为常见的错误,并且这种错误非常隐蔽且难以发现。看下面的例子,这个例
子在函数中随机生成一个字符串并返回给主调函数。

```
#include <stdio.h>
#include <stdlib.h>

char * random_string(int length) {
    char str[100];
    if ((length <= 0) || (length >= 100)) {
        return nullptr;
    }

    for (int i = 0; i < length; i++) {
        str[i] = rand() % 26 + 'a';
    }
    str[length] = '\0';

    return str;
}

int main(void) {
    char * s = random_string(20);
    printf("%s\n", s);

    return 0;
}
```

random_string()函数返回随机生成的字符串。由于 str 字符数组是在 random_string()
函数中定义的局部变量,是在程序的栈区自动分配的,当 random_string()函数运行结束时,
这个数组的空间将被自动收回,因此,当函数返回后,str 变量的空间是不存在的。所以,在
main()函数中使用如下语句:

```
printf("%s\n", s);
```

会显示 s 所指向的空间是不可预知的空间,程序也会发生不可预知的情况。正确的做
法是为 str 动态分配空间,代码如下:

```
#include <stdio.h>
#include <stdlib.h>

char * random_string(int length) {
    if (length <= 0) {
        return nullptr;
    }

    char * str = (char *)malloc(length + 1);
    if (str == NULL) {
        return nullptr;
    }

    for (int i = 0; i < length; i++) {
        str[i] = rand() % 26 + 'a';
    }
    str[length] = '\0';

    return str;
}

int main(void) {
    char * s = random_string(20);
    printf("%s\n", s);
    free(s);

    return 0;
}
```

10.5.3 错误三：没有释放动态申请的内存空间

使用动态申请函数如 malloc()、calloc()函数申请的空间必须使用 free()函数进行释放，否则会导致内存泄漏，这是动态使用内存空间的基本要求。

10.6 案例：自制运算器

本节通过编写一个具有一定程度综合性的例子，对本章以及前面章节的知识内容进行综合运用。

1. 案例目标

从命令行接收命令和命令参数，进行基本的算术运算和三角计算。

其一，可以进行基本算术运算，包括＋、－、＊、/。例如：

```
compute 12 + 43
```

此时程序应该显示这两数的和。又如：

```
compute 12 * 10
```

此时程序应该显示这两数的乘积。

其二,可以进行基本三角运算,包括 sin、cos、tan、ctan。例如:

```
compute sin 20
```

此时程序应该显示 sin(20)的值。

2. 案例分析

程序需要完成基本的算术运算和基本三角运算,关键问题有两个:其一,要从命令行接收参数,并根据参数决定执行何种运算。可以观察到:在执行基本算术运算时,参数的个数是 4 个(注意,命令行参数的个数是将命令本身包括在内的);而在执行三角运算时,参数的个数是 3 个。其二,需要将从命令行接收的参数,从字符串转换为数值类型,这可以通过 C 语言标准库提供的 atoi()、atol()、atof()函数完成。

3. 案例实施

基于以上对程序功能及实现方式的分析,完成后的代码如下:

```c
#include <complex.h>
#include <math.h>
#include <stdio.h>
#include <stdlib.h>
#include <string.h>

float arithmetic(float pa1, char * op, float pa3) {
    if (strcmp("+", op) == 0) {
        return pa1 + pa3;
    }
    else if (strcmp("-", op) == 0) {
        return pa1 - pa3;
    }
    else if (strcmp("*", op) == 0) {
        return pa1 * pa3;
    }
    else if (strcmp("/", op) == 0) {
        return pa1 / pa3;
    }
    else
        return 0;
}

double triangle(char * func, double pa2) {
    if (strcmp("sin", func) == 0) {
        return sin(pa2);
    }
    else if (strcmp("cos", func) == 0) {
        return cos(pa2);
    }
```

```
        else if (strcmp("tan", func) == 0) {
            return tan(pa2);
        }
        else if (strcmp("asin", func) == 0) {
            return ctan(pa2);
        }
        else
            return 0;
}

int main(int argc, char * argv[]) {
    if ((argc != 3) && (argc != 4)) {
        printf("Command error;\n");
        return -1;
    }

    if (argc == 4) {
        float param1 = atof(argv[1]), param3 = atof(argv[3]);
        float r = arithmetic(param1, argv[2], param3);
        printf("%.2f %s %.2f = %.2f\n", param1, argv[2], param3, r);
    }
    else {
        double param2 = atof(argv[2]);
        double r = triangle(argv[1], param2);
        printf("%s(%.2f) = %.2f\n", argv[1], param2, r);
    }

    return 0;
}
```

进入命令行终端运行相关命令，如图 10-21 所示。

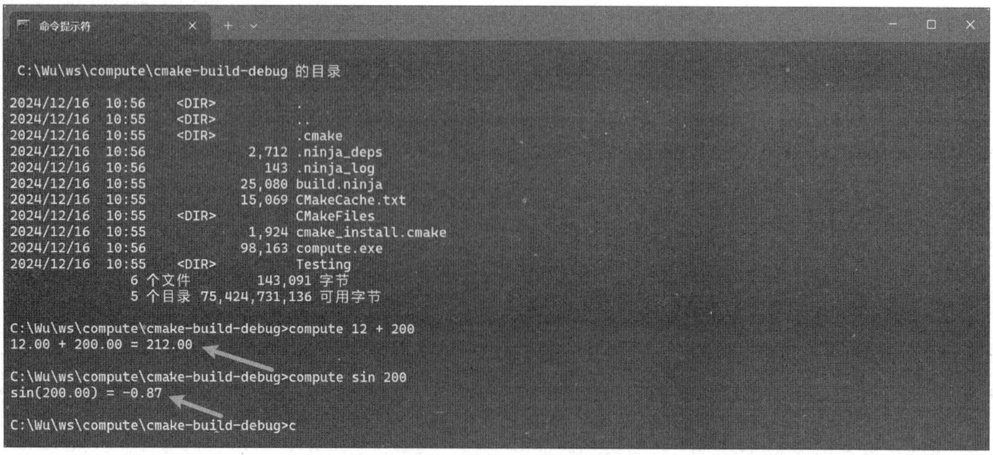

图 10-21 案例程序的运行效果

10.7 课后练习：小字符串连接成大字符串

编写一个程序,这个程序从命令行接收任意多个字符串,然后将这些字符串连接成一个长字符串并输出。

提示:由于无法事先了解有多少个字符串,并且也不了解每个字符串的长度,因此,需要使用动态分配内存技术完成这个程序:使用 main() 函数的 argc 和 argv 参数。

第11章 结 构 体

在编程实践中,经常需要定义和使用具有复合属性的变量。例如,定义一个能够描述学生信息的变量,定义一个能够描述汽车信息的变量等。为了能够描述这种复合属性变量,C语言提供了结构体类型定义机制。本质上,结构体是一种技术机制,通过这种技术机制,程序设计者可以定义自己的数据类型。结构体技术从根本上扩展了C语言变量的表达能力。本章对C语言的结构体进行介绍。

11.1　结构体入门

考虑这样一种场景:现在需要定义一个能够描述学生基本信息的变量。显然,一个学生答题包括如下基本信息:学号、姓名、年龄、就读学校、入学成绩等,另外,C语言没有提供一个数据类型可以描述学生的基本信息。虽然C语言没有提供这样一个数据类型,但是,C语言提供的结构体技术机制允许程序开发者自己定义新的称为结构体的数据类型。例如,为了描述学生的基本信息,可以定义如下一种新的数据类型:

```
struct Student {
    int num;
    char name[20];
    int age;
    char school[100];
    float score;
};
```

通过如上代码,程序定义了一种属于自己的新的称为 Student 的结构体数据类型。已经定义了的这个新的数据类型的地位,与C语言基本数据类型如 int、float 等是完全等同的,也就是可以基于这个新的数据类型定义变量,代码如下:

```
struct Student stu01;
```

这条语句定义了一个名称为 stu01 的结构体类型的变量 struct Student。由于结构体类型的变量 stu01 中具有多个属性,包括 num、name[20]、age、school[100]、score,为了访问这些属性且不至于造成混乱,C语言提供了点"."运算符。例如,为了将 20 赋值给 stu01 变量的 age 属性,需要使用如下语句:

```
stu01.age = 20;
```

类似地,可以使用如下语句赋值 stu01 变量的 num 学号为 1000 及 name 姓名为 zhangsan:

```
stu01.num = 1000;
strcpy(stu01.name, "zhangsan");
```

还可以使用如下输入语句输入 stu01 变量的 score 属性值和 school 属性值:

```
scanf("%f", &stu01.score);
scanf("%s", stu01.school);
```

具备了这些结构体的基本知识,下面编写一个简单地使用结构体的完整例子。这个例子定义了一个称为 struct Student 的结构体,然后基于这个结构体类型定义了名字为 stu01、stu02 的变量,并通过键盘输入信息到 stu01 变量的各个属性中,最后显示结构体变量的各个属性值。完整的程序代码如下:

```c
#include <stdio.h>

struct Student {
    int num;
    char name[20];
    int age;
    char school[100];
    float score;
};

int main(void) {
    struct Student stu01, stu02;

    printf("Enter student number:");
    scanf("%d", &stu01.num);
    printf("Enter student name:");
    scanf("%s", stu01.name);
    printf("Enter student age:");
    scanf("%d", &stu01.age);
    printf("Enter student school:");
    scanf("%s", stu01.school);
    printf("Enter student score:");
    scanf("%f", &stu01.score);

    stu02 = stu01;

    printf("Student info:\n");
    printf("num = %d\n", stu01.num);
    printf("name = %s\n", stu01.name);
    printf("age = %d\n", stu01.age);
    printf("school = %s\n", stu01.school);
    printf("score = %f\n", stu01.score);

    return 0;
}
```

程序首先定义了结构体类型的变量 struct Student，将结构体的定义放置在函数外面，则允许这个结构体可以在其他函数中使用。在 main() 函数中，定义两个 struct Student 的变量 stu01 和 stu02，然后通过键盘输入信息到 stu01 变量的各个属性中，之后使用如下语句：

```
stu02 = stu01;
```

将结构体变量 stu01 的各个属性值对应地赋值到 stu02 变量的属性中，因此，当使用 printf() 函数显示 stu02 变量的各个属性值时，将与输入的值一致。运行这个程序，输入相应的信息，显示如下结果：

```
Enter student number:1000
Enter student name:zhangsan
Enter student age:20
Enter student school:guangzhoushi
Enter student score:95
Student info:
num = 1000
name = zhangsan
age = 20
school = guangzhoushi
score = 95.000000
```

11.2 结构体类型定义和使用详解

通过 11.1 节的例子，对 C 语言的结构体有一个初步的感性了解，下面对结构体相关内容进行详细介绍。

11.2.1 结构体类型定义

结构体类型是设计者对 C 语言数据类型的扩展，通过结构体机制，程序设计者可以定义自己的数据类型。定义结构体类型的一般形式如下：

```
struct 结构体类型名称 {
    类型标识符 成员属性名 1;
    类型标识符 成员属性名 2;
    ...
    类型标识符 成员属性名 n;
};
```

其中，struct 是定义新结构体的关键字；结构体类型名称是新的结构体类型的名字，可以是任何合法的标识符，一般是名词并且以大写字母开头；类型标识符可以任何 C 语言数据类型，当然也可以是已经定义的结构体类型；成员属性名 1~n 是成员属性的名称，可以是任何合法的标识符。特别提醒，定义结构体最后的花括号后面，一定要以英文的分号";"结束。

下面举两个结构体定义的例子。

【**例 11-1**】 定义一个表示日期的结构体类型。

要表示日期数据,至少需要有能够表示年、月、日的属性,这几个属性可以使用整数类型成员。命名日期结构体类型的名称为 Date,可以定义如下结构体类型表示日期类型:

```
struct Date {
    int year;
    int month;
    int day;
};
```

【**例 11-2**】 定义一个表示图书的结构体类型。

一本图书所包含的属性有书籍名称、作者、出版社、价格、图书简介。其中,书籍名称、作者、出版社、图书简介可以使用字符数组类型表示,而价格则可以使用 float 数据类型。图书信息的结构体类型如下:

```
struct Book {
    char name[40];
    char author[20];
    char press[100];
    float price;
    char memo[200];
};
```

11.2.2　定义和使用结构体变量

一旦定义了结构体类型,就可以基于已经定义的结构体类型定义变量。例如,基于 11.2.1 小节定义的结构体类型 Date 和 Book,可以定义如下结构体类型变量:

```
struct Date birth;
struct Book java;
```

这两条语句分别定义了名称为 birth 的 Date 结构体类型变量和名称为 java 的 Book 结构体类型变量。定义结构体类型变量的一般形式如下:

```
struct 结构体类型名称 变量标识符;
```

对于结构体变量的操作,是基于成员属性进行的。可以使用点运算符"."来访问结构体变量的成员属性。例如,为了表示 2030 年 10 月 20 日,可以定义和使用如下语句:

```
struct Date md;
md.year = 2030;
md.month = 10;
md.day = 20;
```

当然,可以使用如下语句显示 md 的值:

```
printf("%4d-%2d-%2d\n", md.year, md.month, md.day);
```

可以在定义结构体变量时对其初始化,同时,结构体变量支持整体赋值,也就是可以将一个结构体变量的值赋值给另一个结构体变量,例如下面的语句:

```
struct Date abirth = {2000, 12, 13};
struct Book abook = {"Java Programming", "Zhangsan", "Qinghua", 59.8, "A Java
Book"};
struct bbirth = abirth;
struct Book bbook = abook;
```

可以在定义结构体类型的同时定义结构体变量。例如，下面的语句定义了名称为
Worker 的结构体类型的同时，定义了结构体变量：

```
struct Worker {
    char name[40];
    char site[200];
    float salary;
} w1, w2;

strcpy(w1.name, "zhangsan");
strcpy(w1.size, "guangzhoushi");
w1.salary = 85.5f;
printf("Input info for w2:");
scanf("%s%s%f", w2.name, w2.size, w2.salary);
```

11.2.3　结构体类型的嵌套及其使用

结构体类型是可以嵌套的，也就是在定义结构体类型时，可以在成员属性中嵌套另一个
已经定义的结构体类型。例如，下面的例子定义嵌套的结构体类型：

```
#include <stdio.h>

struct Date {
    int year;
    int month;
    int day;
};

struct Student {
    int num;
    char name[20];
    struct Date birth;
    char school[100];
    float score;
};

int main(void) {
    struct Student stu01 = {
        1000, "zhangsan", {1990, 7, 10}, "guzngzhou", 95.5f
    };
    struct Student stu02 = stu01;

    printf("stu02.num = %d\n", stu02.num);
    printf("stu02.name = %s\n", stu02.name);
```

```
    printf("stu02.birth = %4d-%2d-%2d\n",
stu02.birth.year, stu02.birth.month, stu02.birth.day);
    printf("stu02.school = %s\n", stu02.school);
    printf("stu02.score = %.2f\n", stu02.score);

    return 0;
}
```

这个例子首先定义了结构体类型 Date,然后定义了结构体类型 Student。在结构体类型 Student 中,嵌套包含了一个类型为 Date 的 birth 属性。在 main()函数中,定义并初始化了一个名字为 stu01 类型为 Student 的结构体变量,然后通过整体赋值,将 stu01 变量赋值到 stu02 变量中,最后显示了 stu02 变量的成员属性值。运行这个程序,显示如下结果:

```
stu02.num = 1000
stu02.name = zhangsan
stu02.birth = 1990- 7-10
stu02.school = guzngzhou
stu02.score = 95.50
```

11.3   结构体与数组

如前所述,结构体类型是程序设计人员对 C 语言数据类型的扩展,一旦定义了一个新的结构体类型,它的地位完全等同于 C 语言基本数据类型,因此,既然可以定义基本数据类型的数组,当然也可以定义结构体类型的数组。定义结构体类型数组的一般格式如下:

```
struct 结构体类型 数组变量[数组大小];
```

例如,基于已经定义的 Student 结构体类型,可以定义该结构体类型的数组变量,并且操作数组中的元素及元组元素中的成员属性:

```
#include <stdio.h>
#include <string.h>

struct Date {
    int year;
    int month;
    int day;
};

struct Student {
    int num;
    char name[20];
    struct Date birth;
    char school[100];
    float score;
};

int main(void) {
```

```
    struct Student student[10];

    student[0].num = 100;
    strcpy(student[0].name, "John");
    student[0].birth.year = 2000;
    student[0].birth.month = 1;
    student[0].birth.day = 1;
    strcpy(student[0].school, "guangzhou");
    student[0].score = 88;

    student[9] = student[0];

    printf("student[9].num = %d\n", student[9].num);
    printf("student[9].name = %s\n", student[9].name);
    printf("student[9].birth = %4d-%2d-%2d\n",
        student[9].birth.year, student[9].birth.month, student[9].birth.day);
    printf("student[9].school = %s\n", student[9].school);
    printf("student[9].score = %.2f\n", student[9].score);

    return 0;
}
```

在 main()函数中,定义了具有 10 个元素的结构体类型 Student 的数组变量 student,设置 student[0]的各个属性值,然后将 student[0]整体赋值到 student[9]中,最后显示 student[0]各个属性值。运行该程序,显示如下运行结果:

```
student[9].num = 100
student[9].name = John
student[9].birth = 2000- 1- 1
student[9].school = guangzhou
student[9].score = 88.00
```

11.4　结构体与指针

与定义结构体数组类似,也可以定义结构体指针。

11.4.1　结构体指针的基本使用

通过一个例子了解结构体指针的使用。下面的代码定义了结构体类型 Teacher,然后定义了该结构体类型的指针:

```
#include <stdio.h>

struct Teacher {
    char name[50];
    char major[50];
    int age;
```

```
};

int main(void) {
    struct Teacher teacher = {"John", "Computer", 38};
    struct Teacher * p;

    p = &teacher;
    printf("%s\n", (*p).name);
    printf("%s\n", (*p).major);
    printf("%d\n", (*p).age);

    printf("%s\n", p->name);
    printf("%s\n", p->major);
    printf("%d\n", p->age);

    return 0;
}
```

程序首先定义了名称为 Teacher 的结构体类型。在 main()函数中,定义并初始化了结构体变量 teacher,定义并初始化结构体类型指针变量 p。然后使用如下语句:

```
printf("%s\n", (*p).name);
printf("%s\n", (*p).major);
printf("%d\n", (*p).age);
```

显示指针 p 所指向变量成员的属性值:因为 p 指向了 teacher,所以,*p 就是 teacher变量的值,因此,(*p).name 就是 teacher 变量的 name 属性值,其他以此类推。为了简化对结构体类型指针变量的使用,C 语言规定:"(*p).结构体成员属性"等价于"p->结构体成员属性"。

因此,也可以使用如下语句显示 p 所指向的结构体变量成员的属性值:

```
printf("%s\n", p->name);
printf("%s\n", p->major);
printf("%d\n", p->age);
```

运行这个程序,显示如下结果:

```
John
Computer
38
John
Computer
38
```

11.4.2　结构体与动态内存分配

可以使用动态内存分配为结构体指针分配空间。例如,下面的例子定义了结构体类型Teacher,然后使用动态内存分配为指针分配空间,并通过指针和类似数组方式访问变量及其成员属性:

191

```
#include <stdio.h>
#include <stdlib.h>

struct Teacher {
    char name[50];
    char major[50];
    int age;
};

int main(void) {
    struct Teacher * p, * q;
p = (struct Teacher *)malloc(3 * sizeof(struct Teacher));
if (p == NULL) {
    printf("Not enough space\n");
    return -1;
}

    q = p;
    for (int i = 0; i < 3; i++) {
        printf("Enter name for teacher %d:", i+1);
        gets(q->name);
        printf("Enter major for teacher %d:", i+1);
        gets(q->major);
        printf("Enter age for teacher %d:", i+1);
        scanf("%d", &q->age);getchar();
        q++;
    }
    printf("\n");

    for (int i = 0; i < 3; i++) {
        printf("%s\n", p[i].name);
        printf("%s\n", p[i].major);
        printf("%d\n\n", p[i].age);
    }

    free(p);

    return 0;
}
```

程序定义了 Teacher 结构体类型,然后在 main()函数中使用动态内存分配,使指针 p 指向了具有 3 个元素的结构体类型空间。为了使 p 始终指向所分配的内存空间的首地址,定义了指针 q,基于这个 q 来操作结构体数据。在第一个 for 循环中,从键盘接收各个元素的属性值,并通过移动指针完成 3 个元素数据的输入。在第二个 for 循环中,采用与操作数组类似的方式操作指针 p 所指向的结构体数据,因为 p[i]等价于 *(p+i),因此,通过循环可以显示 p 所指向的所有结构体数据成员的属性值。运行这个程序,输入相关信息,显示如下结果:

```
Enter name for teacher 1:Zhang San
Enter major for teacher 1:Computer
Enter age for teacher 1:30
Enter name for teacher 2:Li Si
Enter major for teacher 2:Math
Enter age for teacher 2:40
Enter name for teacher 3:Wang Wu
Enter major for teacher 3:Physics
Enter age for teacher 3:50

Zhang San
Computer
30

Li Si
Math
40

Wang Wu
Physics
50
```

11.5 结构体与函数

结构体可以作为函数的参数,也可以作为函数的返回值。

11.5.1 结构体作为函数参数

结构体类型可以作为函数的形参数据类型。形参既可以是结构体普通形参,也可以是结构体数组,还可以是结构体指针。看下面的例子,这个例子根据学生成绩判断分级,代码如下:

```c
#include <stdio.h>

struct Student {
    int num;
    char name[20];
    int age;
    float score;
};

char grade(struct Student stu) {
    if (stu.score >= 90) {
        return 'A';
    }
    else if (stu.score >= 80) {
        return 'B';
    }
```

```
    else if (stu.score >= 70) {
        return 'C';
    }
    else if (stu.score >= 60) {
        return 'D';
    }
    else {
        return 'E';
    }
}

int main(void) {
    struct Student stu = {1000, "Jorn", 20, 95.5f};
    char g = grade(stu);
    printf("%c\n", g);

    return 0;
}
```

在 grade()函数中有一个结构体类型 Student 的形参，程序根据形参的 score 成员属性判断所属级别并返回给主调函数。运行这个程序，显示如下结果：

```
A
```

当调用具有结构体形参的函数时，主调函数将实参数据整体复制到形参中，这一点与基本数据类型作为函数形参是一致的。切记：函数调用时，不管是任何数据类型，都是传值调用的，也就是将实参的值复制一份到形参中。

11.5.2 结构体作为函数的返回值

当需要函数返回多个结果数据时，采用结构体类型作为函数的返回值是一种常见的解决方案。例如，为了统计学生的成绩，包括最高分、最低分、平均分等，可以定义一个结构体类型作为函数的返回值，进而可以一次返回多个数据。看下面的例子：

```
#include <float.h>
#include <stdio.h>

struct Statistics {
    float average;
    float max;
    float min;
};

struct Statistics getStatistics(float scores[], int n) {
    struct Statistics stats = {0,-1,FLT_MAX};

    for (int i = 0; i < n; i++) {
        if (scores[i] > stats.max) {
            stats.max = scores[i];
        }
```

```
        if (scores[i] < stats.min) {
            stats.min = scores[i];
        }
        stats.average = stats.average + scores[i];
    }
    stats.average = stats.average / n;

    return stats;
}

int main(void) {
    float scores[] = {90, 88, 85, 65, 92, 88, 92, 84, 77, 99};
    struct Statistics stats;

    stats = getStatistics(scores, sizeof(scores) / sizeof(scores[0]));
    for (int i = 0; i < sizeof(scores) / sizeof(scores[0]); i++) {
        printf("%-7.2f", scores[i]);
    }
    printf("\n");
    printf("Max: %-6.2f,  Min: %-6.2f,  Average: %-6.2f\n", stats.max, stats.
    min, stats.average);

    return 0;
}
```

函数 getStatistics() 将 Statistics 结构体类型作为返回值类型，因此，可以一次返回多个值给主调函数，这种性质正好满足程序要求。运行这个程序，显示如下结果：

```
90.00  88.00  85.00  65.00  92.00  88.00  92.00  84.00  77.00  99.00
Max: 99.00 ,  Min: 65.00 ,  Average: 86.00
```

11.6 联合体 union

联合体有时也称为共用体，是一种特殊的构造类型。

与结构体类似，通过联合体 union，程序设计者可以定义自己的数据类型；与结构体不同的是，通过联合体 union 定义的数据类型，所有的成员属性共用一块存储空间。看下面的例子：

```
union Mixture {
    int aint;
    char bc;
    float score;
    char name[10];
};
```

以上代码通过使用联合体关键字 union 定义了一个名称为 Mixture 的联合体类型，其中有 4 个成员属性，与结构体类型不同的是：在联合体类型中，所有的成员属性共用一块内存存储区。对于 Mixture 联合体类型，因为 name 成员属性需要存储 10 个字符，是所有成员属性中需要内存最多的属性，因此，将为联合体类型变量分配 10 个字节的内存。定义联合体类型的一般格式如下：

```
union 联合体类型名称 {
    类型标识符 成员属性 1;
    类型标识符 成员属性 2;
    ...
    类型标识符 成员属性 n;
};
```

其中，union 是定义联合体类型的关键字；类型标识符可以是任何合法的数据类型，包括自定义的数据类型，如结构体类型等；成员属性 1~n 可以是任何合法的标识符。联合体中所有的成员属性共用一块内存，以占用空间最大的成员属性为基准给联合体分配空间。看下面的例子：

```c
#include <stdio.h>
#include <string.h>

union Mixture {
    int aint;
    char bc;
    float score;
    char name[10];
};

int main(void) {
    printf("%lld\n", sizeof(union Mixture));

    union Mixture m;
    m.aint = 0x61616161;
    printf("%c\n", m.bc);

    strcpy(m.name, "AAAAAA");
    printf("%c\n", m.bc);
    printf("0x%x\n", m.aint);

    return 0;
}
```

程序定义了联合体类型 Mixture，它有 4 个成员属性，其中 name[10] 属性占用的空间最大，为 10 个字节，因此，计算机将为联合体类型的变量分配 10 字节的存储空间。因此，如下语句将显示 10：

```c
printf("%lld\n", sizeof(union Mixture));
```

程序通过如下语句定义了一个联合体类型的变量 m：

```c
union Mixture m;
```

此时，计算机会分配 20 字节的存储空间给变量 m，如图 11-1 所示。

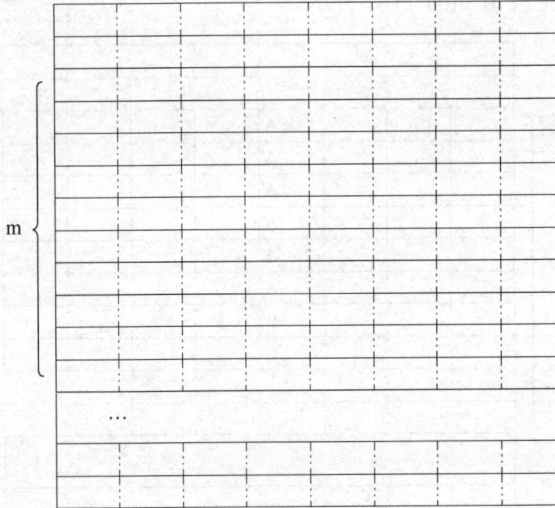

图 11-1　联合体变量 m 的空间

当执行如下语句后：

```
m.aint = 0x61616161;
```

联合体变量 m 的值如图 11-2 所示。

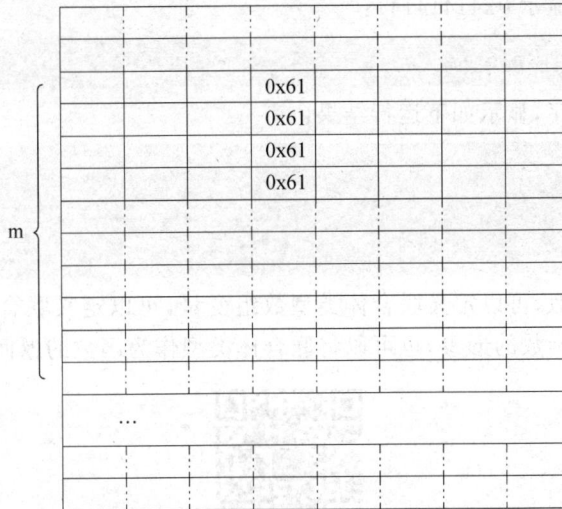

图 11-2　给 aint 成员复制后的 m 空间

显然，第一个字节保存的值是 0x61，因此，当使用如下语句显示 m 变量 bc 成员属性的字符时：

```
printf("%c\n", m.bc);
```

将显示字符 a(字符 a 的 ASCII 码值，十六进制的值正是 0x61)。类似地，当使用如下语句将字符串复制到 m 变量的 name 属性中时：

```
strcpy(m.name, "AAAAAA");
```

联合体变量 m 的空间值如图 11-3 所示。

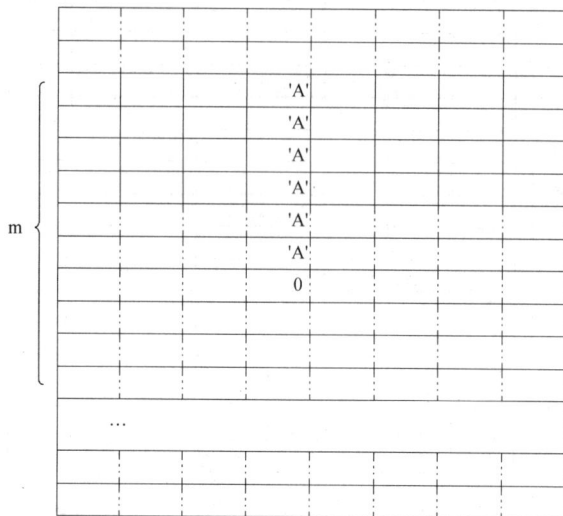

图 11-3　复制字符串到 name 属性时 m 的空间

因为字符 A 的 ASCII 码值为 0x41，所以，使用如下语句将显示字符 A：

```
printf("%c\n", m.bc);
```

而如下语句则将显示 0x41414141：

```
printf("0x%x\n", m.aint);
```

现在运行这个程序，显示如下运行结果：

```
12
a
A
0x41414141
```

与结构体类型类似，可以定义联合体类型数组变量，可以定义联合体类型指针变量，可以将联合体类型作为函数的形参，也可以将联合体类型作为函数的返回值。

使用联合体类型判断计算机 CPU 的大小端类型

11.7　枚举类型

枚举类型也是一种构造类型。通过枚举类型可以限定枚举类型变量的取值范围。一旦定义了枚举类型，它的地位等同于 C 语言其他任何数据类型。例如，人的性别有男性和女

性,因此,可以定义一个枚举类型 Gender 来表示人的性别,具体如下:

```
enum Gender {
    male,
    female
};
```

基于这个定义的枚举类型 Gender,可以定义如下变量:

```
enum Gender a;
a = male;
```

这里定义了枚举类型 Gender 的变量 a,并赋值 a 为枚举值 male。定义枚举类型的一般格式如下:

```
enum 枚举类型名称 {
    枚举值 1,
    枚举值 2,
    ...
    枚举值 n,
};
```

其中,enum 为定义枚举类型的关键字;枚举类型名称可以是任何合法的标识符;枚举值 1 至枚举值 n 可以是任何合法的标识符,这些标识符限定了枚举类型变量的取值范围。例如,在上面定义的 Gender 枚举类型中,因为只有 male 和 female 两个枚举值,所以,Gender 类型的变量 a 只能取值 male 或者 female。

实际上,每个枚举值是一个整数类型的编号:在定义枚举类型时,C 语言会为每个枚举值分配一个唯一的编号。默认情况下,编号从 0 开始。因此,在显示枚举类型变量的值时,显示的是枚举值的编号。例如,对于 Gender 枚举类型,枚举值 male 的编号为 0,female 的编号为 1。可以在定义枚举类型时修改这个编号,例如:

```
#include <stdio.h>

enum Color {
    BLACK=100,
    RED=200,
    GREEN,
    YELLOW,
    BLUE
};

int main(void) {
    enum Color c1, c2, c3;

    c1 = BLACK;
    c2 = 200;        //虽然不建议这么做,但这是合法的。建议采用 c2=RED 赋值
    c3 = GREEN;
    printf("c1: %d\n", c1);
    printf("c2: %d\n", c2);
```

```
    printf("c3: %d\n", c3);

    return 0;
}
```

程序定义了枚举类型 Color,其中有 5 个枚举值,并且修改枚举值 BLACK 的编号为 100,RED 的编号为 200,之后的 GREEN 将延续 RED 的编号为 201,YELLOW 为 202,BLUE 为 203。然后在 main() 函数中定义了 3 个 Color 类型的变量并分别赋值。注意如下语句:

```
c2 = 200;   //虽然不建议这么做,但这是合法的。建议采用 c2=RED 赋值
```

可以使用编号直接给枚举变量赋值,但是不建议这么做。运行这个程序,显示如下结果:

```
c1: 100
c2: 200
c3: 201
```

与结构体类型类似,可以定义枚举类型数组变量或定义枚举类型指针变量,可以将枚举类型作为函数的形参,也可以将枚举类型作为函数的返回值。

11.8　使用 typedef 自定义类型名称

使用 typedef 关键字可以为已有的数据类型取一个新的别名,已有数据类型可以是 C 语言基本数据类型,也可以是结构体类型、联合体类型、枚举类型。例如,下面的语句为 char 类型取一个新的别名:

```
typedef char int8;
```

使用 typedef 为已有类型自定义别名的一般格式如下:

```
typedef 已有类型 新的别名;
```

使用 typedef 为结构体类型、联合体类型,枚举类型定义新的别名,可以简化类型的书写。例如,下面的例子:

```
struct Student {
    int num;
    char name[20];
    int age;
    float score;
};
typedef struct Student SS;
SS stu, * p;
```

这段代码先定义了名称为 Student 的结构体类型,然后使用 typedef 为 Student 类型取一个别名 SS,基于新的别名定义了 stu 变量和指针 p。从这段代码看出,使用 typefef 关键

字为结构体类型取别名后,使代码看起来更简洁一些。

下面看一个综合例子。这个例子使用了枚举类型、结构体类型机制以及 typedef 关键字定义新的数据类型 Person,编写了一个函数判断男性人数,然后编写 main() 函数验证代码的正确性。

```c
#include <stdio.h>

enum Gender {
    Male,
    Female
};

struct Person_ {
    char name[20];
    int age;
    enum Gender gender;
    char address[100];
};
typedef struct Person_ Person;

int getMaleNumber(Person per[], int n) {
    int number = 0;
    for (int i = 0; i < n; i++) {
        if (per[i].gender == Male) {
            number++;
        }
    }
    return number;
}

int main(void) {
    Person per[] = {
        {"zhangsan", 20, Male, "Beijing"},
        {"Lisi", 22, Female, "Guangzhou"},
        {"Wangwu", 30, Male, "Zhuhai"}
    };

    int n = sizeof(per) / sizeof(Person);
    printf("%d\n", getMaleNumber(per, n));

    return 0;
}
```

这个程序定义了枚举类型 Gender 和结构体类型 Person_,然后使用 typedef 将结构体类型取一个别名 Person,之后定义 getMaleNumber() 函数用于计算新参数组中男性的人数并返回。在 main() 函数中,初始化一个 Person 类型的数组并调用 getMaleNumber() 函数计算男性人数。运行这个程序,显示如下结果:

2

11.9　案例：基于链表的图书信息管理系统

链表是一种常用的用于表示动态数据的数据结构。顾名思义，通过链表，可以将数据采用一个数据接着一个数据的方式连接起来，必要时可以将新的数据插入链表中，或者将某个数据从链表中删除；或者为了查询某个数据，可以对链表进行遍历等。本节使用链表技术完成对图书信息的管理。

1. 案例目标

设计一个图书信息管理系统，用于对图书信息进行管理，管理功能包括：增加图书信息，删除图书信息，修改图书信息，查询图书信息，列表所有图书。每本图书包括如下属性：图书名、作者、图书类别、出版社、出版日期、图书价格。程序需要数目可变的图书信息进行管理，也就是说，图书的数目不是事先可以确定的。

2. 案例分析

（1）基本数据类型定义。由于图书包括如下基本属性：图书名、作者、图书类别、出版社、出版日期、图书价格，因此，可以使用结构体类型为图书定义专用的数据类型。例如，可以定义如下的结构体类型 Book：

```
struct Book_ {
    char name[20];
    char author[20];
    enum BType type;
    char press[100];
    struct Date date;
    float price;
};
typedef struct Book_ Book;
```

其中，BType 是枚举类型，其定义如下：

```
enum Btype {
    learning=1, novel, history
};
```

Date 是结构体类型，其定义如下：

```
struct Date {
    int year;
    int month;
    int day;
};
```

（2）定义和构建图书信息链表。因为图书数目是不可预先确定的，因此可以考虑使用链表技术来管理图书信息。所谓链表技术，就是采用如下的结构体类型将图书信息一个接一个地连接起来：

```
typedef struct BookLink_ {
    Book data;
    Book * next;
} BookLink;
```

基于这个结构体类型,看下面的代码:

```
BookLink bk1 = {{"Java", "Zhang San", learning, "qinghua", {2025, 10, 12}, 59.9f},
NULL};
BookLink bk2 = {{"Thinking", "Li Si", novel, "qinghua", {2026, 1, 10}, 59.9f},
NULL};
BookLink bk3 = {{"C", "Wang Wu", learning, "qinghua", {2024, 11, 12}, 59.9f},
NULL};
BookLink * p = &bk1;
bk1.next = &bk2;
bk2.next = &bk3;
bk3.next = NULL;
```

以上这段代码构建了如图 11-4 所示的图书信息链表。

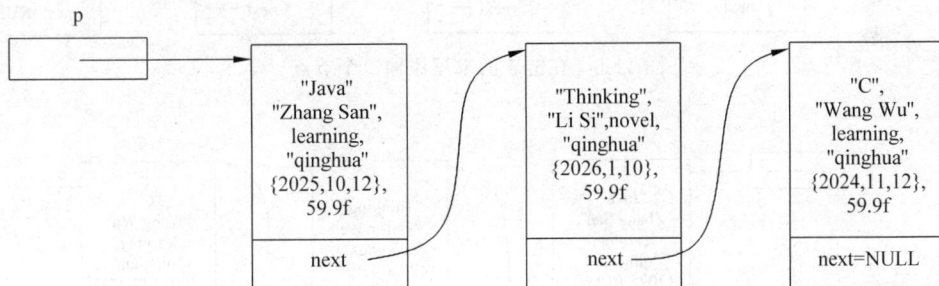

图 11-4　新建的图书信息链表

其中,指针 p 指向了链表的第一个数据。有时,习惯称链表中的数据为节点,例如,图 11-4 中有 3 个节点。习惯上称指针 p 为链表头指针。通过指针 p,可以使用如下代码遍历链表的所有节点:

```
BookLink * q = p;
while(q != NULL) {
    printf("name: %s\n", q->data.name);
    q++;
}
```

在遍历链表前,先定义了指针 q 并使之指向 p 所指向的第一个节点,这么做的原因是保证指针 p 永远指向第一个节点,否则,如果修改指针 p,将丢失链表,进而无法找到链表的头节点。类似地,如果使第一个节点的 next 指针指向第 3 个节点,如图 11-5 所示。

此时,将无法访问到第二节点,相当于从链表中删除了第二个节点。这就是链表的删除操作。类似地,可以采用如图 11-6 所示的方式在链表的末尾添加一个新的节点。

此时,只需要修改原来末尾节点的 next 指针,使之指向新的节点即可。除了可以在链表的末尾添加新的节点外,还可以在链表的中间添加新的节点,如图 11-7 所示。

结合链表技术,同时通过动态内存分配创建每个节点,这样可以实现非常灵活的图书信

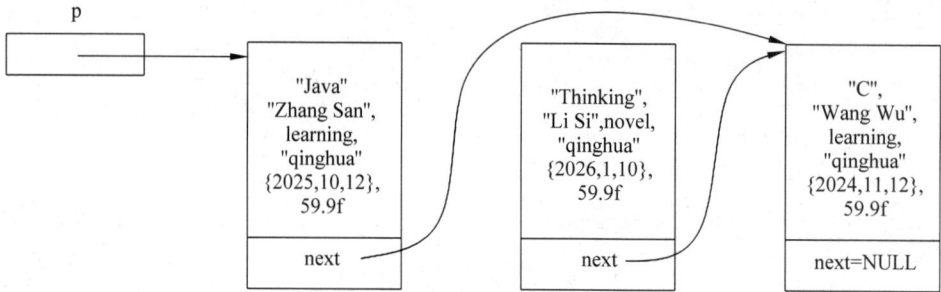

图 11-5　从链表中删除一个节点

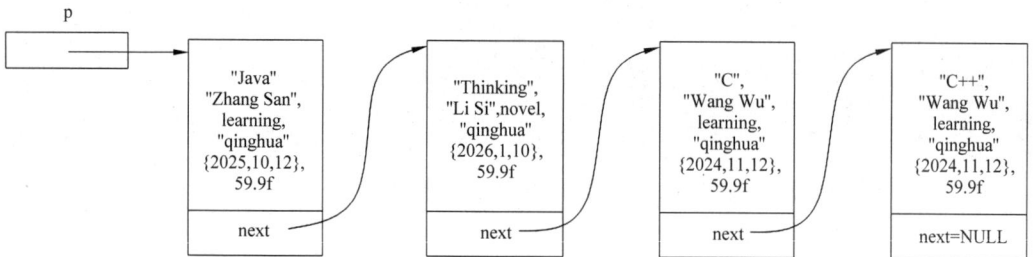

图 11-6　在链表的末尾添加一个节点

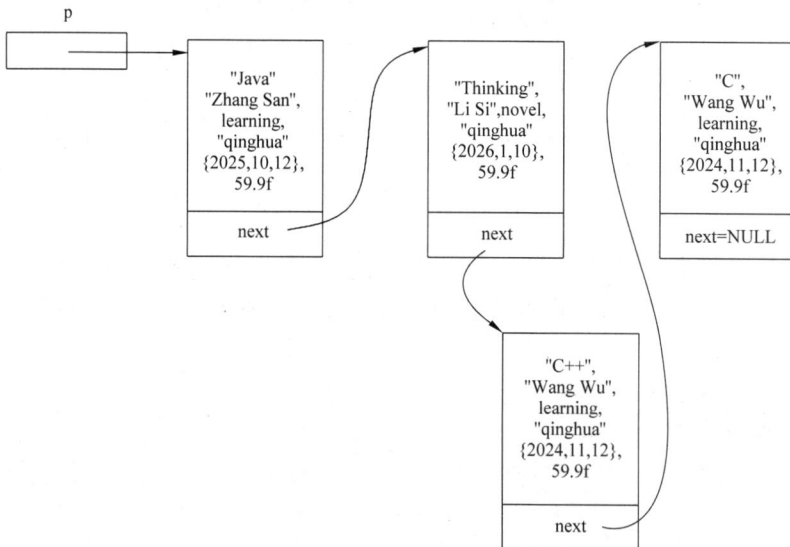

图 11-7　在链表中间插入新节点

息管理系统。

3. 案例实施

　　基于前面对链表技术的介绍,可以使用链表和动态内存分配技术实现图书信息管理系统。由于程序已经具有一定的规模,应该采用项目的程序工程开发管理。新建一个名称为bm的C语言可执行程序工程,并建立相关工程子目录和文件,形成如图 11-8 所示的工程布局。

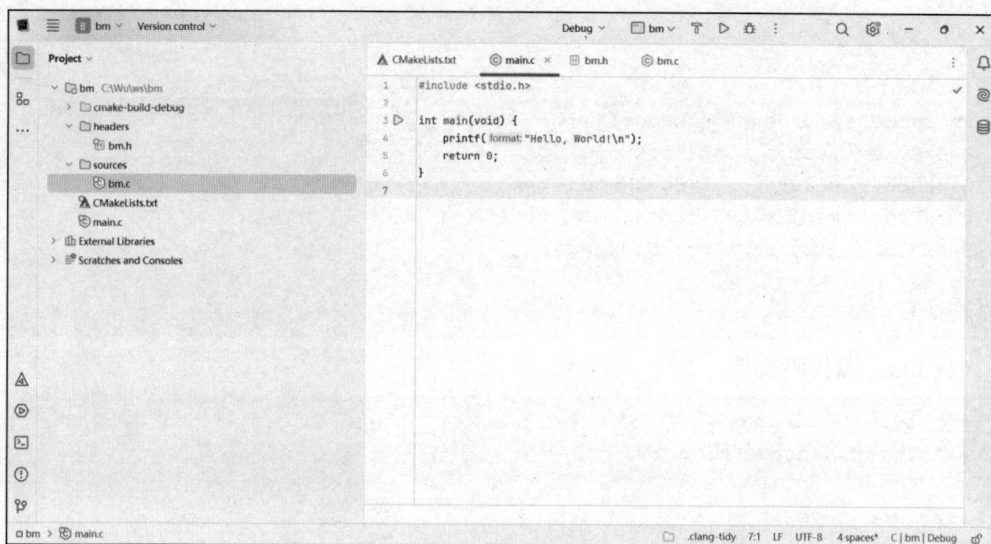

图 11-8　新建的图书管理系统工程及其布局

（1）bm.h 头文件。对于稍具规模的程序，应该将类型定义、函数声明等放置在头文件中进行集中管理。图书信息管理系统的头文件 bm.h 就存储这些内容。完成后的 bm.h 文件内容如下：

```c
#ifndef BM_H
#define BM_H

typedef enum BType_ {
    learning=1, novel, history
} BType;

typedef struct Date_ {
    int year;
    int month;
    int day;
} Date;

typedef struct Book_ {
    char name[100];
    char author[40];
    BType type;
    char press[100];
    Date date;
    float price;
} Book;

typedef struct BookNode_ {
    Book data;
    struct BookNode_ * next;
```

```
} BookNode;

int choice();
BookNode * add_book(BookNode * p);
BookNode * search_book(BookNode * p);
BookNode * delete_book(BookNode * p);
BookNode * modify_book(BookNode * p);
BookNode * list_book(BookNode * p);

#endif //BM_H
```

（2）bm.c 源代码文件。

```c
#include <stdio.h>
#include "../headers/bm.h"

#include <stdlib.h>
#include <string.h>

int choice() {
    int choice;

    printf("MENU\n");
    printf("1. Add Book\n");
    printf("2. Search Book\n");
    printf("3. Delete Book\n");
    printf("4. Modify Book\n");
    printf("5. List All Books\n");
    printf("6. Exit\n");

    printf("Choice: ");
    scanf("%d", &choice);getchar();

    return choice;
}

BookNode * add_book(BookNode * p) {
    BookNode * book = (BookNode *)malloc(sizeof(BookNode));
    if (book == nullptr) {
        printf("Memory allocation error\n");
        exit(1);
    }

    printf("Add New Book\n");
    printf("Please enter the book name:");
    gets(book->data.name);
    printf("Please enter the book author:");
    gets(book->data.author);
    printf("Please enter the book type. 1--learning, 2--novel, 3--history: ");
    scanf("%d", &book->data.type);getchar();
```

```
    printf("Please enter the book presser:");
    gets(book->data.press);
    printf("Please enter the date, yyyy-mm-dd:");
    scanf("%d-%d-%d", &book->data.date.year, &book->data.date.month, &book->
data.date.day);
    printf("Please enter the price:");
    scanf("%f", &book->data.price);

    book->next = nullptr;

    BookNode * q = p;
    if (p == nullptr) {
        p = book;
    }
    else {
        while (q->next != nullptr) {
            q = q->next;
        }
        q->next = book;
    }

    return p;
}

BookNode * search_book(BookNode * p) {
    char name[100];
    BookNode * q = p;
    int found = 0;

    printf("Please enter the book name:");
    gets(name);
    while (q != nullptr) {
        if (strcmp(name, q->data.name) == 0) {
            printf("FOUND!");
            printf("Book Name: %s\n", q->data.name);
            printf("Book Author: %s\n", q->data.author);
            printf("Book Type: %d\n", q->data.type);
            printf("Book Presser: %s\n", q->data.press);
            printf("Book Date: %d-%d-%d\n", q->data.date.year, q->data.date.
            month, q->data.date.day);
            printf("Book Price: %.2f\n", q->data.price);
            found = 1;
        }
        q = q->next;
    }
    if (! found) {
        printf("Book not found\n");
    }

    return p;
```

```
    }

BookNode * delete_book(BookNode * p) {
    //作为课后练习,请读者自行完成
    return p;
}

BookNode * modify_book(BookNode * p) {
    //作为课后练习,请读者自行完成
    return p;
}

BookNode * list_book(BookNode * p) {
    BookNode * q = p;
    int count = 0;
    while (q != nullptr) {
        count++;
        printf("Book No. %d\n", count);
        printf("Book Name: %s\n", q->data.name);
        printf("Book Author: %s\n", q->data.author);
        printf("Book Type: %d\n", q->data.type);
        printf("Book Presser: %s\n", q->data.press);
        printf("Book Date: %d-%d-%d\n", q->data.date.year, q->data.date.month,
        q->data.date.day);
        printf("Book Price: %.2f\n\n", q->data.price);
        q = q->next;
    }

    return p;
}
```

（3）main.c 源代码文件。

```
#include <stdio.h>
#include "headers/bm.h"

int main(void) {
    BookNode *p = nullptr;

    while (1) {
        int ch = choice();
        switch (ch) {
            case 1:
                p = add_book(p);
                break;
            case 2:
                p = search_book(p);
                break;
            case 3:
                p = delete_book(p);
```

```
                    break;
                case 4:
                    p = modify_book(p);
                    break;
                case 5:
                    p = list_book(p);
                    break;
                case 6:
                    printf("Bye Bye\n");
                    return 0;
                default:
                    printf("Wrong Choice.Try Again.\n");
            }
        }
    }
```

（4）运行结果。现在运行这个程序，显示程序的主菜单，选择功能 1，并输入书籍信息，之后再显示所有图书信息。运行结果如下：

```
MENU
1. Add Book
2. Search Book
3. Delete Book
4. Modify Book
5. List All Books
6. Exit
Choice:1

Add New Book
Please enter the book name:AAA
Please enter the book author:AAA
Please enter the book type. 1--learning, 2--novel, 3--history:1
Please enter the book presser:AAA
Please enter the date, yyyy-mm-dd:2024-10-10
Please enter the price:123

MENU
1. Add Book
2. Search Book
3. Delete Book
4. Modify Book
5. List All Books
6. Exit
Choice:5

Book No. 1
Book Name: AAA
Book Author: AAA
Book Type: 1
Book Presser: AAA
Book Date: 2024-10-10
Book Price: 123.00
```

11.10　课后练习：完善图书信息管理系统

　　11.9 节的图书信息管理系统已经完成了程序的主体框架代码和主要功能代码的编写，但是，还有两个程序功能尚未完成。请仔细阅读和理解代码，并完成余下功能的代码。

第 12 章　文 件 操 作

计算机程序的主要任务就是对输入数据进行处理,然后将处理结果以合适的方式输出。之前所编写的所有程序都是从键盘接收用户输入的数据,并对数据进行处理,然后将处理结果在显示器上展示给用户。除了可以从键盘接收输入数据外,还可以从计算机文件中读取输入数据并对数据进行处理,最后将处理结果保存到文件中。本章对如何读/写文件进行详细介绍。

12.1　文件操作概述

文件是计算机操作系统存储数据的基本单位。计算机文件包括目录文件和常规文件,所谓目录文件,就是日常意义上的目录或文件夹,目录文件为常规文件提供索引及入口;常规文件则是日常意义上的用于存储程序数据的普通文件。例如,图 12-1 和图 12-2 是 Windows 11 操作系统下目录文件和常规文件的示例。

Microsoft.Ink.Resources	文件夹	2024/12/4 22:40
Microsoft.ManagementConsole	文件夹	2024/4/1 15:34
Microsoft.ManagementConsole.Resources	文件夹	2024/12/4 22:40
Microsoft.PowerShell.Commands.Diagnostics	文件夹	2024/4/1 15:34
Microsoft.PowerShell.Commands.Diagnostics.Resources	文件夹	2024/12/4 22:40
Microsoft.PowerShell.Commands.Management	文件夹	2024/4/1 15:34
Microsoft.PowerShell.Commands.Management.Resources	文件夹	2024/12/4 22:40
Microsoft.PowerShell.Commands.Utility	文件夹	2024/4/1 15:34
Microsoft.PowerShell.Commands.Utility.Resources	文件夹	2024/12/4 22:40
Microsoft.PowerShell.ConsoleHost	文件夹	2024/4/1 15:34

图 12-1　Windows 11 目录文件示例

01DB49D9AB6BEABD.sysmain.sdb	SDB 文件	3,994 KB	2024/12/9 9:28
01DB52DA75BCCB36.msimain.sdb	SDB 文件	3,366 KB	2024/12/20 20:26
AcRes.dll	应用程序扩展	342 KB	2024/12/8 20:27
DirectXApps.sdb	SDB 文件	1,521 KB	2024/12/13 21:03
drvmain.sdb	SDB 文件	320 KB	2024/12/8 20:27
frxmain.sdb	SDB 文件	5 KB	2024/4/1 15:22
msimain.sdb	SDB 文件	3,362 KB	2024/4/1 15:22
pcamain.sdb	SDB 文件	64 KB	2024/12/4 22:42
shellFeatureInbox.sdb	SDB 文件	13 KB	2024/12/4 22:42
sysmain.sdb	SDB 文件	4,037 KB	2024/4/1 15:22

图 12-2　Windows 11 常规文件示例

C 语言程序通过 C 语言提供的函数库既可以对目录文件进行读/写，也可以对常规文件进行读/写。本章主要介绍对常规文件的读/写。

12.2 文件读/写入门

通过两个简单例子，了解如何将数据写入文件以及如何从文件中读取数据，从而建立对文件读/写的感性认识。

12.2.1 将数据写入文件中

先看一个简单例子，看看如何通过 C 语言程序将数据写入文件中去。这个例子接收用户从键盘输入的字符串，然后将字符串写入文件名为 data.text 的文件中，直到接收到 exit 时结束程序运行。完整的程序代码如下：

```c
#include <stdio.h>
#include <string.h>

int main(void) {
    char ss[100];

    FILE * fp = fopen("data.text", "w");
    if (fp == NULL) {
        printf("Can not open file for write.\n");
        return 1;
    }

    char s3[] = "\n";
    while (1) {
        printf("Please input something:");
        gets(ss);
        fwrite(ss, 1, strlen(ss), fp);
        fwrite(s3, 1, strlen(s3), fp);
        printf("Done.\n");
        if (strcmp(ss, "exit") == 0) {
            fclose(fp);
            return 0;
        }
    }
}
```

程序首先定义了一个字符数组 ss 用于保存用户从键盘输入的字符串，然后使用如下语句打开名称为 data.text 的文件：

```c
FILE * fp = fopen("data.text", "w");
```

第二个参数 w 表示以从文件读取数据的方式打开文件，返回值 fp 指针指代打开的文件并可以用于后续对所打开文件的操作。在 while 循环中，接收用户从键盘输入的字符串并通过如下语句将用户输入的字符串写入到文件中：

```
fwrite(ss, 1, strlen(ss), fp);
```

在写入用户输入的字符串之后，通过如下语句将字符串"\n"也写入到文件中，直到接收到 exit 字符串结束程序运行：

```
fwrite(s3, 1, strlen(s3), fp);
```

此时，使用如下语句关闭文件：

```
fclose(fp);
```

运行这个程序，输入几个字符串，运行结果如下：

```
Please input something:Hello
Done.
Please input something:World
Done.
Please input something:exit
Done.
```

现在的问题是：程序写入数据的 data.text 文件在哪里？答案是：因为采用 w 也就是写入方式打开文件，如果文件不存在，程序会在其运行目录下自动创建这个文件。由于程序运行在工程目录的 cmake-build-debug 子目录下，因此，data.text 文件也会在子目录下被自动创建，如图 12-3 所示。

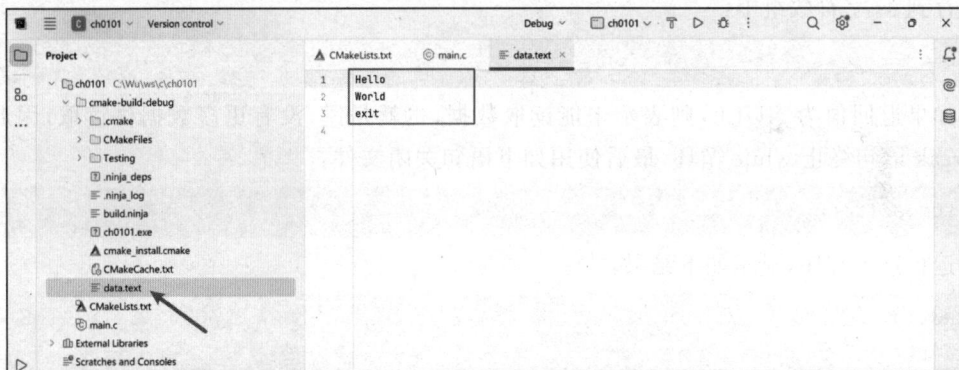

图 12-3　创建的 data.text 文件及其内容

双击 data.text 即可显示文件内容，如图 12-3 中的小框框住的部分。这些内容正是程序运行时写入的内容。

12.2.2　从文件中读取数据

现在编写一个程序，该程序从 data.text 文件中读取数据并显示在计算机屏幕上。完整的程序代码如下：

```
#include <stdio.h>
#include <string.h>

int main(void) {
```

```
    char ss[100];

    FILE * fp = fopen("data.text", "r");
    if (fp == NULL) {
        printf("Can not open file for read.\n");
        return 1;
    }

    while (1) {
        char * p;
        p = fgets(ss, sizeof(ss), fp);
        if (p == NULL) {
            break;
        }
        printf("%s", ss);
    }
    fclose(fp);

    return 0;
}
```

程序使用如下语句以只读方式打开 data.text 文件：

```
FILE * fp = fopen("data.text", "r");
```

其中的 r 表示只读方式。然后在 while 循环中使用如下语句从文件中读取一行字符串并保存到 ss 字符数组中：

```
p = fgets(ss, sizeof(ss), fp);
```

如果返回值为 NULL，则表示未能读取数据，也就是说，没有更多数据供读取，因此使用 break 语句终止 while 循环，最后使用如下语句关闭文件：

```
fclose(fp);
```

运行这个程序，显示如下结果：

```
Hello
World
exit
```

从结果可以看出，所显示的内容正是 data.text 文件中的内容。

12.3 文件读/写的一般过程及其关键函数

从 12.2 节的例子可以看出，程序要读/写文件，需要进行经过以下 3 个步骤：打开文件；读/写文件；关闭文件。

12.3.1 打开文件：fopen()

在可以对文件进行任何操作之前，需要先打开文件。C 语言程序可以使用 fopen() 函数打开要操作的文件。fopen( )函数的一般形式如下：

```
FILE * fopen(const char * filename, const char * mode);
```

该函数使用给定的模式 mode 打开 filename 所指向的文件：参数 filename 指针指向一个字符串，指明要打开的文件的文件名；mode 指针指向一个字符串，指定打开文件的模式。mode 可以是表 12-1 所示打开模式符号的有效组合。

表 12-1　fopen( )函数的打开模式符号及其含义

序号	打开模式符号	含　义
1	r	以"读"方式打开文件。只允许读取，不允许写入。文件必须存在，否则打开失败
2	w	以"写"方式打开文件。如果文件不存在，则创建一个新文件；如果文件存在，则清空文件内容
3	a	以"追加"方式打开文件。如果文件不存在，则创建一个新文件；如果文件存在，那么将写入的数据追加到文件的末尾
4	+	以"读/写"方式打开文件。这个模式符号与 r、w 或者 a 结合使用，可以对打开的文件进行读/写
5	t	以文本文件方式打开文件。如果不写，默认打开模式符号为 t
6	b	以二进制文件方式打开文件

如果成功打开了指定文件，fopen( )函数返回 FILE 类型的指针，用于后续对该文件的操作；如果打开失败，则返回空指针 NULL。

FILE 是在<stdio.h>头文件中定义的一个结构体，它用来保存被打开文件的相关信息，例如，文件名的创建时间、文件的创建者等。其中有一个非常重要的属性：当前读/写位置。这个属性记录对文件进行读/写时，数据从文件的何处获取或者写入到何处，并且每次对文件进行读/写后，这个属性都会发生相应的位移。

一般来说，不必关心 FILE 结构体的详细信息，但是一定要记住：不能修改 FILE 指针所指向的结构体数据，否则会导致无法预料的错误结果。

看看 fopen( )函数的使用举例。下面的语句将以指定的模式打开相应文件并返回 FILE 结构体指针：

```
FILE * finfo;
finfo=fopen("info.text","at+");
if(finfo == NULL) {
    printf("Failed! \n");
    exit(1);
}
```

这段代码以文本以及在文件尾部追加数据的方式打开 info.text 文件。如果指定的文件不存在，则创建这个文件并打开它，再返回一个 FILE 结构体指针；如果文件已经存在则打开它，也返回 FILE 结构体指针。程序进一步检查返回的 FILE 结构体指针是否为NULL，并根据判断结果执行相应操作。

在用 fopen( )函数打开文件时，一定要检查返回的 FILE 结构体指针是否为 NULL 来判断是否成功打开文件，并根据判断结果执行不同的操作。

12.3.2　写数据到文件中：fwrite( )、fprintf( )、fputs( )、fputc( )

可以使用 fwrite( )、fprintf( )、fputs( )、fputc( )等函数将数据写到指定文件中。fwrite( )函数的一般使用形式如下：

```
size_t fwrite(const void * ptr, size_t size, size_t nmemb, FILE * file);
```

也就是说，把 ptr 所指向的长度为 size * nmemb 的数据写入到 FILE 指针所指向的结构体描述的文件中，其中的 size_t 就是 long long int 类型的别名。如果成功，该函数返回一个 size_t 数据值，表示写入的以参数 size 为基础块的数据块总数；如果该数据值与 nmemb 参数不同，则表示发生了写入错误。下面举例说明 fwrite( )函数的应用。下面的代码将把一个字符串写入到指定文件中：

```
#include <stdio.h>
#include <string.h>
#include <stdlib.h>

int main(void) {
    FILE * fp = fopen("data.dat", "w+");
    if (fp == NULL) {
        printf("Error: open file\n");
        exit(1);
    }
    char * s = "Hello, world";
    size_t len = fwrite(s, 1, strlen(s), fp);
    printf("%lld", len);

    fclose(fp);

    return 0;
}
```

这个程序将字符串"Hello，world"写入到 data.dat 文件中，然后显示写入到文件中的数据长度。程序运行结果如下：

```
12
```

与之前使用 printf( )、puts( )、putchar( )等函数将数据显示在屏幕上类似，可以通过 fprintf( )、fputs( )、fputchar( )等函数将数据写入到文件中。其实，printf( )、puts( )、putchar( )只是 fprintf( )、fputs( )、fputchar( )的特殊情况而已。fprintf( )函数的一般形式如下：

```
int fprintf(FILE * file, const char * format, ...);
```

可以看到，fprintf( )函数只是比 printf( )函数多了一个参数：一个指定写入目标文件的 FILE 指针。该函数的功能就是将按指定的格式将数据写入到 file 指针所指定的文件中。如果成功，则返回写入的字符总数，否则返回一个负数。类似地，fputs( )函数的一般形式如下：

```
int fputs(const char * str, FILE * file);
```

该函数的作用是将 str 所指向的字符串写入到 file 指针所指定的文件中。如果成功,则返回写入的字符总数,否则返回一个负数。fputc() 函数的一般形式如下:

```
int fputc(char ch, FILE * fp);
```

该函数的作用就是把指定的字符 ch 写入到 file 指针所指定的文件中。如果成功,则返回被写入的字符;如果发生错误,则返回 EOF。下面的例子将一系列数据写入到 mimi.data 文件中:

```
#include <stdio.h>
#include <string.h>
#include <stdlib.h>

int main(void) {
    FILE * fp = fopen("mini.text", "w+");
    if (fp == NULL) {
        printf("Error: open file\n");
        exit(1);
    }

    char * s = "Hello, world\n";
    size_t len = fwrite(s, 1, strlen(s), fp);
    fprintf(fp, "len=%lld, %4d-%02d-%02d\n", len, 2025, 1, 1);
    fputs("How do you do? \n", fp);
    fputc('A', fp);

    fclose(fp);

    return 0;
}
```

程序首先打开了 mini.text 文件,然后分别使用 fwrite()、fprintf()、fputs()、fputc() 函数向文件中写入数据,最后关闭文件。运行这个程序后,打开 mini.text 文件,该文件内容如下:

```
Hello, world
len=13, 2025-01-01
How do you do?
A
```

这些数据正是程序写入的数据。

在使用类似 fwrite()、fprintf()、fputs()、fputc() 等函数向文件写入数据时,每次成功写入指定长度的数据后,FILE 结构体中用于记录文件读/写位置的属性将发生相同长度的位移。举例来说,如果当前文件的读/写位置为 200,此时,又向文件中写入了 10 字节的数据,则文件的读/写位置将变成 210。

12.3.3　从文件中读取数据:fread()、fscanf()、fgets()、fgetc()

可以使用 fread()、fscanf()、fgets()、fgetc() 等函数从文件读取数据。fread() 函数的一般格式如下:

```
size_t fread(void * ptr, size_t size, size_t nmemb, FILE * file);
```

fread()函数从 file 指针所指定的文件中读取 size * nmemb 个字节的数据到 ptr 所指向的内存中。如果成功,则返回读取的以参数 size 为基础块的数据块总数,如果总数与 nmemb 参数不同,则可能发生了一个错误或者到达了文件末尾。类似地,fscanf()函数的一般形式如下:

```
int fscanf(FILE * file, const char * format, ...);
```

该函数从 file 指针所指定的文件中读取格式化输入,函数的返回值表示成功匹配和赋值的个数,否则返回 EOF(end of file,文件结尾。一个宏定义,其值为−1)。它的功能和使用方式非常类似 scanf()函数,只是 fscanf()函数从指定文件读取数据。类似地,fgets()函数的一般形式如下:

```
char * fgets(char * str, int n, FILE * file);
```

该函数从指定 file 所指定的文件中读取一行字符数据,并把它存储在 str 所指向的字符串内。当读取 $n-1$ 字符,或者读取到换行符时,或者到达文件末尾时,它会停止,具体视情况而定。如果成功,该函数返回指向 str 的指针;如果到达文件末尾或者没有读取到任何字符,str 的内容保持不变,并返回一个空指针。类似地,fgetc()函数的一般形式如下:

```
int fgetc(FILE * stream);
```

该函数从 file 指针所指定的文件获取下一个字符(字符的 ASCII 值),并以无符号 char 强制转换为 int 的形式并返回读取的字符。如果到达文件末尾或发生读错误,则返回 EOF。

下面看一个例子,这个例子先向文件写入一些数据,再从文件中读出之前写入的数据。完整的程序代码如下:

```
#include <stdio.h>
#include <stdlib.h>

int main(void) {
    FILE * fp = fopen("mimi.data", "w");
    if (fp == NULL) {
        printf("Error: open file for write\n");
        exit(1);
    }
    int age = 20;
    fwrite(&age, sizeof(int), 1, fp);
    fprintf(fp, "%d-%d-%d\n", 2025, 10, 10);
    fputs("hello world\n", fp);
    fputc('Z', fp);
    fclose(fp);

    fp = fopen("mimi.data", "r");
    if (fp == NULL) {
        printf("Error: open file for read\n");
        exit(1);
```

```
    }
    int t;
    fread(&t, sizeof(int), 1, fp);
    printf("%d\n", t);
    char ss[100];
    fgets(ss, 99, fp);
    printf("%s", ss);
    fgets(ss, 99, fp);
    printf("%s", ss);
    char c = fgetc(fp);
    printf("%c\n", c);
    fclose(fp);

    return 0;
}
```

　　程序首先以写方式打开文件 mimi.data，然后使用 fwrite() 函数写入整数 20，之后再写入一个字符串"2025-10-10"、字符串"hello world"和字符 Z，最后关闭文件。再以读方式再次打开 mimi.data，使用 fread() 函数从文件读取一个整数，使用 fgets() 函数读取一个字符串，使用 fgets() 函数再次读取一个字符串，最后使用 fgetc() 函数读取一个字符。运行这个程序，显示如下结果：

```
20
2025-10-10
hello world
Z
```

　　从这个例子可以看出，作为一位程序员，时刻都要清楚要读/写文件的内容及其格式，并采用合适的函数读/写文件内容。

　　在使用类似 fread()、fscanf()、fgets()、fgetc() 等函数从文件读取指定长度的数据后，FILE 结构体中用于记录文件读/写位置的属性将发生相同长度的位移。举例来说，如果当前文件的读/写位置为 200，此时，又向文件中读取了 10 个字节的数据，则文件的读/写位置将变成 210。

12.3.4　关闭文件：fclose()

　　完成对文件的读/写等操作后，如果后续不再需要对文件进行其他操作，则必须调用 fclose() 函数关闭文件。fclose() 函数的一般形式如下：

```
int fclose(FILE * file);
```

　　该函数关闭 file 指针所指定的之前已经打开的文件。如果文件被成功关闭，则该方法返回零；如果失败，则返回 EOF。

12.3.5　文件操作错误码及其处理方式

　　在操作文件的过程中，包括打开文件、从文件中读取数据、将数据写入到文件、关闭文件等操作中，都有可能会发生错误，为此，C 语言函数库提供了识别和处错误文件操作错误的函数，包括 feof()、ferror()、clearerror()、perror()。

feof()函数用于检查指定文件的读/写位置指针是否到达文件的末尾（EOF），该函数的一般形式如下：

```
int feof(FILE * file);
```

当指定的文件 file 的读/写位置指针达到文件末尾时，该函数返回一个非零值，否则返回零。

在使用 fopen()、fwrite()、fprintf()、fputs()、fputc()、fread()、fscanf()、fgets()、fgetc()、fclose()等函数操作文件时，如果发生了错误，则可以使用 ferror()函数得到发生错误的错误编号。ferror()函数的一般形式如下：

```
int ferror(FILE * file);
```

如果在操作文件过程中发生了错误，该函数返回一个表示错误编号的非零值，否则返回一个零值。为了清除之前发生的错误，可以使用 clearerr()函数与 ferror()函数配合使用。clearerr()函数的一般形式如下：

```
void clearerr(FILE * file);
```

该函数清除给定文件 file 的错误标识符。这个函数没有返回值，也不会失败。

perror()函数用于输出操作文件时发生的错误信息到屏幕，这段错误信息对应的编号就是 ferror()函数返回的非零值。perror()函数的一般使用形式如下：

```
void perror(const char * str);
```

其中参数 str 是一段描述性信息。最终输出到屏幕的信息如下："参数 str 的内容：之前文件操作发生的错误号[ferror()函数的返回值]对应的错误描述信息。"

12.4 以文本模式或二进制模式打开文件

在使用 fopen()函数打开文件时，可以通过模式符号 t 或者 b 选择以文本方式打开文件还是以二进制方式打开文件。所谓文本文件和二进制文件，是对文件称呼的一个误区：所有的数据都是以二进制方式保存在文件中的，只是习惯上将存储文字的文件称为文本文件。对于所谓的文本文件，在文件中保存的仍是字符的编码，例如，字符的 ASCII 编码，仍然是以二进制形式保存在文件中的。

12.4.1 以二进制（十六进制）模式观察文件的原始内容

编写一个简单的程序，向一个文件中写入几个简单的数据：一个整数、一个包含'\n'字符的字符串。完整的程序代码如下：

```
#include <stdio.h>
#include <stdlib.h>

int main(void) {
```

```
FILE * fp = fopen("mimi.data", "w");
if (fp == NULL) {
    perror("open file for write: ");
    exit(1);
}

int age = 20;
fwrite(&age, sizeof(int), 1, fp);
fputs("hello\n", fp);

fclose(fp);

return 0;
}
```

运行这个程序,将在工程的 cmake-build-debug 目录中生成 mimi.data 文件,直接在 CLion 中显示这个文件内容,并将显示乱码,如图 12-4 所示。

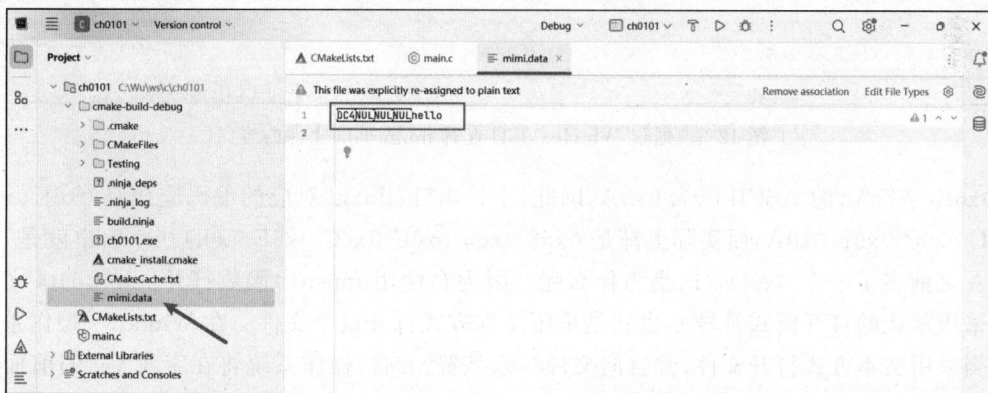

图 12-4　显示 mimi.data 文件内容时出现乱码

之所以会显示乱码,是因为文件开头的 4 字节中写入了整数 20:如果将整数 20 转换成 32 位的整数,并且以十六进制表示,则是 0x00000014。CLion 在显示 mimi.data 文件的内容时,把每个字节都作为字符对待,显然 0x00 是不可显示字符,所以出现乱码。

由于文件中包含有不可见字符而不能直接使用普通的文本编译/查看程序查看文件信息时,能否以二进制方式查看文件的原始信息? 答案是能,可以通过使用专门的二进制(十六进制)文件查看工具直接查看/编辑文件。目前这类工具软件很多,这里使用 WinHex 工具查看二进制文件内容。

运行 WinHex 工具,并打开工程目录 cmake-build-debug 子目录下的 mimi.data 文件,如图 12-5 所示。

第一个矩形框框住的内容就是写入的整数 int 类型的值 20,用十六进制表示就是 0x00000014;第二个矩形框框住的内容就是字符串"hello\"。注意,整数 int 类型占用 4 字节,intel x86 类型的 CPU 在存储整数数据时,最高有效字节存储在最高地址处,因此,在文件中看起来好像数据被倒转过来了;再注意字符串"hello\n"在文件中的存储方式,字符'h'的 ASCII 码为 0x68,字符'e'的 ASCII 码为 0x65,字符'l'的 ASCII 码为 0x6C,字符'o'的 ASCII 码

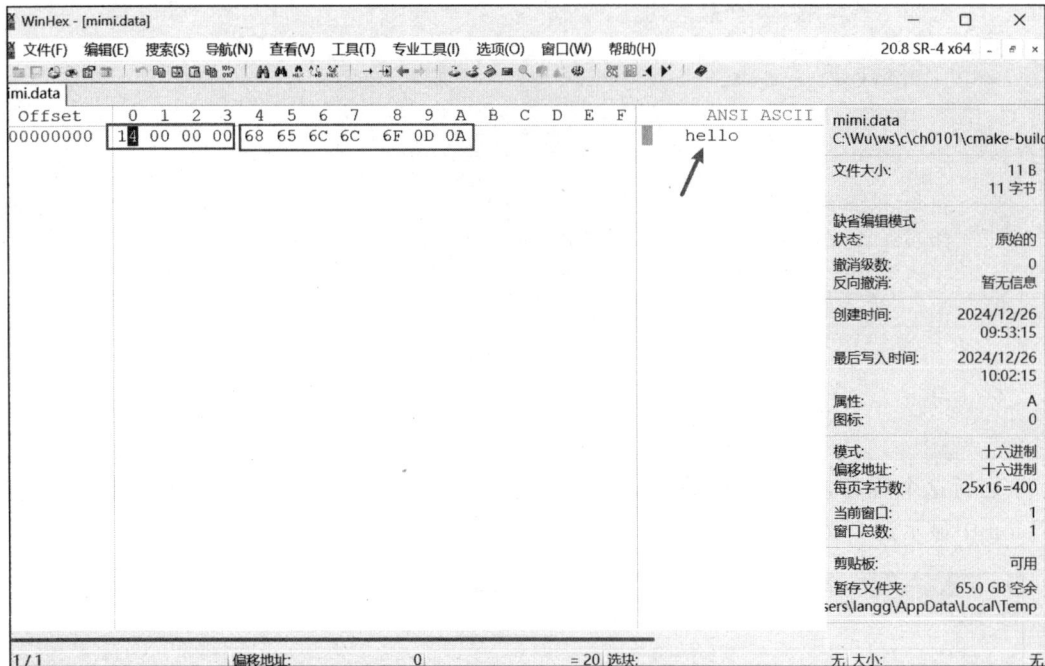

图 12-5　通过 WinHex 工具查看 mimi.data 文件内容

为 0x6F,字符'\n'的 ASCII 码为 0x0A,因此,字符串"hello\n"对应的编码应该是 0x68 0x65 0x6C 0x6C 0x6F 0x0A,而实际上却是 0x68 0x65 0x6C 0x6C 0x6F 0x0D 0x0A,也就是,在 0x0A 之前多了一个 0x0D。这是为什么呢? 因为在使用 fopen()函数打开 mimi.data 文件时,采用默认的打开模式符号 t,也就是采用文本方式打开这个文件。在 Windows 操作系统下,当采用文本方式打开文件,并且向文件写入字符'\n'时,操作系统将在字符'\n'的前面自动写入回车字符'\r',这就是为什么在写入"hello\n"时会写入"hello\r\n"到文件的原因。

12.4.2　以文本模式或二进制打开文件的总结

以文本方式模式符 t 打开文件和以二进制方式模式符 b 打开文件,在 Windows 操作系统和以 UNIX/Linux 为基础的操作系统下的处理方式是有区别的。具体如下。

(1) 在 Windows 系统中,若以文本模式打开文件,当写入包含换行符'\n'也就是值为 0x0A 的数据时,函数会自动在'\n'前面加上'\r',也就是加上 0x0D,即实际写入文件的是"\r\n",即 0x0D0A;若以文本方式打开文件,当读取数据时,系统自动将"\r\n",即连续出现的 0x0D0A 缩减为'\n',也就是 0x0A 返回给程序;若以二进制方式打开文件,则对文件的读/写数据都将以原样进行。

(2) 在 UNIX/Linux 系统中,以文本方式与以二进制方式打开文件没有区别,对数据的读/写都将以原样进行。

下面来看这个例子,以便深入理解在 Windows 下以文本模式打开文件进行操作时的现象。这个例子非常简单,就是以文本模式打开文件并向文件写入一个整数 0x0A0A0A0A,然后使用 WinHex 观察文件的原始内容。完整的程序代码如下:

```
#include <stdio.h>
#include <stdlib.h>

int main(void) {
    FILE * fp = fopen("surprise.data", "w");
    if (fp == NULL) {
        perror("open file for write:");
        exit(1);
    }

    int data = 0x0A0A0A0A;
    fwrite(&data, sizeof(int), 1, fp);
    fclose(fp);

    return 0;
}
```

使用 WinHex 工具打开 surprise.data 文件，如图 12-6 所示。

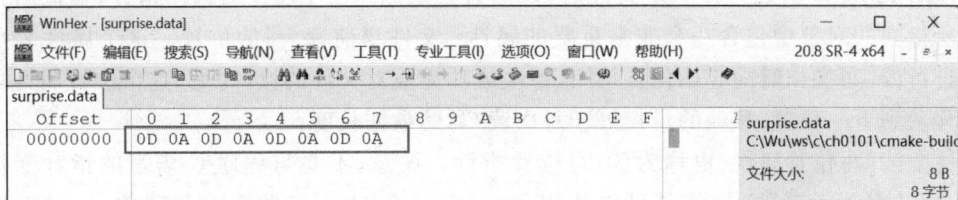

图 12-6　以文本模式打开文件并写入 0x0A0A0A0A 数据的最后结果

从图 12-6 可以看出，由于文件是以文本模式打开的，同时，写入的数据中又包含 4 个 0x0A，因此，写入后的最后结果文件中，在每个 0x0A 的前面均插入了 0x0D，也就是字符 '\r'，这样的结果确实有点让人惊奇。现在修改文件的打开方式，以二进制方式打开文件，也就是将如下语句：

```
FILE * fp = fopen("surprise.data", "w");
```

修改为

```
FILE * fp = fopen("surprise.data", "wb");
```

再次运行程序，并用 WinHex 工具打开文件查看原始结果，如图 12-7 所示。

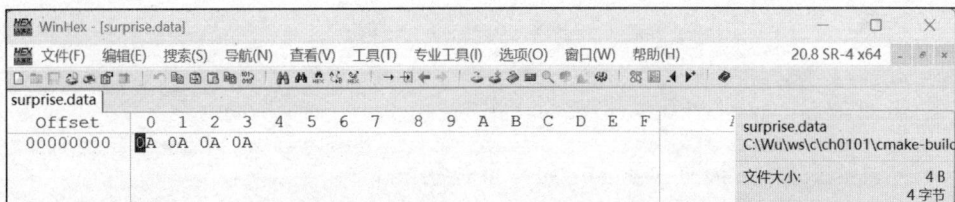

图 12-7　以二进制模式打开文件并写入 0x0A0A0A0A 数据的最后结果

从图 12-7 可以看出，以二进制模式打开文件，写入的数据与原始数据保持一致。

由于 Windows 操作系统和 UNIX/Linux 操作系统对打开模式 t 和打开模式 b 的不同

223

处理方式，会使程序运行在不同操作系统上时产生运行时问题，因此，如果所开发的程序需要能够在 Windows 操作系统和 UNIX/Linux 操作系统上做到源代码级兼容，建议统一使用二进制模式 b 打开文件。其实，使用 C 语言操作文件的最佳实践也是统一采用二进制模式打开和操作文件。

文件以二进制模式打开与文本模式打开

12.5　文件读/写位置定位

使用 fopen() 函数打开一个文件后，该函数会返回一个 FILE 结构体指针，在该结构体指针所指向的对象中包含一个非常重要的属性：文件当前读/写的位置。这个属性表示对文件进行读/写操作时的起始位置，并且每次成功完成对文件的读/写后，这个位置属性均会自动移动到下一位置，移动的步长等于每次读/写的数据长度。

这个读/写位置属性（也称为读/写位置指针。注意，不要与程序 C 语言的指针变量混淆，它们是毫无关系的）的值是可以使用 rewind()、fseek() 函数直接移动的，也可以通过 ftell() 函数获取读/写位置指针的值。

12.5.1　移动读/写位置指针到文件开始处：rewind()

使用 rewind() 函数将文件的读/写指针移动到文件的开始处。该函数的一般形式如下：

```
void rewind(FILE * file);
```

看一个使用 rewind() 函数的例子。这个例子以读/写方式打开文件，然后向文件写入一些数据。再将文件的读/写指针通过 rewind() 函数移动到文件开始处，并把文件内容读取出来。完整的程序代码如下：

```
#include <stdio.h>
#include <stdlib.h>

int main(void) {
    FILE * fp = fopen("something.data", "w+b");
    if (fp == NULL) {
        perror("open file for write and read:");
        exit(1);
    }

    int data = 0x0A0A0A0A;
```

```
    fwrite(&data, sizeof(int), 1, fp);
    fprintf(fp, "%d-%d-%d\n", 86, 10, 71231);
    fputs("what is this? \n", fp);
    fwrite(&data, sizeof(int), 1, fp);

    rewind(fp);

    fread(&data, sizeof(int), 1, fp);
    printf("0x%08X\n", data);
    int d1, d2, d3;
    fscanf(fp, "%d-%d-%d\n", &d1, &d2, &d3);
    printf("%d-%d-%d\n", d1, d2, d3);
    char ss[100];
    fgets(ss, 99, fp);
    printf("%s", ss);
    fread(&data, sizeof(int), 1, fp);
    printf("0x%08X\n", data);

    fclose(fp);

    return 0;
}
```

　　程序首先以二进制读/写模式打开文件,然后向文件写入一些数据。当完成写数据后,文件读/写位置指针处于文件的末尾,此时是不能从文件读取数据的,因此,调用 rewind() 函数将读/写位置指针移动到文件开始处。然后使用相应的函数读取数据并显示。运行这个程序,显示如下结果:

```
0x0A0A0A0A
86-10-71231
what is this?
0x0A0A0A0A
```

　　使用 WinHex 查看文件原始内容会发现,文件的原始内容与程序写入的数据完全一致,如图 12-8 所示。

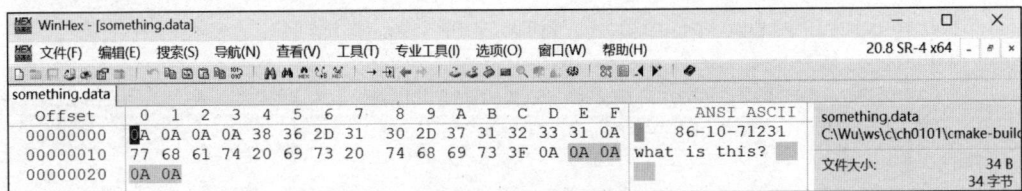

图 12-8　示例程序数据文件 something.data 的内容

12.5.2　设定读/写位置指针到指定位置:fseek()

　　为了移动文件读/写位置指针到任何期望的位置,可以使用 fseek() 函数。fseek() 函数的一般形式如下:

```
int fseek(FILE * file, long int offset, int whence);
```

其中，file 指针是要移动读/写位置的文件；offset 是要移动的位移量；whence 是移动位置参考点，它的取值及含义如表 12-2 所示。

表 12-2　fseek() 函数 whence 参数的取值及其含义

序号	取　值	含　　义
1	SEEK_SET	相对于文件的开头位置移动读/写位置指针
2	SEEK_CUR	相对于文件读/写位置指针的当前位置移动读/写位置指针。offset 参数为正值时表示向前移动读/写位置指针，为负值时表示向后移动读/写位置指针
3	SEEK_END	相对于文件的末尾移动读/写位置指针。当使用这种唯一参考点时，参数 offset 的值只能为负值或者 0

看一个例子。这个例子先向文件写入一些数据，然后通过移动读/写指针到指定位置并读取数据，将这个值加 1 后再写回到原来的位置。完整的程序代码如下：

```
#include <stdio.h>
#include <stdlib.h>

int main(void) {
    FILE * fp = fopen("position.data", "w+b");
    if (fp == NULL) {
        perror("Error, open file for write and read:");
        exit(1);
    }

    int ia = 100;
    float fb = 1234.6f;
    double dc = 3.14159;
    fwrite(&ia, sizeof(int), 1, fp);
    fwrite(&fb, sizeof(float), 1, fp);
    fwrite(&dc, sizeof(double), 1, fp);

    fseek(fp, -8, SEEK_END);
    double dc2;
    fread(&dc2, sizeof(double), 1, fp);
    dc2++;
    fseek(fp, 8, SEEK_SET);
    fwrite(&dc2, sizeof(double), 1, fp);

    int ib;
    float fc;
    double dc3;
    fseek(fp, 0, SEEK_SET);
    fread(&ib, sizeof(int), 1, fp);
    fread(&fc, sizeof(float), 1, fp);
    fread(&dc3, sizeof(double), 1, fp);
```

```
    printf("ia = %d, fb = %f, dc = %lf\n", ib, fc, dc3);

    fclose(fp);

    return 0;
}
```

程序打开文件后，使用如下语句写入数据到文件中：

```
fwrite(&ia, sizeof(int), 1, fp);
fwrite(&fb, sizeof(float), 1, fp);
fwrite(&dc, sizeof(double), 1, fp);
```

此时，文件内容及其读/写位置指针如图 12-9 所示。

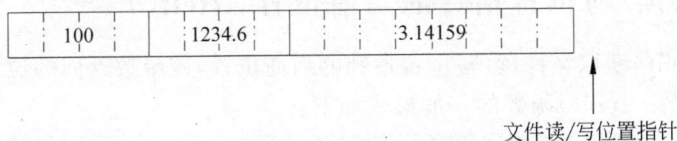

文件读/写位置指针

图 12-9　写入数据后文件的内容及读/写指针位置

当执行如下语句后：

```
fseek(fp, -8, SEEK_END);
```

将文件读/写位置指针向后移动 8 字节，此时，文件内容及读/写位置指针如图 12-10 所示。

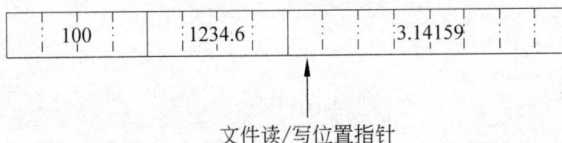

文件读/写位置指针

图 12-10　从文件末尾向后移动 8 字节后的文件内容及其读/写位置指针

当执行如下语句后：

```
fread(&dc2, sizeof(double), 1, fp);
dc2++;
```

文件的内容及其文件的读/写位置指针的位置如图 12-9 所示。再执行如下语句：

```
fseek(fp, 8, SEEK_SET);
fwrite(&dc2, sizeof(double), 1, fp);
```

文件内容及读/写位置指针如图 12-11 所示。

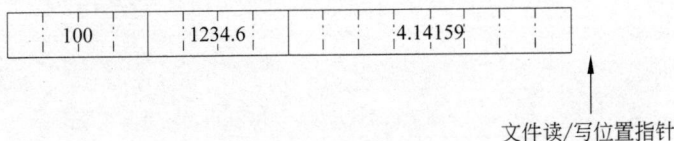

文件读/写位置指针

图 12-11　dc2 加 1 并写入文件后的内容及读/写位置指针

227

再执行如下语句:

```
fseek(fp, 0, SEEK_SET);
fread(&ib, sizeof(int), 1, fp);
fread(&fc, sizeof(float), 1, fp);
fread(&dc3, sizeof(double), 1, fp);
printf("ia = %d, fb = %f, dc = %lf\n", ib, fc, dc3);
```

将文件读/写位置指针设置在文件的开始处,然后读取相应数据的值并显示出来。运行这个程序,显示如下结果:

```
ib = 100, fc = 1234.599976, dc3 = 4.141590
```

12.5.3　获取读/写位置指针的当前位置:ftell()

可以使用 ftell()获取文件读/写位置指针的当前位置,该函数返回的位置值是相对于文件开始处的字节数。ftell()函数的一般形式如下:

```
long int ftell(FILE * file);
```

例如,下面的代码首先向文件写入一些数据,然后向后移动读/写指针,最后使用 ftell()函数获取文件读/写指针的位置值。完整的程序代码如下:

```
#include <stdio.h>
#include <stdlib.h>

int main(void) {
    FILE * fp = fopen("position.data", "w+b");
    if (fp == NULL) {
        perror("Error: ");
        exit(1);
    }

    int ia = 100;
    float fb = 1234.6f;
    double dc = 3.14159;
    fwrite(&ia, sizeof(int), 1, fp);
    fwrite(&fb, sizeof(float), 1, fp);
    fwrite(&dc, sizeof(double), 1, fp);

    fseek(fp, 4, SEEK_SET);
    long int pos = ftell(fp);
    printf("pos = %ld\n", pos);

    fclose(fp);

    return 0;
}
```

运行这个程序,显示如下结果:

```
pos = 4
```

12.6　读/写结构化数据

在文件中保存结构化数据是一种较好的编程实践。将结构化数据保存到文件中,可以简化数据的存储结构,也便于理解和处理。对结构化数据进行读/写的最佳方式是:采用二进制模式打开文件,并使用 fread() 和 fwrite() 函数对文件进行读/写。

12.6.1　读/写单个结构化数据

在文件中采用结构体存储数据,可以简化对数据的读/写操作:可以一次性完成对数据的读/写。看下面的例子,这个例子先将一个 Student 结构体数据保存到 student.data 文件中,再读取并显示。完整的程序代码如下:

```c
#include <stdio.h>
#include <stdlib.h>

typedef struct Student_ {
    int num;
    char name[100];
    int age;
    float score;
} Student;

int main(void) {
    FILE * fp = fopen("student.data", "wb+");
    if (fp == NULL) {
        perror("open file for write and read:");
        exit(1);
    }

    Student student = {1000, "John", 20, 95};
    size_t len;
    len = fwrite(&student, sizeof(student), 1, fp);
    if (len != 1) {
        perror("fwrite:");
        exit(1);
    }
    printf("len:%lld\n", len);          //fwrite()函数返回写入的数据块数目

    Student st;
    fseek(fp, 0, SEEK_SET);
    len = fread(&st, sizeof(st), 1, fp);
    printf("len:%lld\n", len);          //fread()函数返回读取数据块数目
    if (len != 1) {
        perror("fread: ");
        exit(1);
    }
```

```
        printf("Student num: %d\n", st.num);
        printf("Student name: %s\n", st.name);
        printf("Student age: %d\n", st.age);
        printf("Student score: %f\n", st.score);

        fclose(fp);

        return 0;
}
```

程序定义了 Student 结构体，然后打开文件并向文件写入变量 student 的数据，之后移动文件读/写位置指针到文件开始处，再读取 student 信息并显示。运行这个程序，显示如下结果：

```
len:1
len:1
Student num: 1000
Student name: John
Student age: 20
Student score: 95.000000
```

12.6.2 读/写结构体数组数据

采用结构体数组，可以一次性写入多个结构体数据到文件中。看下面的例子，这个例子一次性将 Student 结构体数组写入文件中，然后读取并显示出来。完整的程序代码如下：

```
#include <stdio.h>
#include <stdlib.h>

typedef struct Student_ {
    int num;
    char name[100];
    int age;
    float score;
} Student;

int main(void) {
    printf("sizeof(Student): %lld\n", sizeof(Student));

    FILE * fp = fopen("student.data", "w+b");
    if (fp == NULL) {
        perror("open file for write and read:");
        exit(1);
    }

    Student students[] = {
        {1000, "John", 20, 95},
        {1001, "Tom", 21, 85},
        {2000, "Gates", 20, 100},
        {3000, "White", 22, 95}
```

```
    };
    size_t len;
    len = fwrite(students, sizeof(Student), 4, fp);
    if (len != 4) {
        perror("fwrite:");
        exit(1);
    }
    printf("len:%lld\n", len);           //fwrite()函数返回写入数据块的数目

    Student * p = (Student *)malloc(sizeof(Student) * 4);
    fseek(fp, 0, SEEK_SET);
    len = fread(p, sizeof(Student), 4, fp);
    printf("len:%lld\n", len);            //fread()函数返回读取数据块的数目
    if (len != 4) {
        perror("fread: ");
        exit(1);
    }
    printf("\n");
    for (int i = 0; i < 4; i++) {
        printf("Student num: %d\n", (p+i)->num);
        printf("Student name: %s\n", (p+i)->name);
        printf("Student age: %d\n", (p+i)->age);
        printf("Student score: %f\n", (p+i)->score);
      printf("\n");
    }

    free(p);
    fclose(fp);

    return 0;
}
```

　　程序定义并初始化了结构体 Student 的数组 students,然后将 students 数组的数据写入到文件中,再将文件读/写位置指针移动到文件的开始处,并一次性读取所有数据,再利用循环显示所有学生信息。运行这个程序,显示如下结果:

```
sizeof(Student): 112
len:4
len:4

Student num: 1000
Student name: John
Student age: 20
Student score: 95.000000

Student num: 1001
Student name: Tom
Student age: 21
```

```
Student score: 85.000000

Student num: 2000
Student name: Gates
Student age: 20
Student score: 100.000000

Student num: 3000
Student name: White
Student age: 22
Student score: 95.000000
```

12.7　案例：保存图书信息到文件

在第 11 章的案例程序中已经完成了对图书信息的基本管理，包括：增加图书信息，删除图书信息，修改图书信息，查询图书信息，列表所有图书信息。本节继续第 11 章的案例，以便将图书信息永久保存到文件中。

1. 案例目标

如果不能将已经录入的图书信息保存到文件中，那么第 11 章完成的图书信息管理系统是没有实际价值的。现在要求完善第 11 章的案例，用户可以根据实际情况随时将已经录入的图书信息保存到文件中，或者随时从文件中读取之前保存的图书信息。

2. 案例分析

根据案例目标，在保持程序的基本结构不变的同时（也就是仍然使用链表处理图书信息），增加以下几项基本功能：

（1）当退出程序时，自动将图书信息保存到文件中；

（2）当启动程序时，自动将上次退出程序保存的图书信息读取到链表中；

（3）用户可以随时保存图书信息到文件中；

（4）用户可以随时从文件中读取图书信息。

3. 案例实施

基于对案例的实现分析，完成了对 bm.h 头文件、bm.c 源代码文件和 main.c 文件的修改，同时也完成了第 11 章未完成的代码。

（1）bm.h 头文件。对于稍具规模的程序，应该将类型定义、函数声明等放置在头文件中进行集中管理。图书信息管理系统的头文件 bm.h 就存储了这些内容。完成后的 bm.h 文件内容如下：

```
#ifndef BM_H
#define BM_H

typedef enum BType_ {
    learning=1, novel, history
} BType;
```

```
typedef struct Date_ {
    int year;
    int month;
    int day;
} Date;

typedef struct Book_ {
    char name[100];
    char author[40];
    BType type;
    char press[100];
    Date date;
    float price;
} Book;

typedef struct BookNode_ {
    Book data;
    struct BookNode_ * next;
} BookNode;

int choice();
BookNode * add_book(BookNode * p);
BookNode * search_book(BookNode * p);
BookNode * delete_book(BookNode * p);
BookNode * modify_book(BookNode * p);
BookNode * list_book(BookNode * p);
BookNode * save_to_file(BookNode * p);
BookNode * load_from_file(BookNode * p);

#endif //BM_H
```

（2）bm.c 源代码文件。

```
#include <stdio.h>
#include "../headers/bm.h"

#include <stdlib.h>
#include <string.h>

int choice() {
    int choice;

    printf("MENU\n");
    printf("1. Add Book\n");
    printf("2. Search Book\n");
    printf("3. Delete Book\n");
    printf("4. Modify Book\n");
    printf("5. List All Books\n");
    printf("6. Save to file\n");
    printf("7. Load from file\n");
```

```
        printf("0. Exit\n");

        printf("Choice: ");
        scanf("%d", &choice);
        getchar();

        return choice;
    }

BookNode * add_book(BookNode * p) {
    BookNode * book = (BookNode *) malloc(sizeof(BookNode));
    if (book == nullptr) {
        printf("Memory allocation error\n");
        exit(1);
    }

    printf("Add New Book\n");
    printf("Please enter the book name:");
    gets(book->data.name);
    printf("Please enter the book author:");
    gets(book->data.author);
    printf("Please enter the book type. 1--learning, 2--novel, 3--history: ");
    scanf("%d", &book->data.type);
    getchar();
    printf("Please enter the book presser:");
    gets(book->data.press);
    printf("Please enter the date, yyyy-mm-dd:");
    scanf("%d-%d-%d", &book->data.date.year, &book->data.date.month, &book->
    data.date.day);
    printf("Please enter the price:");
    scanf("%f", &book->data.price);

    book->next = nullptr;

    BookNode * q = p;
    if (p == nullptr) {
        p = book;
    } else {
        while (q->next != nullptr) {
            q = q->next;
        }
        q->next = book;
    }

    return p;
}

BookNode * search_book(BookNode * p) {
    char name[100];
    BookNode * q = p;
```

```
    int found = 0;

    printf("Please enter the book name:");
    gets(name);
    while (q != nullptr) {
        if (strcmp(name, q->data.name) == 0) {
            printf("FOUND!");
            printf("Book Name: %s\n", q->data.name);
            printf("Book Author: %s\n", q->data.author);
            printf("Book Type: %d\n", q->data.type);
            printf("Book Presser: %s\n", q->data.press);
            printf("Book Date: %d-%d-%d\n", q->data.date.year, q->data.date.
            month, q->data.date.day);
            printf("Book Price: %.2f\n", q->data.price);
            found = 1;
        }
        q = q->next;
    }
    if (! found) {
        printf("Book not found\n");
    }

    return p;
}

BookNode * delete_book(BookNode * p) {
    char name[100];
    printf("Please enter the book name:");
    gets(name);

    BookNode * q = p, * prev = nullptr;
    while (q != nullptr) {
        if (strcmp(name, q->data.name) == 0) {
            if (prev == nullptr) {
                BookNode * tmp = q;
                q = q->next;
                p = q;
                free(tmp);
            }
            else {
                BookNode * tmp = q;
                prev->next = q->next;
                free(tmp);
            }
        }
        prev = q;
        q = q->next;
    }

    return p;
}
```

```
    }

BookNode * modify_book(BookNode * p) {
    char name[100];
    printf("Please enter the book name:");
    gets(name);

    BookNode * q = p;
    while (q != nullptr) {
        if (strcmp(name, q->data.name) == 0) {
            printf("Please enter the new name of the book:");
            gets(q->data.name);
            printf("Please enter the new author:");
            gets(q->data.author);
            printf("Please enter the book type. 1--learning, 2--novel,
            3--history: ");
            scanf("%d", &q->data.type);
            getchar();
            printf("Please enter the book presser:");
            gets(q->data.press);
            printf("Please enter the date, yyyy-mm-dd:");
            scanf("%d-%d-%d", &q->data.date.year, &q->data.date.month, &q->
            data.date.day);
            printf("Please enter the price:");
            scanf("%f", &q->data.price);
        }
        q = q->next;
    }

    return p;
}

BookNode * list_book(BookNode * p) {
    BookNode * q = p;
    int count = 0;
    while (q != nullptr) {
        count++;
        printf("Book No. %d\n", count);
        printf("Book Name: %s\n", q->data.name);
        printf("Book Author: %s\n", q->data.author);
        printf("Book Type: %d\n", q->data.type);
        printf("Book Presser: %s\n", q->data.press);
        printf("Book Date: %d-%d-%d\n", q->data.date.year, q->data.date.month,
        q->data.date.day);
        printf("Book Price: %.2f\n\n", q->data.price);
        q = q->next;
    }

    return p;
```

```
}

BookNode * save_to_file(BookNode * p) {
    BookNode * q = p;
    FILE * f = fopen("books.data", "wb");
    if (f == nullptr) {
        perror("File could not be opened");
        return p;
    }

    while (q != nullptr) {
        size_t n = fwrite(q, sizeof(BookNode), 1, f);
        if (n != 1) {
            perror("File could not be written");
            return p;
        }
        q = q->next;
    }
    fclose(f);

    return p;
}

BookNode * load_from_file(BookNode * p) {
    while (p != nullptr) {
        BookNode * tmp = p->next;
        free(p);
        p = tmp;
    }
    p = nullptr;

    FILE * f = fopen("books.data", "rb");
    if (f == nullptr) {
        //perror("File could not be opened");
        //means no book recorded previously
        return p;
    }

    BookNode * q;
    BookNode * book = (BookNode *)malloc(sizeof(BookNode));
    while (fread(book, sizeof(BookNode), 1, f) > 0) {
        book->next = nullptr;
        if (p == nullptr) {
            p = book;
            q = p;
        }
        else {
            q->next = book;
            q = book;
        }
```

```
            book = (BookNode *)malloc(sizeof(BookNode));
    }
    free(book);
    fclose(f);

    return p;
}
```

（3）main.c 源代码文件。

```
#include <stdio.h>
#include "headers/bm.h"

int main(void) {
    printf("%lld\n", sizeof(BookNode));
    BookNode * p = load_from_file(nullptr);

    while (1) {
        int ch = choice();
        switch (ch) {
            case 1:
                p = add_book(p);
                break;
            case 2:
                p = search_book(p);
                break;
            case 3:
                p = delete_book(p);
                break;
            case 4:
                p = modify_book(p);
                break;
            case 5:
                p = list_book(p);
                break;
            case 6:
                p = save_to_file(p);
                break;
            case 7:
                p = load_from_file(p);
                break;
            case 0:
                save_to_file(p);
                printf("Bye Bye\n");
                return 0;
            default:
                printf("Wrong Choice, Try Again.\n");
        }
    }
}
```

（4）运行结果演示。运行这个程序，录入一些图书信息，然后退出程序。再次运行程序，程序将自动读取之前录入的图书信息，显示如下结果：

```
272
MENU
1. Add Book
2. Search Book
3. Delete Book
4. Modify Book
5. List All Books
6. Save to file
7. Load from file
0. Exit
Choice:5

Book No. 1
Book Name: AAA
Book Author: AAA
Book Type: 1
Book Presser: AAA
Book Date: 2000-10-10
Book Price: 123.00

Book No. 2
Book Name: BBB
Book Author: BBB
Book Type: 2
Book Presser: BBB
Book Date: 2025-12-12
Book Price: 2.00

MENU
1. Add Book
2. Search Book
3. Delete Book
4. Modify Book
5. List All Books
6. Save to file
7. Load from file
0. Exit
Choice:0

Bye Bye
```

12.8　课后练习：个人财务管理系统

设计一个财务管理系统，能够对个人的收支情况进行管理，并实现基础的信息统计功能。所管理的财务信息包括收支类型、收支日期、收支对象、金额、备注。要求实现如下业务功能：

  （1）添加财务收支信息；

  （2）修改财务收支信息；

  （3）搜索财务收支信息；

  （4）删除财务收支信息；

  （5）按月份统计收支金额；

  （6）按年份统计收支金额；

  （7）将收支信息写入文件；

  （8）从文件读取收支信息。

第 13 章　位操作和地址空间对齐

C 语言是一门了不起的程序设计语言,它具有高级语言特性的同时,也可以对底层设备进行操作。因此,现代的计算机操作系统大多都是使用 C 语言设计的。对底层最典型的操作包括诸如位逻辑运算和移位运算。本章对位数据的操作进行介绍,同时还将对空间对齐的概念及其应用进行介绍。这部分归属于 C 语言的高级特性范畴。

13.1　位　操　作

C 语言提供了位逻辑运算和移位运算,使用这些运算,可以完成对数据的低层次精细控制。这些运算经常被用在对设备的控制应用中。

13.1.1　位逻辑运算

位逻辑运算只能应用于整数类型的数据中,C 语言提供的位逻辑运算包括:按位取反($\sim$)、按位与(&)、按位或(|)、按位异或(^)。它们的含义及作用如表 13-1 所示。

表 13-1　位逻辑运算符及其作用

序号	位逻辑运算符	作用及示例
1	$\sim$	逻辑取反,属于单目运算符,对数据值按二进制位逐位取反,也就是二进制 0 变为 1,二进制 1 变为 0。例如: char c1=0b01101001,c2;　//前缀 0b 的作用表示以二进制方式给变量赋值 c2=$\sim$c1;　//c2 的值为 0b10010110

2	&	逻辑与,双目运算符,将两个整数值对应的二进制位执行逻辑与运算,也就是二进制 1&1 为 1,二进制 1&0 为 0,二进制 0&1 为 0,二进制 0&0 为 0。例如:
		char a1=0b00111100;
		char a2=0b11110000;
		char a3=a1 & a2;　//a3 的值为 0b00110000

3	|	逻辑或,属于双目运算符,将两个整数值对应的二进制位执行逻辑或运算,也就是二进制 1|1 为 1,二进制 1|0 为 1,二进制 0|1 为 1,二进制 0|0 为 0。例如:
		char a1=0b00111100;
		char a2=0b11110000;
		char a3=a1|a2;　//a3 的值为 0b11111100

续表

序号	位逻辑运算符	作用及示例

4	^	逻辑异或,属于双目运算符,对两个整数值的对应的二进制位执行逻辑异或运算,也就是二进制 1^1 为 0,二进制 1^0 为 1,二进制 0^1 为 1,二进制 0^0 为 0。
		例如:
		char a1=0b00111100;
		char a2=0b11110000;
		char a3=a1^a2; //a3 的值为 0b11001100

13.1.2 移位运算

所谓移位运算,就是对数据值以二进制为方式向左或者向右移动指定位数。移位运算只能针对整数数据进行。C 语言定义了两个移位运算符:左移运算符(<<)、右移运算符(>>)。这两个运算符的含义及其作用如表 13-2 所示。

表 13-2 移位运算符及其作用

序号	移位运算符	作用及示例

1	<<	左移运算,属于双目运算符,对数据值按二进制方式向左移动指定的位数,最左边的二进制位被丢弃,右边填充指定个数的二进制 0。例如:
		char c1=0b11001111;
		char c2=c1<<2; //c2 的值为 0b00111100

2	>>	右移运算,属于双目运算符,对数据值按二进制方式向右移动指定的位数,最右边的二进制位被丢弃。对于有符号整数,左边空出的位用原数据的最高位二进制位填充;对于无符号整数,也就是使用 unsigned 修饰的变量,左边空出的位用二进制 0 填充。例如:
		char c1=0b11001111;
		char c2=c1>>2; //c2 的值为 0b11110011
		unsigned char c3=0b11110000;
		unsigned char c4=c3>>2; //c4 的值为 0b00111100

13.1.3 位操作应用举例

位操作经常用于对设备进行控制。由于条件限制,没有实际物理设备,本小节通过模拟一个简单的设备来介绍位操作的应用:用程序控制一组通过内存数据连接的指示灯,如图 13-1 所示。

图 13-1 中连接指示灯的端口有 8 位,通过电路连接到对应的指示灯,当连接的位为 1 时,连接的指示灯被点亮;当连接的位为 0 时,连接的指示灯被关闭。

由于控制指示灯的数据共有 8 位,因此,可以使用一个 unsigned char 类型的数据控制。假设程序中用于控制图 13-1 中指示灯的变量如下:

```
unsigned char controller;
```

那么,通过如下赋值语句给 controller 变量赋值时:

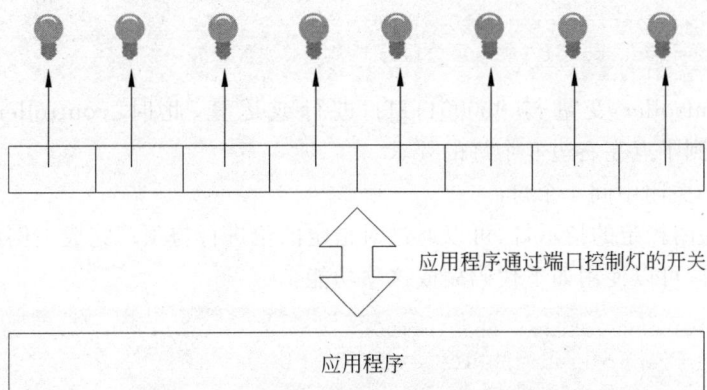

图 13-1　程序可控制的指示灯开关模拟设备

```
controller = 0b10101100;
```

指示灯的点亮及关闭如图 13-2 所示。

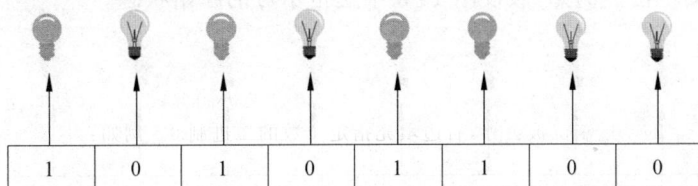

| 1 | 0 | 1 | 0 | 1 | 1 | 0 | 0 |

图 13-2　通过设置 controller 的值控制点亮或关闭指示灯

【例 13-1】　指示灯取反。

所谓指示灯取反，就是当指示灯点亮时，则关闭它；当指示灯关闭，则点亮它。通过下面的代码可以达到这项要求：

```
unsigned char controller = 0b10101100;
controller = ~controller;
```

经过这个逐位取反操作，此时 controller 变量的值为 0b01010011，达到了对指示灯的取反要求。

【例 13-2】　左边 5 个灯取反。

如果只需要对指定的灯取反，可以通过异或操作完成。例如，需要对左边的 5 个灯取反，可以通过如下语句达到这个要求：

```
unsigned char controller = 0b10101100;
controller = controller^0b11111000;
```

通过将 controller 与数值 0b11111000 进行异或运算，此时，controller 变量的值为 0b01010100，完成了对左边 5 个灯的取反操作。

【例 13-3】　点亮右边 5 个灯。

如果需要点亮指定的某些灯，可以通过对指定的位进行或运算完成。例如，如果需要点亮右边的 5 个灯，则可以通过如下代码完成：

243

```
unsigned char controller = 0b10101100;
controller = controller | 0b00011111;
```

通过将 controller 变量与 0b00011111 进行或运算,此时,controller 变量的值为 0b10111111,达到了点亮右边 5 个灯的要求。

【例 13-4】 关闭中间 4 个灯。

如果需要关闭指定的指示灯,可以通过对指定的位进行与预算完成。例如,如果需要关闭中间的 4 个灯,可以使用如下代码完成这项功能:

```
unsigned char controller = 0b10101100;
controller = controller & 0b11000011;
```

通过将 controller 变量与 0b11000011 进行与运算,此时,controller 变量的值为 0b10000000,达到了中间 4 位置 0 的操作要求。

【例 13-5】 循环跑马灯。

所谓跑马灯,就是在指定的时间间隔内,使指示灯的点亮和关闭状态沿着一个指定的方向移动,每次移动一位。例如,假设图 13-3 中是指示灯的原始状态。

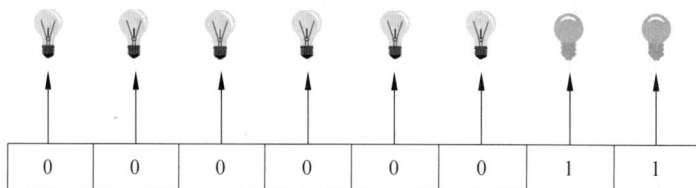

图 13-3　跑马灯指示灯的原始状态

若 1 秒钟向左移动一位,那么 1 秒钟后指示灯的状态如图 13-4 所示。

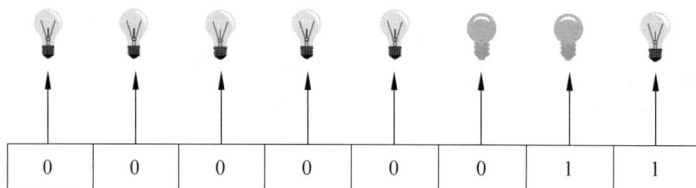

图 13-4　经过 1 秒钟后的指示灯状态

如此移位,经过 6 秒钟后,指示灯的状态如图 13-5 所示。

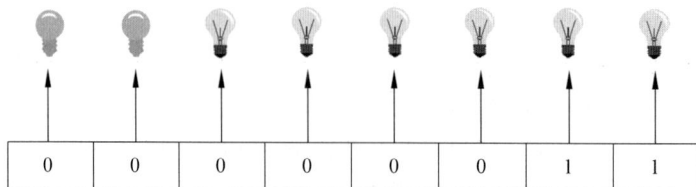

图 13-5　经过 6 秒钟后指示灯的状态

经过 7 秒钟时,指示灯的状态如图 13-6 所示。

经过 8 秒钟,指示灯又回到图 13-3 所示的初始状态。现在编写一个程序,完成以上所

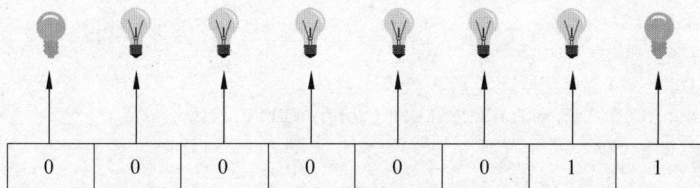

图 13-6　经过 7 秒钟后指示灯的状态

描述的跑马灯功能。

　　根据以上对跑马灯功能的描述,显然需要实现一个循环左移功能。所谓循环左移,就是每次将数据向左移动指定位数,并将最左边移出的数据位填补到最右边。C 语言没有提供循环左移或者循环右移运算符,因此,需要自己编程实现循环左移功能。对于一个 8 位的无符号整数 x,循环左移 n 位的实现方式如下:

　　(1) 将 x 左端的 n 位先移动到 y 的低 n 位中,$x >> (8-n)$;

　　(2) 将 x 左移 n 位,其右面低位补 0,$x << n$;

　　(3) 进行按位或运算$(x >> (8-n) | (x << n))$。

　　以上描述的对 8 位无符号整数做 n 位循环左移的方法如图 13-7 所示(图中假设 n 为 2):

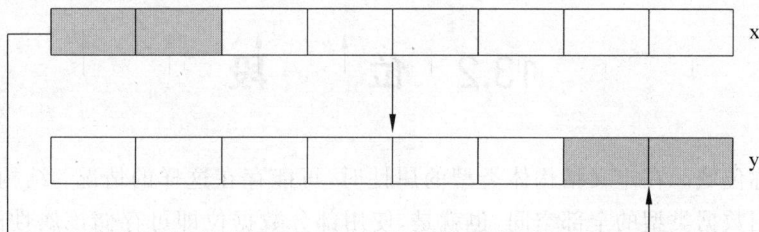

图 13-7　循环左移 2 位示意图

　　基于以上的算法,可以定义一个宏完成循环左移功能:

```
#define ROTATE_LEFT(x, n) ((x >> (8 - n) | (x << n)))
```

　　当然,也可以定义一个宏完成循环右移功能:

```
#define ROTATE_RIGHT(x, n) ((x << (8 - n) | (x >> n)))
```

　　基于以上的要求和分析,可以编写完成跑马灯功能的程序,完整的完成后的跑马灯程序如下:

```
#include <stdio.h>
#include <time.h>

#define ROTATE_LEFT(x, n) ((x >> (8 - n) | (x << n)))
#define ROTATE_RIGHT(x, n) ((x << (8 - n) | (x >> n)))

int main(void) {
    unsigned char controller = 0b00000011;
    clock_t t1 = clock();
```

```
    while (1) {
        clock_t t2 = clock();
        if (t2 - t1 >  CLOCKS_PER_SEC) {
            controller = ROTATE_LEFT(controller, 1);
            t1 = t2;
        }
    }
}
```

因为涉及时间控制：程序要求 1 秒循环左移一位。因此，程序使用了 C 语言提供的 clock() 函数获取程序运行的 ticks 数，clock() 函数的一般形式如下：

```
clock_t clock();
```

其中，clock_t 是 long 类型的别名。这个函数返回自程序启动处理器时钟所使用的时间 ticks 数。这个返回值与 CLOCKS_PER_SEC 宏配合使用，可以计算以秒为单位的程序运行时长。

在程序中，每经过 1 秒的时间，程序将 controller 变量循环左移一位，通过结合时间控制和循环左移完成了程序要求的目标。

13.2　位　　段

位段也称位域。在定义结构体类型的属性时，可能存在这样的情况：结构体的某个属性不需要占用数据类型的全部空间，也就是，使用部分数据位即可存储该属性的所有数据。此时，可以将该属性定义为位段。

13.2.1　定义和访问位段

先看一个例子，对位段有一个感性认识。在定义表示学生的结构体类型时，该结构体包含表示性别的 gender 属性，因为性别只有男或者女，如果用数值 0 表示男性，数值 1 表示女性，那么，在结构体中只需要使用一个数据位表示性别；同时还会注意到，学生的年龄只可能从 2 岁（幼儿园年龄）到 60 岁（博士后年龄），因此，也不需要使用 1 字节存储学生年龄。基于这样的分析，可以使用如下包含位段技术的结构体类型：

```
struct Student {
    int num;                        //学号
    char name[20];
    unsigned char gender:1;         //使用 1 位存储性别
    unsigned char age:7;            //使用 7 位存储年龄
    float score;
};
```

以上这个使用位段技术定义的 Student 结构体中，gender 属性和 age 属性共用了 1 字节，从而达到了节约内存的目的：位段技术出现的初衷就是为了节省内存的使用。使用位段技术定义结构体的一般方式如下：

```
struct 结构体名 {
    ...
    普通成员类型 普通成员名称;
    位段成员类型 位段成员名称 : 位数;
    ...
};
```

其中,普通成员类型和普通成员名称与定义结构体类型的成员类似;位段成员的数据类型只能是整数类型,包括有符号和无符号整数类型,如 char、undigned char、int、unsigned long long 等。位段成员名称可以是任何合法的标识符,位数表示该位段属性需要占用的位数。注意,位数不能超过位段数据类型总长度。位段成员名称可以省略,如果省略了位段成员名称,则该位段是不能被程序访问的;位段属性名称被省略的原因是为了填补空缺,以加速 CPU 访问内存的速度。

一旦定义了位段,可以像访问结构体属性一样访问位段属性,也就是使用点“.”运算符访问位段属性。例如,定义 Student 类型的变量 stu,然后访问其属性:

```
struct Student stu;
stu.num = 1000;
stu.gender = 0;
stu.age = 20;
```

13.2.2 位段使用举例

下面举例说明位段的使用。这个例子定义一个包含位段的结构体 ClassMate 以描述学生的基本信息,然后定义结构体变量并操作这个结构体变量。完整的代码如下:

```c
#include <stdio.h>

struct ClassMate {
    int num;
    char name[20];
    unsigned int department:4;
    unsigned int major:4;
    unsigned int no:6;
    int score;
};

int main(void) {
    printf("%llu\n", sizeof(struct ClassMate));

    struct ClassMate stu[] = {
        {1000, "zhangsan", 1, 1, 1, 85},
        {1001, "lisi", 1, 1, 2, 90},
        {2000, "wangwu", 2, 1, 1, 87}
    };
    for (int i=0; i<sizeof(stu)/sizeof(struct ClassMate); i++) {
        printf("%d %s %d %d %d %d\n",
```

```
        stu[i].num, stu[i].name, stu[i].department, stu[i].major, stu[i].no, stu
        [i].score);
    }

    return 0;
}
```

程序首先定义了一个包含位段的结构体 ClassMate,然后定义并初始化结构体 ClassMate 的数组。从中可以看出,可以用与访问普通结构体变量一样的方式访问包含位段的结构体变量。运行这个程序,显示如下结果:

```
32
1000 zhangsan 1 1 1 85
1001 lisi 1 1 2 90
2000 wangwu 2 1 1 87
```

从运行结果可以看出,sizeof(struct ClassMate)是 32 字节,因此,3 个位段属性 department、major 和 no 共用了一个 32 位的整数类型存储空间。

13.2.3 定义位段注意事项

定义位段注意以下事项:其一,位段主要解决的问题是节约内存,因此,在内存比较充足的情况下,尽量避免使用位段;其二,位段不具有跨平台性质,也就是不同平台(如 Windows、Linux、UNIX 等)对位段的处理方式不同,因此,在实际应用中也应该尽量避免使用位段;其三,位段内存分配没有明确规定,取决于编译器,不同编译器实现的方式不同,例如,在 Visual Studio 中,位段成员是从右往左分配内存位段的,并且如果遇到 1 字节中的内存位段不够时,则会抛弃剩余内存位段,重新开辟 1 字节的内存后再分配。

这里介绍位段的主要目的是补齐 C 语言的相关知识,特别是在嵌入式应用开发中,位段使用的场景是存在的,位段的使用也是必须要掌握的一项基本技术。

13.3 地址空间对齐

先了解一下地址对齐的基本概念。看一个简单的例子,这个例子定义了两个非常简单的结构体类型,然后打印出这两个结构体类型变量所需占用的内存字节数。代码如下:

```
#include <stdio.h>

struct Mad1 {
    char c1;
    int n;
    char c2;
};

struct Mad2 {
    char c1;
```

```
    char c2;
    int n;
};

int main(void) {
    printf("sizeof(struct Mad1): %llu\n", sizeof(struct Mad1));
    printf("sizeof(struct Mad2): %llu\n", sizeof(struct Mad2));

    return 0;
}
```

运行这个程序,显示如下结果:

```
sizeof(struct Mad1): 12
sizeof(struct Mad2): 8
```

　　一个很奇怪的现象是,两个结构体类型 Mad1 和 Mad2 具有相同的属性类型和属性名称,只是属性的顺序位置不同,结果会导致两个结构体类型的空间占用数不同。为什么? 这就需要对地址空间对齐有深入了解。

地址空间对齐的直观观察

13.3.1　地址空间对齐的基本概念

　　为了配合计算机的硬件要求,同时也为了提高程序运行的效率,编译器在编译程序时,对于基本的数据类型,包括 char、short、int、long、long long、float、double 等,会根据其所占用空间的大小进行地址对齐。

　　所谓地址空间对齐,就是当为这些类型的变量分配存储空间时,所分配空间的首地址必须被指定的整数整数。例如,当为 int 类型的变量分配空间时,因为 int 类型的变量需要占用 4 字节的空间,因此,为 int 类型的变量分配空间的首地址必须能被 4 整除。表 13-3 是 C 语言基本数据类型的默认对齐规定。

表 13-3　C 语言基本数据类型的默认对齐规定

序号	基本数据类型	占用字节数	默认对齐规定
1	char	1	任意地址的空间
2	shot int	2	首地址可以被 2 整除的两个连续字节的存储空间
3	int	4	首地址可以被 4 整除的两个连续字节的存储空间
4	long	4	首地址可以被 4 整除的两个连续字节的存储空间
5	long long	8	首地址可以被 8 整除的两个连续字节的存储空间
6	float	4	首地址可以被 4 整除的两个连续字节的存储空间

序号	基本数据类型	占用字节数	默认对齐规定
7	double	8	首地址可以被 8 整除的两个连续字节的存储空间
8	void *	8	首地址可以被 8 整除的两个连续字节的存储空间。注意:对于现代的 64 位计算机,任何指针变量所占用的存储空间都是 8 字节

当为结构体类型的变量分配空间时,所分配的空间的首地址可以被结构体属性中长度最大的基本类型的长度整除,并且为结构体变量所分配的内存空间的大小必须是这个最大长度的整数倍。

基于这样的对齐要求,现在分析一下本节开头定义的两个结构体 Mad1 和 Mad2 的大小分别为 12 和 8。先看结构体 Mad1。

```
struct Mad1 {
    char c1;
    int n;
    char c2;
};
```

因为 Mad1 中占用内存最长属性的数据类型是 int,需要 4 字节,因此,结构体 Mad1 的对齐方式也是 4:属性 c1 占用 1 字节,后面的 3 字节被浪费掉;紧接着的 4 字节分配给属性 n,紧接着的 1 字节分配给 c2。但是,由于给结构体 Mad1 变量分配的空间必须是 4 的整数倍,因此,紧接着 c2 的 3 字节被浪费掉。所以,结构体 Mad1 变量的存储空间为 12 字节。再来看看 Mad2。

```
struct Mad2 {
    char c1;
    char c2;
    int n;
};
```

因为 Mad2 中占用内存最长的属性的数据类型是 int,需要 4 字节,因此,结构体 Mad2 的对齐方式也是 4:属性 c1 占用 1 字节;紧接着的 1 字节分配给属性 c2,后面的 2 字节被浪费掉;紧接着的 4 字节分配给 n。刚好 8 字节,也能被 4 整除。所以,结构体 Mad2 变量的存储空间为 8 字节。

按照地址对齐方式分配的存储地址,CPU 可以一次就完成对数据的读/写操作。虽然边界对齐可能会造成一些内存空洞,浪费一些内存单元,但是硬件的设计和执行效率却得到了提升。这也就是编译器给定义的变量分配空间时,不同类型变量按不同字节数地址对齐的原因。

13.3.2　修改地址空间对齐方式

虽然 C 语言对各种数据类型变量都有默认的对齐要求,但是,它也提供了修改对齐方式的手段:可以使用编译器预处理指令 #pragma 进行修改。使用 #pragma 修改对齐方式的一般形式如下:

```
#pragma pack(对齐方式)
```

其中,对齐方式是一个整数,用以指定对齐的地址值。在使用这条指令设置新的对齐方式后,之后定义的所有变量都将以这个指定值对齐,直到使用指令恢复原有的默认值:

```
#pragma pack()
```

看一个修改对齐方式的例子,就是本节开头的 Mad1 和 Mad2。修改后的完整代码如下:

```
#include <stdio.h>

#pragma pack(1)
    struct Mad1 {
        char c1;
        int n;
        char c2;
    };
#pragma pack()

struct Mad2 {
    char c1;
    char c2;
    int n;
};

int main(void) {
    printf("sizeof(struct Mad1): %llu\n", sizeof(struct Mad1));
    printf("sizeof(struct Mad2): %llu\n", sizeof(struct Mad2));

    struct Mad1 m1;
    struct Mad2 m2;
    printf("%llu\n", sizeof(m1));
    printf("%llu\n", sizeof(m2));

    return 0;
}
```

程序使用♯pragma pack(1)设置了结构体 Mad1 的对齐方式为 1,但是,对结构体 Mad2 仍然使用默认对齐方式。在 main()函数中显示了两个结构体类型的大小和两个结构体变量所占用的空间大小。运行这个程序,显示如下结果:

```
sizeof(struct Mad1): 6
sizeof(struct Mad2): 8
6
8
```

因为采用了♯pragma pack(1)设置了 Mad1 中的各个属性对齐方式均是 1,所以,结构体 Mad1 以及 Mad1 结构体变量 m1 的大小均为 6。

13.3.3　地址空间对齐应用

在互联系统环境下,不同的系统之间需要进行信息交换。由于不同的计算机系统可能使用不同的 CPU，或者使用不同的 C 语言编译器系统，从而在系统之间进行信息交换时出现问题。

假设有如下的场景：系统 A 是基于 x86 CPU 的 64 位 Windows 系统，系统 B 是基于 ARM CPU 的 32 位 Linux 系统，现在这两个系统要基于如下定义的结构体进行信息交换：

```
struct Exchange {
    unsigned short int device_no;
    unsigned short int device_channel;
    double price;
    char device_name[40];
};
```

如果在系统 A 上和系统 B 使用了不同的地址空间对齐方式对结构体进行对齐设置，可能造成数据交换上的错位。在不同系统间需要使用结构体类型进行数据交换时，一个基本的原则是：确保使用相同的地址空间对齐方式。

当然，不同系统之间进行数据交换时，不仅需要注意地址空间对齐的问题，还有数据存储格式的大小端问题等。数据存储的大小端问题已经超出了本书范围，请读者自行参考相关资料。

13.4　案例：基于位段的数制转换

作为位段的一个应用，本案例结合结构体、联合体、位段，完成将整数从十进制到二进制的转换并显示。

1. 案例目标

编写一个程序，不断从键盘输入一个整数，然后程序将该整数以二进制模式显示在屏幕上，输入整数 0 时结束程序运行。

2. 案例分析

对于 unsigned char 类型的整数，共占用 1 字节、8 位。可以考虑定义一个联合体，这个联合体包括一个 unsigned char 整数类型成员，还有一个 8 位段，代码如下：

```
union DecToBin {
    unsigned char dec;
    struct {
        unsigned char bit0 : 1;
        unsigned char bit1 : 1;
        unsigned char bit2 : 1;
        unsigned char bit3 : 1;
        unsigned char bit4 : 1;
        unsigned char bit5 : 1;
        unsigned char bit6 : 1;
        unsigned char bit7 : 1;
    } bits;
};
```

通过这个包含位段的联合体，对任何一个小于或等于 255 的整数，都可以直接从位段中获取其相应的二进制位的值。

3. 案例实施

基于上面的分析编写程序,完成后的代码如下:

```
#include <stdio.h>

union DecToBin {
    unsigned char dec;
    struct {
        unsigned char bit0 : 1;
        unsigned char bit1 : 1;
        unsigned char bit2 : 1;
        unsigned char bit3 : 1;
        unsigned char bit4 : 1;
        unsigned char bit5 : 1;
        unsigned char bit6 : 1;
        unsigned char bit7 : 1;
    } bits;
};
int main(void) {
    unsigned char n;
    union DecToBin a;
    while (1) {
        printf("Input a number which is less than 255: ");
        scanf("%d", &n);
        if (n == 0) break;
        a.dec = n;
        printf("%d", a.bits.bit7);
        printf("%d", a.bits.bit6);
        printf("%d", a.bits.bit5);
        printf("%d", a.bits.bit4);
        printf("%d", a.bits.bit3);
        printf("%d", a.bits.bit2);
        printf("%d", a.bits.bit1);
        printf("%d\n", a.bits.bit0);
    }
    printf("Bye Bye\n");

    return 0;
}
```

运行这个程序,输入相应的整数,显示如下结果:

```
Input a number which is less than 255:100
01100100
Input a number which is less than 255:2
00000010
Input a number which is less than 255:200
11001000
Input a number which is less than 255:0
Bye Bye
```

13.5　课后练习：绚丽跑马灯

　　参考例 13-5 的循环跑马灯控制程序,设置一种你认为合适的跑马灯模式。例如,设置默认值为 0b01100110,以右循环的方式执行跑马灯功能,1 秒钟右移 1 次。不仅如此,完成一轮跑马灯功能后,跑马灯全亮,并在此状态停留 2 秒,然后继续下一轮跑马灯,如此循环。

第 14 章　AI 辅助编程

AI 在迅猛发展，并且其趋势还在加速。各行各业都在借助 AI 以更高效的方式完成工作。对于程序员来说，AI 也是一个有用的编程助手，给程序设计提供了实时的建议和解决方案：无论是快速修复错误，提升代码质量，或者查找关键文档和资源，AI 作为编程助手都能让程序设计工作达到事半功倍的效果。

14.1　AI 辅助编程初探

先看几个 AI 生成代码的例子，检验 AI 生成代码的有效性和可用性，然后分析如何才能正确使用 AI 辅助编程。

考虑这样的一个问题：现在需要编写一个程序求解任意一元二次方程的根。当然，作为一名程序员，可以通过应用求解一元二次方程的根的算法一步一步地编写程序，但是，更为有效的方法可以借助 AI 完成这个程序的编写。例如，将需要求解一元二次方程根的问题向某个 AI 系统提问，将得到相应的结果，如图 14-1 所示。

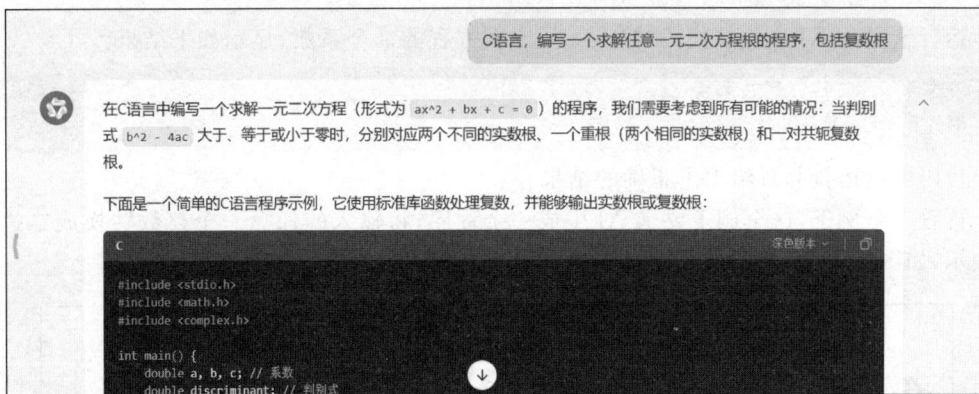

图 14-1　AI 求解一元二次方程的根

AI 生成的完整代码如下（其中的注释也是 AI 自动生成的）：

```c
#include <stdio.h>
#include <math.h>
#include <complex.h>


int main() {
```

```c
    double a, b, c;                    //系数
    double discriminant;               //判别式
    double realPart;                   //实部
    double imaginaryPart;              //虚部

    printf("请输入一元二次方程的系数 (a, b, c): ");
    scanf("%lf %lf %lf", &a, &b, &c);

    discriminant = b * b - 4 * a * c;

    //计算两个根
    if (discriminant > 0) {
        //两个不同的实数根
        double root1 = (-b + sqrt(discriminant)) / (2 * a);
        double root2 = (-b - sqrt(discriminant)) / (2 * a);
        printf("根 1 = %.2lf 和根 2 = %.2lf\n", root1, root2);
    } else if (discriminant == 0) {
        //一个重根
        double root = -b / (2 * a);
        printf("只有一个根: %.2lf\n", root);
    } else {
        //两个复数根
        realPart = -b / (2 * a);
        imaginaryPart = sqrt(-discriminant) / (2 * a);
        printf("根 1 = %.2lf+%.2lfi 和根 2 = %.2lf-%.2lfi\n",
                realPart, imaginaryPart, realPart, imaginaryPart);
    }

    return 0;
}
```

运行这段由 AI 生成的代码，输入一元二次方程的 3 个系数，显示如下结果：

```
请输入一元二次方程的系数 (a, b, c): 1 2 3
根 1 = -1.00+1.41i 和根 2 = -1.00-1.41i
```

代码可以运行并且给出了正确的结果。

再看一个例子，这个例子要求 AI 生成一个程序，将输入的任意一个整数转换成二进制串表示，如图 14-2 所示。

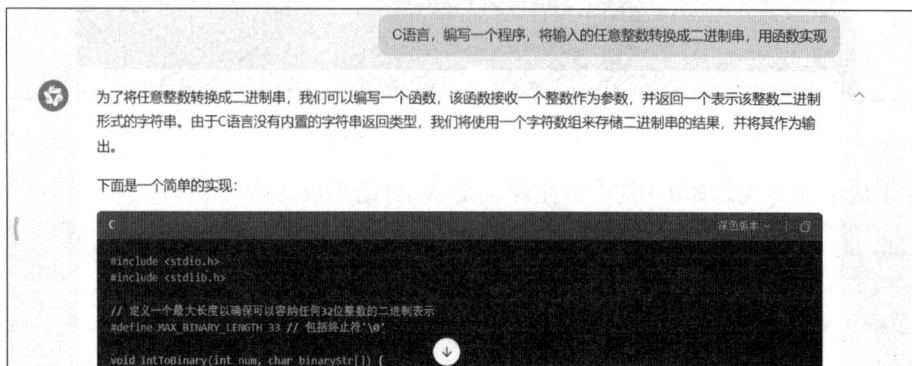

图 14-2　AI 生成代码并进行二进制转换

完整的程序代码如下：

```c
#include <stdio.h>
#include <stdlib.h>

//定义一个最大长度以确保可以容纳任何32位整数的二进制表示
#define MAX_BINARY_LENGTH 33              //包括终止符'\0'

void intToBinary(int num, char binaryStr[]) {
    int i = 0;
    int isNegative = num < 0;
    unsigned int n = isNegative ? (unsigned int)(-num) : (unsigned int)num;

    //处理特殊情况：0
    if (n == 0) {
        binaryStr[0] = '0';
        binaryStr[1] = '\0';                //字符串结束标志
        return;
    }

    //将整数转换为二进制字符串(逆序)
    while (n > 0) {
        binaryStr[i++] = (n % 2) + '0';     //将数字转为字符
        n /= 2;
    }

    //如果是负数，则添加负号
    if (isNegative) {
        binaryStr[i++] = '-';
    }

    //反转字符串以得到正确的顺序
    for (int start = 0, end = i - 1; start < end; start++, end--) {
        char temp = binaryStr[start];
        binaryStr[start] = binaryStr[end];
        binaryStr[end] = temp;
    }

    binaryStr[i] = '\0';                    //添加字符串结束标志
}

int main() {
    int number;
    char binary[MAX_BINARY_LENGTH];

    printf("请输入一个整数: ");
    scanf("%d", &number);

    intToBinary(number, binary);
    printf("二进制表示: %s\n", binary);

    return 0;
}
```

运行这个程序，输入 100，显示如下结果：

```
请输入一个整数：100
二进制表示：1100100
```

代码可以运行并且给出了正确的结果。

从这两个例子可以看出，AI 确实能够生成正确的代码。当然，AI 还可以做更多事情。

常用的 AI 辅助编程系统

14.2　使用 AI 辅助编程插件

常见的 AI 系统服务提供商一般都提供了流行的 IDE 集成开发环境的 AI 辅助编程插件，例如，针对 CLion 开发环境，存在多款 AI 辅助编程插件。为了在 CLion 中安装 AI 并且使之变成插件，在菜单栏选择 File→Settings 命令，在弹出的 Settings 对话框中选择 Plugins，并在查询检索输入框中输入 AI assistant，如图 14-3 所示。

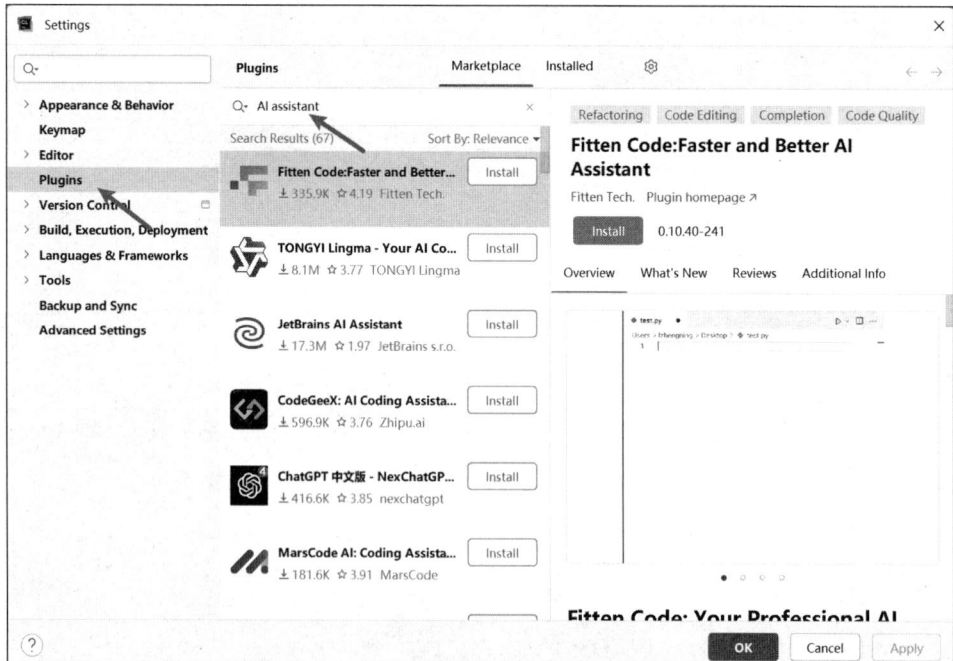

图 14-3　CLion 中可选择的 AI 辅助编程插件

从图 14-3 可以看出，支持 CLion 的 AI 辅助编程插件有很多，包括 Fitten code、TONGYI Lingma 也就是通义灵码、JetBrains AI Assistant 等。本节选用通义灵码作为插件工具进行 AI 辅助编程。

14.2.1　安装 AI 辅助编程插件

在图 14-3 中,单击 TONGYI Lingma - Your AI Co 后面的 Install 按钮,安装通义灵码
CLion 开发插件。安装完成后单击如图 14-3 中的 OK 按钮,关闭 Settings 对话框,回到
CLion 工作主界面,此时,在主界面右下角显示一个小型的对话框,如图 14-4 所示。

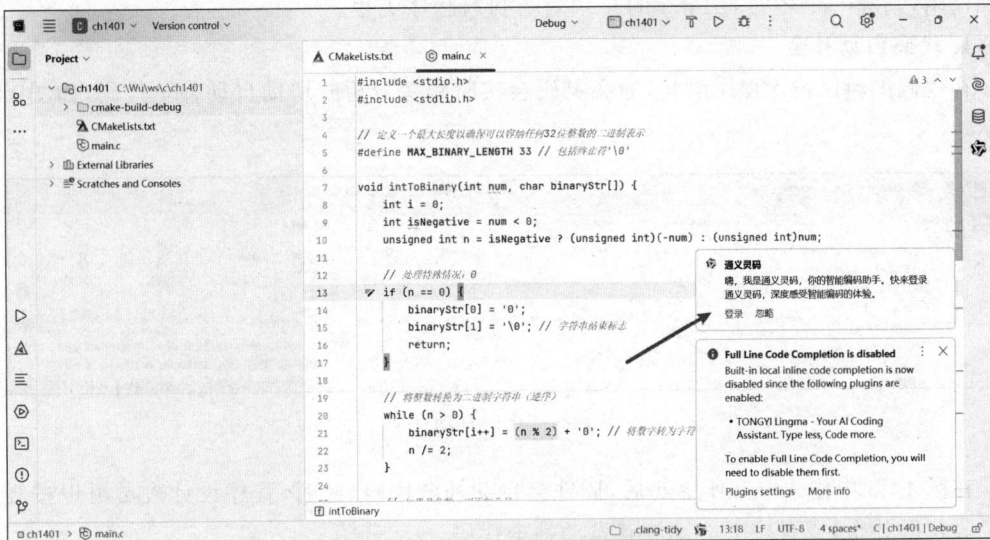

图 14-4　通义灵码登录界面

单击图 14-4 中的"登录"链接,按照提示登录或者注册阿里云账号,成功登录后即可在
CLion 中使用通义灵码插件辅助编程。成功登录后的界面如图 14-5 所示。

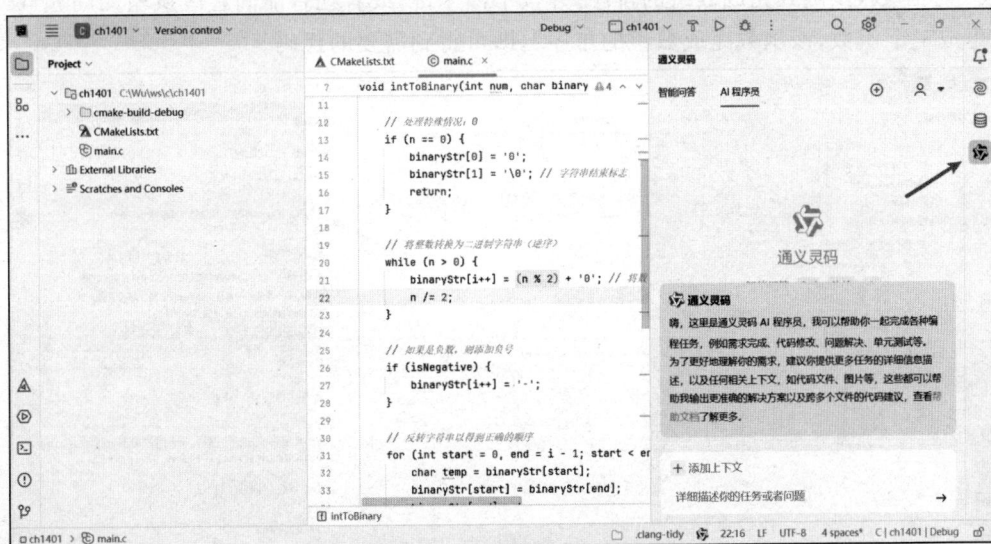

图 14-5　成功登录后的通义灵码辅助编程界面

在 CLion 工作主界面右侧工具栏上有一个通义灵码的图标,如图 14-5 箭头所指向的图

标所示。可以单击这个图标显示/隐藏通义灵码工作窗口。现在可以使用 AI 辅助编程插件提供的功能进行 AI 辅助编程了。

14.2.2　AI 辅助编程功能介绍

AI 辅助编程可以协助程序员完成如下任务:代码自动补全,生成代码,解释代码,生成单元测试,生成注释,等等。下面对部分功能的应用做一简单介绍。为了便于介绍,也为了更加清晰,新建一个名为 ch1402 的 C 语言可执行程序工程。

1. 代码自动补全

在代码编辑区输入程序语句,通义灵码会实时跟踪分析并协助自动补全代码,如图 14-6 所示。

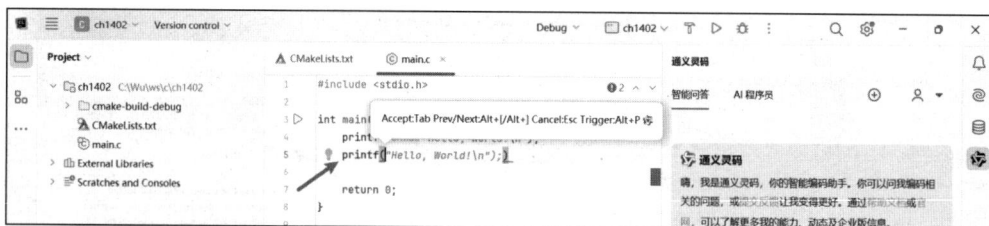

图 14-6　代码自动补全

在图 14-6 中输入 printf 语句后,插件会自动补全代码,此时,程序设计人员可以按 Tab 键接收代码补全,或者按 Esc 键放弃自动补全代码。

2. 生成代码

为了自动生成代码,可以在智能问答区域或者在代码编辑区域输入注释并按下回车键,AI 辅助编程插件即可帮助生成代码,如图 14-7 所示。在代码编辑区输入注释"//C 语言,生成一个函数,该函数完成数组的排序"并按下回车键,或者在智能问答区域输入问题"C 语言,生成一个函数,该函数完成数组的排序",即可得到需要的代码。

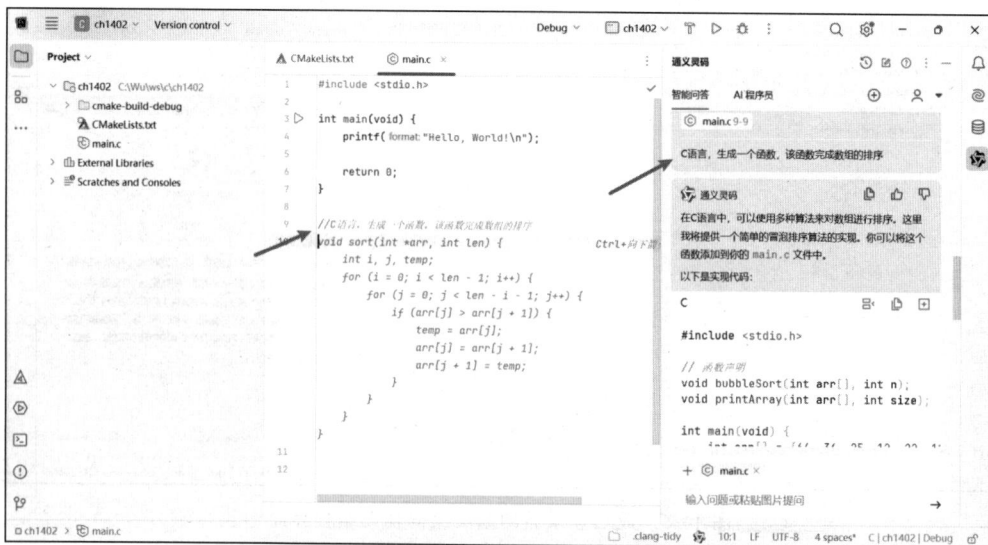

图 14-7　自动生成代码

程序员可以按 Tab 键接收生成的代码,或者按 Esc 键放弃自动生成的代码。

3. 代码解释

在代码编辑区域选中需要解释的代码,然后右击并选择"通义灵码"→"代码解释"命令,即可为选中的代码生成解释内容,如图 14-8 所示。

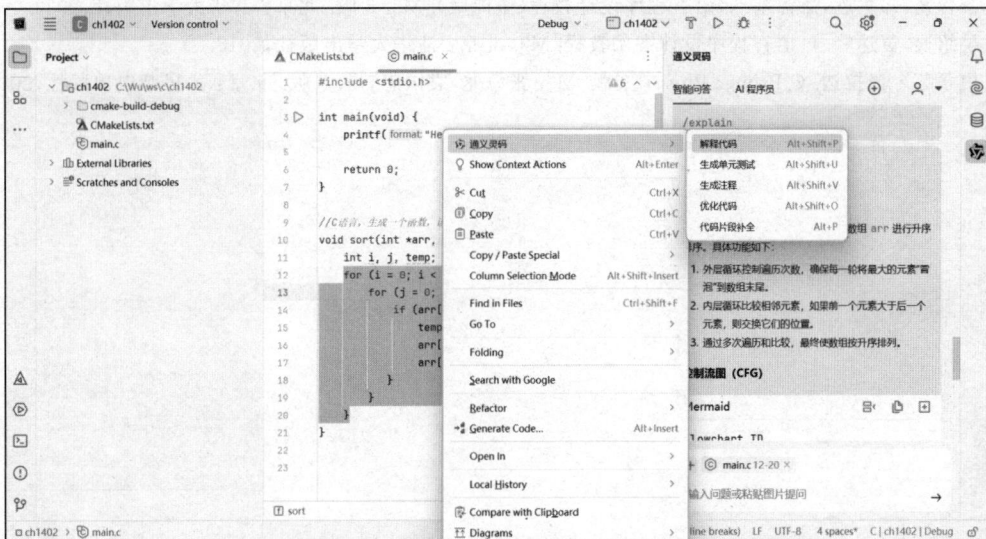

图 14-8　代码解释及其生成解释结果

类似地,在弹出的上下文菜单中还可以针对选中的代码生成测试单元、生成注释等,这些功能不再一一示例。

14.3　正确使用 AI 辅助编程

AI 能够生成正确的代码,这不是偶然,这是 AI 多年发展的结果。现在的问题是:如何才能使 AI 编写正确的代码? 那就是向 AI 提出正确且无歧义的问题。

如何才能向 AI 提出正确且无歧义的问题呢? 答案是:你的专业知识以及对目标的准确理解和把握。可以设想:如果没有对问题的准确理解,没有一定的专业知识,能够提出类似以上"C 语言,编写一个求解任意一元二次方程根的程序,包括复数根"和"C 语言,编写一个程序,将输入的任意整数转换成二进制串,用函数实现"这样的专业问题吗? 当然不可能。没有准确的问题,AI 是不能给出正确结果的。

作为程序员,学好程序设计相关的专业知识是正确使用 AI 和驾驭 AI 的基础。AI 确实能够提高编码以及解决程序问题的效率,但是,前提是 AI 的使用者必须能够正确告诉 AI 相应的问题。因此,大家继续努力吧!

参 考 文 献

［1］李含光,郑关胜,潘锦基.C语言程序设计教程(微课版)［M］.3版.北京：清华大学出版社,2022.

［2］吴绍根,黄达峰.C语言程序设计案例教程［M］.北京：清华大学出版社,2018.

［3］史蒂芬·普拉达.C Primer Plus中文版［M］.张海龙,袁国忠,译.6版.北京：人民邮电出版社,2019.